犹太人智慧全书

犹太人智慧
全书

苏穆 编

中国华侨出版社
北京

图书在版编目（CIP）数据

犹太人智慧全书 / 苏穆编. —北京：中国华侨出版社, 2013.8 （2022.4重印）
ISBN 978-7-5113-3988-1

Ⅰ.①犹… Ⅱ.①苏… Ⅲ.①犹太人－人生哲学－通俗读物 Ⅳ.①B821-49

中国版本图书馆CIP数据核字（2013）第201516号

犹太人智慧全书

编　　者：	苏　穆
责任编辑：	张　玉
封面设计：	阳春白雪
文字编辑：	戴　楠
美术编辑：	宇　枫
经　　销：	新华书店
开　　本：	720mm×1020mm　　1/16　　印张：24　　字数：351千字
印　　刷：	北京德富泰印务有限公司
版　　次：	2014年1月第1版　2022年4月第4次印刷
书　　号：	ISBN 978-7-5113-3988-1
定　　价：	68.00 元

中国华侨出版社　北京市朝阳区西坝河东里77号楼底商5号　　邮编：100028
发 行 部：（010）88866079　　　　传　　真：（010）88877396
网　　址：www.oveaschin.com　　E－m a i l：oveaschin@sina.com

如发现印装质量问题，影响阅读，请与印刷厂联系调换。

前言

众所周知，犹太民族是一个苦难深重的民族，在这个民族4000多年的历史中，有2000多年他们没有家园，流离失所。他们遭遇过形形色色的排犹主义，在"二战"中，600多万犹太人死于纳粹魔掌之下。然而，这样一个总是在夹缝中求生的民族，却为世界文明做出了巨大的贡献，在经济、科技、思想、文化、教育、服务等各个领域中，他们的地位都举足轻重，涌现出了大批世界级的科学巨匠、思想艺术的大师、顶尖级的政治家、卓越的外交能手、石油王国的巨子、传媒帝国的巨擘、华尔街的天才精英、好莱坞的娱乐大亨，等等。据《福布斯》杂志统计：世界前400名亿万富翁中，有60人是犹太人，占总数的15%；犹太人获诺贝尔奖的人数超过了240人，是世界各民族平均数的28倍；世界十大哲学家中，有8人是犹太人。可以说，犹太人的左手拿着巨额的财富，右手捧着智慧的宝典，屹立于世界民族之林。犹太人如此卓越的根源究竟在哪里呢？这里就不得不提到犹太民族的三大智慧奇书：《塔木德》《财箴》和《诺未门》。

《塔木德》是犹太民族的一部古老经典，被译成十几种语言在全世界广泛流传。《塔木德》成书于公元3世纪到5世纪，原典全套20卷，总计12000页，250万字，内容庞杂，卷帙浩繁，大至宗教、经商、律法、民俗、伦理、医学，小到起居、饮食、洗浴、着衣、睡眠等无所不包，凝聚了10个世纪中2000多位犹太学者对自己民族智慧的发掘、思考和提炼，是整个犹太民族的精神支柱和生活方式的导航图，是犹太文明的智慧基因库，也是犹太人经商致富和为人处世的秘籍。今天，《塔木德》被赋予了更多的意义，它不仅是犹太人的精神支柱和行动指南，更被世人看作智慧与金钱合一的象征、经商与为人合一的象征。

相传大约在公元前400年左右，犹太民族的先人留下一本《财箴》，它曾在犹太人中广泛流传，并被奉为掌握理财、创富技巧的宝典。但是自公元136年，犹太人被罗马人强行驱逐出巴勒斯坦成为难民以后，《财箴》也随之消失了……后来一个名叫科比的犹太富豪出高价担保，拿到了一份珍贵的羊皮卷，并利用高科技手段对文字进行了模拟复原。经过许多犹太专家多方史料的查证，终于确定羊皮卷上的内容正是犹太民族消失了近两千年的那部"如何面对和获取财富的理财圣典"——《财箴》。其后，专家们进一步发现《财箴》的内容很简练，也很精辟，处处显示着犹太式的智慧。

《诺未门》是犹太人的家教圣经，作为一种培养人才的先进教育理念和完备的教育体系，它已经在世界上流行了3000多年。世界专家们一致认为：犹太人对家庭教育的高度重视是获得如此巨大成就的根本原因。重视亲子教育，是犹太民族最为突出的优良传统。犹太人将知识和智慧视为自己真正能掌握的财富，他们有着虔诚的求知好学精神，不仅严于律己，而且将学习、生活、做人、经商等各个方面的智慧精华都教给后辈们。独到的衣钵传承造就了无数精英，熔铸了民族之魂，托起了无限美好希望，这就是犹太民族的成功秘诀。而《诺未门》就是犹太家庭教育的经典，许久以来，它在每一个犹太家庭中流传。

本书对《塔木德》《财箴》和《诺未门》中浩若烟海的智慧进行了归纳和总结，将其分为三个类别：经商智慧、处世智慧和教育智慧，堪称一部有关犹太人智慧的百科全书，全面揭示了犹太人的思维方式、致富策略、处世哲学以及教育方法，书中没有泛泛的理论讲述，而是从头到尾都由引人入胜的有关犹太人的故事所组成，故事所要表达的思想直接、鲜明地体现了犹太人独特的智慧。经过时间的历练和成功的实践，这些智慧已经成为全世界各民族公认的宝贵精神财富，亿万人通过学习这些智慧而从中受益。

目 录

卷一 犹太人的经商智慧

犹太商人的生意经

第一章 赚钱是商人的天职

　　——犹太商人生意经一：树立起正确的金钱观 ………… 4

　　金钱是现实的上帝 ……………………………………… 4

　　金钱无贵贱之分 ………………………………………… 9

　　赚钱天经地义 …………………………………………… 13

　　赚钱是游戏 ……………………………………………… 18

　　别把硬币不当钱 ………………………………………… 20

第二章 做一个令人刮目相看的商人

　　——犹太商人生意经二：练就一身超人的本领 ………… 25

　　亮出你的个性 …………………………………………… 25

　　每一步都朝目标走过去 ………………………………… 29

　　头脑中要有强烈的赚钱富裕意识 ……………………… 32

　　善于从一点一滴积累财富 ……………………………… 34

　　学识渊博才能做大生意 ………………………………… 35

　　掌握多种语言，多多益善 ……………………………… 38

把数字运用到每一个商业活动中 ………………………… 40

除了自己谁都不可轻信 ………………………………… 42

第三章 经商本领出自磨炼

——犹太商人生意经三：在逆境中打磨自己的心志 ……… 45

敢于给失败迎头一击 …………………………………… 45

坚持下去，必能获得大收益 …………………………… 48

不怕失败，就怕不会总结它 …………………………… 50

逆境能把自己推向更高的起点 ………………………… 52

一切胜利皆始于个人求胜的意志和信心 ……………… 55

第四章 靠沟通技巧征服客户的心

——犹太商人生意经四：掌握有效沟通的技巧 …………… 57

每时每刻都向外界推销自己 …………………………… 57

学会赞美对方的优点 …………………………………… 59

真诚和友善是最管用的说服本领 ……………………… 62

不要向别人要求自己也不愿做的事 …………………… 66

好脾气让你经商受益 …………………………………… 67

谈判时要摸清对方底细 ………………………………… 70

不怕麻烦，不知道就询问 ……………………………… 72

第五章 善于和竞争对手比巧智

——犹太商人生意经五：在聪明智慧上巧胜对手 ………… 75

只要是合法的生意都能做 ……………………………… 75

经营吃的生意永不赔本 ………………………………… 77

女人是天生的消费者 …………………………………… 79

做生意要善于投其所好 ………………………………… 81

名牌产品高价出售 ·· 82
不放过多赚 1 美元的机会 ······································ 84
敢于争夺市场，又要善于开辟市场 ···························· 86
利益面前巧变脸 ·· 88
"无中生有"法则 ··· 90
78 ：22 法则 ·· 94

第六章 在朋友身上找财路
——犹太商人生意经六：善用人缘开辟财源 ·············· 99
只要有人缘就必定有财源 ······································ 99
微笑能给人一种良好的印象 ··································· 101
耐心倾听对方的意见 ·· 104
大声喊出对方的名字 ·· 106
交际需要圆融的批评技巧 ····································· 108
养成热情主动地帮助他人的习惯 ····························· 110
控制好争强斗胜的个性 ·· 112

犹太商人的推销细节

第一章 推销的实质就是推销自己
——犹太商人推销细节一：具备过硬的自我推销素质 ······ 116
言谈举止要流露出充分的自信 ································ 116
把外表风度的美留在顾客的心里 ····························· 119
用优良的态度换取客户更大的回报 ··························· 122
相信自己的商品是最好的商品 ································ 126
把信誉当作自己的一笔重要资产 ····························· 129
面对失败要有重振旗鼓的勇气 ································ 131

第二章 每一步都清楚自己在做什么

——犹太商人推销细节二：制定明晰有序的行动步骤 ············ 135

制定一个切实可行的推销目标 ································· 135

为目标制定有效的行动计划 ··································· 138

推销前详尽地调查客户资料 ··································· 140

必须预先设计好对付竞争对手的方案 ··························· 144

敢于用较长的时间准备大生意 ································· 146

第三章 把东西卖给尽可能多的人

——犹太商人推销细节三：构建强大的客户资源网络 ············ 150

拓展客户群是推销的第一工作 ································· 150

善于在陌生人当中寻找你的贵人 ······························· 154

充分利用你的亲友团来帮助你推销 ····························· 157

尽一切可能通过社交打开局面 ································· 161

敢于利用有影响力的客户 ····································· 164

顾客不分贵贱，切莫以貌取人 ································· 166

第四章 与客户面对面愉快地交流

——犹太商人推销细节四：保证拜访过程畅通无阻 ·············· 169

用漂亮的开场白打开访谈局面 ································· 169

用热情换取客户的信任和好感 ································· 172

找一个有趣的话题把谈话继续下去 ····························· 176

谈不下去干脆换个话题 ······································· 178

多问几个问题寻找成功突破口 ································· 180

为下一次再访做点铺垫 ······································· 183

第五章 用耳朵比用嘴巴得到的好处更多
——犹太商人推销细节五：洗耳恭听比能言善辩更具威力 ……187
- 不仅能言善辩，更要洗耳恭听 …… 187
- 真诚聆听顾客心声更能说服顾客 …… 190
- 不露痕迹地配合才显出最高明的聆听 …… 193
- 在聆听中捕捉顾客的购买信息 …… 196
- 善于排除聆听过程中的障碍 …… 199

卷二 犹太人的处世智慧

第一章 首先做一个生活的智者
——犹太人处世智慧一：会生活的人才能取得长久的成功 ……205
- 过有节制的生活 …… 205
- 舌头是善恶之源 …… 208
- 拥有自己的一份强过拥有别人的九份 …… 210
- 勿盗窃时间 …… 212
- 光明总在黑暗后 …… 216
- 笑是风力，哭是水力 …… 221

第二章 重视知识和教育
——犹太人处世智慧二：知识是永远的财富 ……224
- 读书自有妙用 …… 224
- 万事教育为先 …… 226
- 知识是永远的财富 …… 231
- 学校在，犹太民族就在 …… 235

商人也要学识渊博 ………………………………………………… 240
教师是民族的精神领袖 …………………………………………… 242
智慧是财富之源 …………………………………………………… 245

第三章 把握自我是成功的起点
——犹太人处世智慧三：世界上你唯一能把握的只有自己 ……… 249
做自己命运的主人 ………………………………………………… 249
唯我可信 …………………………………………………………… 252
超越自我 …………………………………………………………… 256
只拿属于自己的 …………………………………………………… 258
谦卑是最高尚的道德 ……………………………………………… 261
做幽默的人 ………………………………………………………… 264

第四章 与人交往是人生价值的体现
——犹太人处世智慧四：以待己之心待人 ………………………… 268
爱人如爱己 ………………………………………………………… 268
不要嫌贫爱富 ……………………………………………………… 272
借钱，就是为自己树敌 …………………………………………… 275
无朋友，毋宁死 …………………………………………………… 277

卷三 犹太人的教育智慧

第一章 生存教育：没了生命，一切免谈
迦太基博物馆的魔鬼下棋图——品，才能懂得苦难的甜 ……… 283
告诉他世界是不公平的——要懂得自救 ………………………… 285
"第一商人"的抗8级地震式管理模式——根植危机意识 ……… 287
洛克菲勒：我不是你永远的船长，要靠自己的双脚走路 ……… 288

策略性竞争——让胜利不费吹灰之力 …… 290

世上无难事，只怕有心人——犹太人制胜术 …… 292

搜索机会——美国无线电工业巨头的提示 …… 293

即使明天是末日，也不要放弃今天 …… 295

启发孩子，让他自己找答案 …… 297

自己的事情自己做，独生子也不例外 …… 299

讲卫生——保持身体的洁净 …… 301

饮食，生命的第一要义 …… 303

第二章 学习教育：犹太人独步世界的快捷方式

学者的地位高于国王，教师比父亲更重要 …… 305

潜能递减谁之过——早教势在必行 …… 307

兴趣第一——科学家、政治家的成功感言 …… 309

树大自然直——前提是习惯把关 …… 311

懒驴推磨——没目标将一事无成 …… 314

犹太人的高效学习法 …… 316

读101遍要比读100遍好——有效记忆 …… 318

站在对岸才能独立思考——希伯来的箴告 …… 319

专注——天才的充分加必要条件 …… 321

安装创新方程式——彻头彻尾洗脑 …… 323

成功＝刨根问底地探求问题 …… 324

第三章 品质教育：犹太人精彩人生的稳压器

谦虚，犹太美德中的NO.1 …… 327

最强大的力量来自反省 …… 329

心中永存希望之光 …… 331

履行契约，兑现最初的承诺 …… 333

爱"邻人"，就像爱自己那样 …………………………………… 334

憎恶罪，而不憎恨人——犹太式的宽容 …………………… 335

留一片庄稼给他人——感恩 …………………………………… 337

孝敬父母、兄友弟恭——不渝的美德 ……………………… 338

善意施恩，不要忽视别人的自尊 …………………………… 340

两只耳朵，一张嘴巴——多听少说 ………………………… 342

幽默，一种不可或缺的喜剧交际艺术 ……………………… 344

远离谣言，莫让舌头操纵了心 ……………………………… 345

跟狗玩，就会有跳蚤上身——正确选择朋友 ……………… 347

入乡随俗，才能和他人打成一片 …………………………… 349

轻信他人，会让自己吃亏 …………………………………… 350

第四章 追本溯源：教育让犹太人成为世界宠儿

是谁拯救了爱因斯坦——"纵容"与众不同 ……………… 352

比尔·盖茨为何成为神话——做"脑力体操" …………… 354

不可思议的"股神"巴菲特——自信才能所向披靡 …… 356

世界级画家毕加索——给"白痴"和"怪异"找个理由 … 358

音乐诗人门德尔松——再好的种子也要精心培育 ………… 360

强国富民大揭秘：教育是唯一途径 ………………………… 362

犹太教育家曼德：身为母亲，你没有理由逃避教育 ……… 364

不要大包大揽——责任是犹太人心中的使命 ……………… 365

从大脑严重损伤到乐队指挥——不放弃教育才能出现奇迹 … 367

营造良好家庭氛围的孩子更容易成功 ……………………… 368

卷一 犹太人的经商智慧

　　犹太民族是世界历史上最会经商的民族。他们四处流散、备受磨难，却一次又一次地以"富人"的形象出现。历史上，这个忐忑不安地穿行在驱逐令和火刑柱中的民族，却好像是天然优良的造币机器。这个长期以来没有土地、没有国家的边缘民族，崛起在世界民族之林，成为一股不可忽视的经济力量。

二、犹太人的经商智慧

犹太商人的生意经

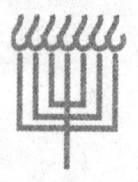

第一章 赚钱是商人的天职

——犹太商人生意经一：树立起正确的金钱观

金钱是现实的上帝

犹太商人生意经要诀

金钱给人间以光明，金钱给众生以温暖。金钱让说坏话的人舌头发硬，金钱让举起屠刀的人呆立发愣。金钱给神购买了礼物，敲开了神那紧闭的门。（《塔木德》）

钱对犹太人来说，绝不仅止于财富的意义。钱居于生死之间，居于他们生活的中心地位，是他们事业成功的标志。这样的钱必定已具有某种"神圣性"。钱本来就是为应付那些最好不要发生的事件而准备的，钱的存在意味着这些事可以避免发生。所以赚钱、攒钱并不是为了满足直接的需要，而是为了满足对安全的需要！至今在犹太人家庭中还有一种习惯，留给子女的财产至少不应该比自己继承到的财产少。这种心愿代表着犹太人对后辈的祝福。

犹太人的长期流散，使他们不可能鄙视金钱。因为每当形势紧张，他们重新踏上出走之路时，钱是最便于他们携带的东西，也是他们保证自己旅途中生存的最重要物品。

犹太人的寄居地位，也使他们不可能鄙视钱。因为他们原来就是用钱才买下了在一个国家中生存的权利。犹太人缴纳的人头税和其他特别税，名堂之多、税额之重，也是绝无仅有的。"犹太人若非自己在财政方面的效用，早就被消灭殆尽了。"这是犹太人与非犹太人之间为数不多的共识之一。

犹太人在历史上数次惨遭灭国之祸，他们被迫流亡世界各个国家。犹太人要想在当地生存就必须要缴纳各种高额的税金和说不清楚的捐税，甚至他们日常生活中的一举一动都要受制于他们所纳的捐税。信奉同一宗教的人一起祈祷要纳税，结婚要纳税，生孩子要纳税，连给死者举行葬礼也要纳税。假如他们少缴了什么税金，立即就会遭到驱逐和屠杀。

犹太人的四散分布，也使他们不可能鄙视钱。因为钱是他们相互之间彼此救济的最方便的形式。

犹太人的长期经商传统，也使他们不可能鄙视钱。因为尽管钱在别人那里只是媒介和手段，但在商人那里，钱永远是每次商业活动的最终争取目标，也是其成败的最终标准。

犹太人对金钱几乎到了顶礼膜拜的程度。在两千多年的流浪历史中，他们只能在异国他乡寄居生存。他们唯一能掌握的便是通过商业经营而赚来的钱。金钱在这个世界上无疑成了万能的"上帝"。它不但给犹太人生存的机会，而且能为犹太人争得权利和地位。

他们流浪到各地，可以说没有权利、没有地位、没有尊严，但是他们有钱。有了钱，他们就获得了统治者眼里的价值，也就获得了自己生存的条件。只有金钱可以给他们提供一点保护，让他们感觉到安全。当他们遭到各地统治者驱逐的时候，金钱就可以换取别人的收留和保护；当当地人发起反犹暴乱的时候，他们就可以用金钱贿赂而求得一条生路；他们外出做生意的时候遭到土匪的抢劫，钱可以赎回他们的性命。钱是犹太人必不可少的东西。金钱对于犹太人来说，是他们能看得见的、摸得着的、实实在在的"上帝"，是可以永远保护自己，让自己平安的"上帝"。金钱，让世间的权贵们都匍匐在他们的脚下，让犹太人真正地能够站立起来，重新获得世人对他们的尊敬。

不论在古代还是现代，金钱在社会中的作用是不可以低估的。犹太人这样说："富亲戚是近亲戚，穷亲戚是远亲戚。"犹太人的历史一再地验证了这个事实。当他们没有金钱的时候，就处于社会的底层，人们都看不起他们，他们走到哪里都会受到凌辱和压迫。而等到他们有了钱，就可以和贵族平起平坐，让人们对他们钦慕和妒忌不已。

犹太人终于认识到了：在社会中，没有钱的人注定是可怜的人，而要获得尊严和尊敬就必须有钱。

"二战"后，在驻日本的联合国军某司令部里，犹太士兵总是无端地受到多方的歧视，根本没有尊严可谈。有个叫威尔逊的犹太人，由于他的军衔低微，因此更是受到白人士兵和高级军官们的歧视。大家都看不起他，背地里经常议论他，他也饱尝了人们对他的各种侮辱。但是他拥有犹太人智慧的头脑。一开始他口袋里也没有钱，他就省吃俭用，积攒一小笔钱，然后他就把这笔钱借贷出去。在白人士兵里花钱大手大脚的现象很普遍，他们总是等不到发薪水的时候，就囊中羞涩了。他们看到威尔逊有钱，就迫不及待地向他借。

威尔逊就借钱给他们，同时还要求他们在一个月内还清，且附带高额的利息，但是那些士兵们早就管不了那么多了。威尔逊收到这些利息之后总是继续攒起来再借贷给那些士兵们。对于没有钱可还的人，威尔逊就让他们把他们自己的一些值钱的东西做抵押，然后再高价卖出去。这样，过了不多久，威尔逊就过上了富裕的生活。他还买了两部车和别墅，他变成了士兵里面的"大款"。这些待遇即使是高级军官也未必可以享受得到。那些经常过山穷水尽、灰头土脸日子的白人士兵，对威尔逊趾高气扬的样子再也没有了。他们对威尔逊惊羡不已。

威尔逊用自己的富有为自己赢得了尊严。

金钱不仅仅可以购买尊严，还可以购买你所能想象得到的很多东西，这些东西都和金钱有关系。有了金钱，你就拥有了大家仰慕的生活方式，有了大家对你的恭维和羡慕；你还有了发言的权利，"富有的愚人的话人们会洗耳恭听，而贫穷的智者的箴言却没有人去听"。在今天，金钱已经是成功的标志和人生价值的重要衡量标准，在一些人的眼里甚至已经成为唯一的衡量标准。

犹太人认为金钱是上帝给的礼物，是上帝给人以美好人生的祝福。他们对金钱的热爱不仅仅局限于现实生存的需要，而是一种精神的寄托，更是实现美好人生的必需的手段和工具。

简言之，金钱成为犹太人现实的"上帝"。

下面来看看金钱这位现实的"上帝"是如何一次又一次地救赎犹太人的。

由于历史和宗教的原因，犹太人的命运始终处于风雨飘摇之中。在遭受异族排挤时，在面临反犹分子的血腥杀戮时，他们不止一次地"请"出了"钱"——这位现实的"上帝"。这时，我们或许能明白犹太商人不惜一切赚钱的真正原因了。对他们来说，赚钱就是为了生存。

在历史上，金钱曾多次充当了犹太人的"保护神"。17世纪的荷兰是一个典型的资本主义国家。当时，荷兰已经一方面摆脱了西班牙的军事政治统治，另一方面摆脱了宗教的干涉和纷争。工商业尤其是商业发展很快，它的资本总额比当时欧洲其他所有国家的资本总额还要多。

1654年9月，一艘名为"五月花"的航船由巴西抵达荷属北美殖民地的一个小行政区——新阿姆斯特丹。这里属于荷兰西印度公司的前哨阵地。

"五月花"为北美带来了第一个犹太人团体——23个祖籍为荷兰的犹太人，他们是为了逃避异端审判而来到新阿姆斯特丹的。但当他们筋疲力尽地抵达这里时，出于宗教偏见，当地的行政长官彼得·施托伊弗桑特却不允许他们留在当地，而是要他们继续向前航行，并呈请荷兰西印度公司批准驱逐这些犹太人。

但是，施托伊弗桑特没有想到，当时的荷兰已不是中世纪的荷兰，犹太人也不是毫无权力和任人宰割的。这些新来的犹太人一方面据理力争，一方面设法与荷兰西印度公司中的犹太股东取得了联系。在犹太股东，也就是施托伊弗桑特的"雇主"的有力干预下（荷兰西印度公司对犹太股东的依赖远甚于对施托伊弗桑特的依赖），这个小行政区的行政长官不得不收回成令，准许犹太人留下，但保留了一个条例：犹太人中的穷人不得给行政区或公司增加负担，应由他们自己设法救济。这个条件对犹太人来说毫无意义，因为自大流散以来，犹太人就没有向基督教会乞讨过。他们有足够的能力照顾好自己。这些犹太人就此定居下来，并且建立了北美洲第一个犹太社团。以后，这里发展成了北美洲最大的犹太居住区。

犹太人用钱买生存的例子还有：

埃塞俄比亚犹太人自称"贝塔以色列"，意为"以色列之家"。为了让这些埃塞俄比亚犹太人返回家园，以色列政府在埃塞俄比亚政府不肯放犹太人出境的情况下，设法打通了同埃塞俄比亚毗邻的苏丹的关系，让犹太人先通过边境到达苏丹，然后再由苏丹返回以色列。

而苏丹政府当时是敌视以色列的，为了让其同意以色列接运埃塞俄比亚犹太人，以色列政府采用了赎买的方式。以色列一方面请求美国向苏丹提供高达数亿美元的财政援助，一方面也以差不多3000美元一人的费用，向苏丹支付了6000万美元的赎金。资金来源于世界各地犹太人的捐款。

这次行动被称为"摩西行动"，共有一万多名犹太人被接回以色列。由于行动是在苏丹政府默许的情况下进行的，不能做得过于公开。在这个关键时刻，以色列政府得到了一个真正的犹太商人、比利时的百万富翁乔治·米特尔曼的大力协助。

米特尔曼拥有一个航空公司——跨欧洲航空公司，其飞行员和机组人员因为每年运送去麦加朝拜者，所以对苏丹首都喀土穆的机场情况非常了解。米特尔曼同意将公司的飞机交由以色列政府自由支配，并对此事保密。

后来，由于运送犹太移民的情报泄露，苏丹通道被关闭了。这样从1979年起到1985年上半年为止，共有一万多名埃塞俄比亚犹太人回到了以色列，另有一万多名仍滞留在埃塞俄比亚，这意味着，以色列政府为每一个犹太人由苏丹返回，支付了6000美元。

以色列以政府名义赎回本国公民。这一行动得到许多犹太巨富的资助和支持。可见，金钱这位现实的"上帝"在犹太人观念中是多么根深蒂固。

就这样，犹太人用金钱铸造了一根魔杖。然而，这根魔杖的无上法力又指向何处呢？钱对于犹太人来说，绝不仅是财富的象征。在他们看来，金钱保证了生存，指挥了政治，推进了慈善。

众所周知，经济是政治的基础，政治反作用于经济。精明的犹太商人早已参透了金钱与权力之间的玄妙。他们以金钱为饵，换来了政治上的发言权，又倚靠着政治资本，在商场上肆意驰骋。

"国会山之王"是美国政治活动家保罗·芬德利在其所著的《美国亲以色列势力内幕》一书第一章的标题，也是他对美国犹太人院外活动组织"美国以色列公共事务委员会"（简称美以委员会）的称呼，从这一称呼，我们不难看出美国犹太人对美国政府的最高决策层的决定性影响。用该书中的话来说："美以委员会实际上已有效地控制了国会所有的中东政策行动，这绝非夸大之词。参众两院的议员，几乎无一例外地遵照其旨意行事，因为多数人把美以委员会视为一股政治势力在国会的直接代表。一位议员能否连任，这股势力可以说是握有生杀予夺的大权。"

毫无疑问，这股力量就是美国犹太人的力量。说得更明确些，就是由美国犹太商人的经济权力衍生出来的"政治权力"。美国犹太人虽然占全世界犹太人的40%，但以其600万人口的数量，只占美国总人口的3%，投票人的4%，凭什么"予夺"议员的连任资格？他们凭的就是手中掌握的大量的金钱。

在犹太人的历史上，金钱这东西一直都是他们赖以存活的根本。金钱可以在他们被追杀时买通别人以得到收留；金钱可以在他们被人看不起时买回自己的尊严，得到尊敬……金钱对于犹太人来说是如此的重要。犹太人将其视为现实生活中的上帝也就不难理解了。

金钱无贵贱之分

犹太商人生意经要诀

金钱平等，因此人格平等，于是怀有赚大钱的欲望才好。金钱对于

任何人来说，都是平等的，它没有高低贵贱的差别。（《塔木德》）

有一位演讲者在一个公众场合演讲。他拿起了50美元，高举过头顶："看，这是50美元，崭新的50美元。有谁想要？"结果所有的人都举起了手。然后，他把这张纸币在手里揉了揉，纸币变得皱巴巴的了，然后又问观众："现在有人想要这50美元吗？"所有的人举起了手。

他把这张纸币放在地下，用脚狠狠地踩了几下。钱币已经变得又脏又烂了。

他拿起钱来，又问："现在还有人想要吗？"结果还是所有的人都举起了手。于是他说："朋友们，钱在任何的时候都是钱，它不会因为你揉了它，你把它踩烂，它的价值就会有任何的变化。它依然可以在商店里花出去。"

为什么那张钞票在那个演讲者的手里揉皱了，又被他的脚踩脏弄破了，还是有人想要它呢？

因为钞票就是钞票，钞票是没有高低贵贱的。它不会因为受到了什么"待遇"就有所差别。

它还是以前一样的价值，和其他等面值钞票的价值是一样的。只要它们的价值一样，钞票都是平等的。

犹太人就是这样的观念。他们从不以自己做的生意小而自卑，在他们看来，所有的生意都是由小做到大的。那些成天只想干一番大事业，对一些小生意提不起兴趣的人，到头来一事无成。因而在他们的经商历史中，他们从不会喜"大"厌"小"。他们喜欢把"钞票不问出处"这句话挂在嘴上，实际上是在教人们创造和积累财富必须处心积虑，必须巧捕商机，必须妙用手腕。

钱是货币，是一个人拥有物质财富多少的标志，有时候更是一个人社会地位的象征。它本身不存在贵贱问题。犹太人的赚钱观念和我们的传统观念不一样。他们丝毫不认为拉三轮、扛麻袋就低贱，而当老板、做经理就高贵。钱在谁的口袋里都一样是钱，它们不会到了另一个人的口袋里就不是钱了。

因此他们在赚钱的时候，不会觉得金钱是低贱或高贵的。他们不会因为自己目前所从事的职业不好而感到自愧不如。他们在从事所谓的低贱职业的时候，心态也表现得十分平和宁静。

更主要的是由于犹太人对金钱不问出处，这样保证了他们的思想丝毫不受世俗观念的拘束。在他们的眼里，在法律允许的范围内什么生意都可以做，什么钱都可以赚，即使"卖棺材的也可以赚钱"。

正是因为犹太人认识到金钱的性质，所以，犹太商人在进行商业经营时，对于所借助的东西，是不存在一点感情的，只要有利可图，且不违法的事情，拿来用就是了，完全不必过多考虑。

犹太人认为"金钱无姓氏，更无履历表"。他们不像有些国家和民族那样，把钱分为"干净的钱"或"不干净的钱"。他们自信，不管通过什么方式、什么途径，只要是通过自身辛勤劳动合法赚来的钱，都是心安理得的。因此，他们通过千方百计的经营，尽量赚取更多的钱。不管这些钱是农夫出卖了产品得来的，或是赌徒赢来的，还是知识分子以脑力劳动得来的，都是受之无愧，泰然处之。

赚钱有术的犹太人数不胜数，以放债发迹的亚伦就是典型的一例。

这位移居英国的犹太人从打工开始，用积蓄的一点小钱做些小生意。由于生意的扩大，他需要资金周转，不得不向钱庄或银行借钱。他在自己的实践中发觉，向别人借钱的代价确实太高，往往与商业经营获得的利润相差无几。他想，自己辛辛苦苦经营全为银行打工，而且风险比银行还大，倒不如自己从事放债业务合算。几年后，他开始了放债业务。他一边维持小生意经营，一边抽出部分资本贷给急需用钱的人。另外，他又从银行贷来利率相对较低的钱，以较高的利率转贷给别人，从中赚取差额利润。有些等钱应急的生产者或个人，宁愿以月息20%借贷，这样，等于100元放贷1年，可获得240%的回报率，这比投资做买卖更能赚钱。亚伦正是盯着这个赚钱的路子，才迅速走上发迹之路的。亚伦63岁逝世时，留下的钱财在当时英国是首屈一指的。

犹太人的经商活动，有一个看似简单却很难做到的特点，他们对顾客总是一视同仁，且不带一丝成见。在犹太人看来，因为成见而坏了可以赚钱的生意，简直是太不值得了。

要想赚钱，就得打破既有的成见，这是犹太人经商得出的训示。就像金钱没有肮脏和干净之分似的，犹太人对赚钱的对象也是不加区分的。只要能赚钱，达成生意协议，能从你的手中得到钱，就可以做。

犹太人观念中，除了犹太人外，不管是英国人、德国人、法国人或意大利人等，一律被称之为外国人。为了赚钱，不管你是哪一国的人，主张何种主义，信仰何种宗教，都是他们交易的对象。他们绝对不会因为对方是异教徒或者是黑人而放弃一笔能赚钱的生意。

犹太人散居世界各地，但是他们都自视为同胞。无论是住在华盛顿、莫斯科，或伦敦等地，犹太人之间都经常保持密切的联系。例如，住在美国的一位犹太人名叫合利·威尔斯顿的钻石商人，他联合全世界的犹太钻石商组成一个庞大的集团对其他国的人做生意。又如居住在瑞士的犹太人，最能利用中立国的特性，同时联络美国的犹太人和俄国的犹太人来从事国际性的交易。在犹太人的脑海里，没有意识形态之分。为了各自共同的目的，他们可以紧密地联系在一起，共同对付外人。在进行贸易往来时，无论你是美国人还是俄国人，无论你是西欧人还是非洲人，只要你和他的这笔交易能给他带来利润，他就可以和你交易。因此，如果有人对他们与苏联商人做生意而指责他们时，犹太人会疑惑不解地歪着头反问："和俄国人做生意有什么不好呢？"他们的目的就是赚钱，他们所信奉的就是做生意，获得最大的利益。哈默就是突出的代表。在苏联刚刚成立时，世界上的资本家都不敢涉足这个国家，只有这个犹太人"胆大包天"，与苏联做生意发了大财。他也由此起步，成了20世纪世界历史上最富传奇色彩的商人。

要赚钱，就不要顾虑太多，不能被原来的传统习惯和观念所束缚。要敢于打破旧传统，接受新观念。试想一下，如果因为和对方的思想意识不同，自己在原来成见的作用下，主动放弃了一次赚大钱的机会，岂不是太可惜，太不值得了！我们知道，金钱是没有国籍的，所以，赚钱就不应当区分国籍，为自己设置赚钱的种种限制。聪明的犹太人很早就认识到这点，所以他们很团结，结合在一起共同赚外国人的钱，这就是他们成功的原因所在！

由于特殊的历史原因，犹太人失去了家园，长期流浪于世界各地。国籍意识对于犹太人来说是不存在的，犹太人从不看重这个政治概念，他们只看重是否有可靠的生意伙伴。犹太人与俄国人做生意，也与美国人做生意，卢布是钱，美元也是钱。所以对于生意而言，国籍和政治不是最重要的，它们只是提醒人们做生意要采取不同的方式和方法而已。

犹太人认为金钱是没有性质的，所谓的性质是人自己主观强加给金钱的。如果说金钱在恶人手里就是罪恶的，那么让善良的人把它赚回来就可以是善的了。犹太人认为，主观区分钱的性质是件荒唐的事，那样做不但浪费时间，而且又束缚思想。

赚钱天经地义

犹太商人生意经要诀

金钱既非可诅咒亦非罪恶，而是造福人类的东西。（《塔木德》）

对于钱，犹太人既没有敬之如神，又没有恶之如鬼，更没有既想要钱又羞于碰钱的尴尬心理。对于犹太人来说钱干干净净、平平常常。赚钱大大方方、堂堂正正。

一位无神论者来看拉比。

"您好！拉比。"无神论者说。

"您好！"拉比回礼。

无神论者拿出一个金币给他。拉比二话没说装进了口袋里。

"毫无疑问你想让我帮你做一些事情，"他说，"也许你的妻子不孕，你想让我帮她祈祷。"

"不是，拉比，我还没结婚。"无神论者回答。

于是他又给了拉比一个金币。拉比也二话没说又装进了口袋。"但是你一定有些事情想问我，"他说，"也许你犯下了罪行，希望上帝能开脱你。"

"不是，拉比，我没有犯过任何罪行。"无神论者回答。

他又一次给拉比一个金币，拉比二话没说又一次装进了口袋。

"也许你的生意不好，希望我为你祈福？"拉比期待地问。

"不是，拉比，我今年是个丰收年。"无神论者回答。

他又给了拉比一个金币。

"那你到底想让我干什么？"拉比迷惑地问。

"什么都不干！"无神论者回答，"我只是想看看一个人什么都不干，光拿钱能撑多长时间！"

"钱就是钱，不是别的。"拉比回答说，"我拿着钱就像拿着一张纸、一块石头一样。"

由于对钱保持一种平常心，甚至把它视为一块石头、一张纸，犹太人才不会把它视若鬼神，也不把它分为干净或肮脏。在他们心中钱就是钱，一件平常的物品。因此他们孜孜以求地去获取它，当失去它的时候，也不痛不欲生。正是这种平常之心，犹太人在惊涛骇浪的商海中驰骋自如，临乱不慌，取得了稳操胜券的效果。

视钱为平常物，是犹太人经商智慧之一。

犹太人认为赚钱天经地义，是最自然不过的事。如果能赚到的钱不赚，那简直就是对钱犯了罪，要遭上帝惩罚。

犹太人中间流传着这样一个笑话：

一个拉比、一个神父、一个牧师，坐在同一辆火车上。他们在一起谈论着各自的教徒和天命。

牧师说，他总是在办公室的地板上画个小圈，然后把募捐盘里的钱币拿出来抛向空中。"恰好落在小圈里的是给上帝的，剩下的是给我的。"神父说他也是这样做的。拉比说："我所做的与你们略有不同——我把钱扔向空中，上帝能接到多少就拿多少——剩下的就是给我自己的。"

对于金钱，犹太人是大大方方地视钱如命的——哪怕是像拉比这样的神职人员。在他们的心目中，"伟人"就是既富有又具有生活情趣的人。即使你是大名鼎鼎的学者，但一贫如洗，犹太人也是绝对看不起的。犹太人最讨厌贫穷。他们认为，贫穷就是耻辱，就是罪恶。所以，犹太民族也被称为"钱的民族"，他们对金钱有着"准神圣"的膜拜，善于赚钱同信仰宗教一样构成了犹太民族醒目的标志。

从犹太谚语中，我们不难看出犹太人对于金钱的特殊情感：

"有钱未必美满幸福，没钱却是百事悲哀。"

"金钱既非可诅咒亦非罪恶，而是造福人类的东西。"

"金钱虽是缺乏慈悲的主人，但却能成为有用的仆役。"

"金钱提供机会。"

"金钱对人而言，无非就像衣服于人一般。"

中国人在赚钱的时候，往往特别注意钱的出处。规规矩矩地工作所赚的工资是干净的钱。然而，犹太人的看法却是大不相同的。

在犹太人的眼中，钱是没有区别的。他们想的是——既然是钱，我就可以去赚。只要是钱，管它是什么样的钱。在他们的观念中，金钱既不是罪恶也不应被诅咒，而是一种对人类的祝福。金钱能为人们提供各种机会。金钱能带给好人好东西，带给坏人坏东西。可以说，犹太人是典型的拜金主义者。这与犹太人的历史过程有相当大的关系。自从罗马帝国占领犹太人的地域后，犹太人就被逐出祖国，流浪在世界各地，饱受迫害和杀戮。他们没有自己的国家，更谈不上主权。政治权力靠不住，只有金钱，才是他们生存的唯一依靠。钱对他们来说，是一种自卫的武器。因为他们有了钱，就在一定程度上能控制许多人，例如放高利贷者对贷高利贷者的控制。总之，对犹太人来说只有金钱才能给他们带来快乐及其他，他们可用金钱对付歧视，用金钱买回快乐。几千年来流浪异国他乡的生活，使他们形成了这种金钱观。

对犹太人来说，第一重要的事就是赚钱。他们关心的是如何大把大把地把钱往自己的口袋里装，而从来不会在乎这钱是从哪儿来的。只要能赚钱，他们是不会放过机会的，即使在军队中服役的犹太人，也是不会放弃赚钱时机，而巧妙地把军营作为放高利贷的场所，收取高额利率。富冠全欧的罗斯柴尔德家族，这个财团的始祖麦耶·阿姆约尔，原本是奥本海门下的一个学徒，摇身一变成为具有强大实力的古董商。他在拿破仑时代，趁欧洲动荡不安时期巧妙地运用手腕，深谋远虑地运用资金与情报，积累了令人咋舌的财富。他积累财富的过程是不择手段的过程。如果他当时不那么做，也就不会有今日的欧洲首富之称了。

总之，犹太人认为金钱没有什么好坏。钱不是万能的，但是没有钱是万万不能的。在这方面，犹太人非常现实。他们赚钱的目的是为了生存，赚钱是求得生存的手段。当他们将金钱放进钱包的时候，自然不会考虑金钱的来源。这种金钱观，为犹太人赚钱减少了障碍，开辟了不少的财源。

大财团希尔斯正是犹太商人的杰出代表，他的始祖名为迈耶·希尔斯，少年时在另一个成功的犹太商贾处当学徒。后来自立门户经营古董商店，以贵族巨贾为推销对象。在18世纪后半期至19世纪的动乱期间，因善于应变和经营，获得了巨大的盈利。他的经商手法可以说是犹太商人的典范。

犹太人嗜钱如命，为了赚钱，他们绞尽脑汁，用尽各种办法。

有一个这样的故事：

加利是位犹太人，他曾为一个贫穷的犹太教区写信给伦贝格市一位有钱的煤商，请他为了慈善的目的赠送几车皮煤来。

商人回信说："我们不会给你们白送东西。不过我们可以半价卖给你们50车皮煤。"

该教区表示同意先要25车皮煤。交货3个月后，他们既没付钱也不再买了。

不久，煤商寄出一封措辞强硬的催款书。没几天，他收到了加利的回信：

"您的催款书我们无法理解。您答应卖给我们50车皮煤，减掉一半，25车皮煤正好等于您减去的价钱。这25车皮煤我们要了，那25车皮煤我们不要了。"

煤商愤怒不已，但又无可奈何。他在高呼上当的同时，却又不得不佩服加利的聪明。

在这其中，加利既没耍无赖，又没搞骗术，他们仅仅利用这个口头协议的不确定性，就气定神闲地坐在家里等人"送"来了25车皮煤。

这就是犹太人的赚钱高招。

犹太人在对工作的选择方面也不同于他人。如果当一个体面的白领所领的工资还没有自己做一份不怎么起眼的小本生意拿的多，那么他们一定会毫无疑问地去选择那份虽不体面但利润颇多的小本生意。

富凯尔就在日本见过这样的一件事情，并且他个人也相当赞同那个人的做法：

富凯尔在一个小摊子上吃了一碗枸杞汤。由于闲着无事，就和摊主聊了起来。这时他才发现，原来摊主以前是一个专攻化学的大学生，而且曾在某公司任化学技师。

富凯尔感到有些不解，通过谈话他才真正明白。

这位技师感觉自己不过是像机器中的一个小螺丝钉一样任人摆布，觉得毫无趣味，便毅然提出辞职，自由自在地摆起了小摊。

他这样做有的人会认为不理智。当技师多体面呀，非要把自己弄得小商贩一样，这不是让家人在朋友面前很不体面吗？

是的，有很多人都这样认为，但是你看看作为犹太人的富凯尔是怎么看待的吧。他认为，人不可真的为了面子而"打肿脸充胖子"，不然会吃很多不必要的苦头，而自己却不知醒悟。犹如那位卖枸杞的人，当技师虽然够体面，但月薪才10万日元，生活方面并不像表现出来的那样体面，反而是相当拮据的。他能清楚地认识到自己的处境，自己要面临的人生，于是他毫不犹豫地改了行。而且自从他自己摆小摊子以后，每月平均可挣到30万日元，生活得到大大的改善，太太和子女们在朋友面前反而更有面子了。

犹太人素把金钱当作世俗的上帝，他们认为，在这个世界上除了上帝之外，就只有金钱最值得人尊敬和重视。

在《塔木德》中，有许多关于金钱的格言：

"《圣经》放射光明，金钱散发温暖。"

"伤害人们的东西有三：烦恼、争吵、空钱包，其中以空钱包为最。"

"一旦钱币叮当响，坏话便停止。"

"用钱去敲门，没有不开的。"

"身体依心而生存，心则依靠钱包而生存。"

"钱不是罪恶，也不是诅咒，它在祝福着人们。"

"钱会给予我们向神购买礼物的机会。"

犹太人爱钱，但从来不隐瞒自己爱钱的天性。所以世人在指责其嗜钱如命、贪婪成性的同时，又深深折服于犹太人在钱面前的坦荡无邪。只要认为是可行的赚钱方法，犹太人就一定要赚，赚钱天然合理，赚回钱才算真聪明。这就是犹太人的经商智慧的高超之处。

赚钱是游戏

犹太商人生意经要诀

金钱不神圣，不是高不可攀的圣物。（《塔木德》）

犹太人对钱持一种平常心。他们认为金钱同衣服一样，不过是一件有用的物品而已。

有许多犹太大亨，他们手中掌握着数以百万、千万，甚至亿万的财富的时候，他们感觉手里拿的不过就是一堆纸张而已，并不觉得这就是可以时刻给人带来祸福安危的东西。如果他们把金钱看得很重，就不敢再那样心不跳、气不喘地赚钱了。

要想赚钱，就绝对不能给自己增加心理负担，而是应该从容地、冷静地对待。对金钱不感兴趣自然赚不到钱，然而倘若把金钱看得太重也就给自己背负了沉重的包袱。

犹太人注重金钱，认为金钱是现实中万能的上帝。金钱在他们眼中显得无比的神圣，但是在赚取金钱的时候，他们已经把金钱当作是一种十分普通的东西，就和纸张、石头一样，丝毫不觉得金钱有烫手的感觉。

犹太人只把金钱当作是一种很好玩的物品。它在刺激着每一个人的神经去高度地投入它，人们投入资金的时候就是投入了一次次危险的但是有趣的游戏中。如果不是把赚钱当作游戏，而是看作一项沉重的工作，甚至是在拿命运做赌注的时候，心理的压力会十分强大，以至于人们不敢去冒风险。

犹太人这样形容自己：在赚钱的时候你就进入了一个游戏的世界。作为游戏的参与者，你要不停地和对手进行较量和角逐。你要采用一切办法和手段来胜过其他的人，你要超越所有的人才可以赢得最后的胜利。

著名的金融家摩根就是这样的赚钱观念，即绝不让赚钱变成一种沉重的负担，而是一种新鲜刺激的游戏。他认为只有以这样游戏的心态去赚取金钱，才是最佳的赚钱心态。

摩根赚钱甚至达到痴迷的程度。他一直有一个习惯，每当黄昏的时候，他就到小报摊上买一份载有股市收盘的当地晚报回家阅读。当他的朋友都在忙着怎样娱乐的时候，他则说："有些人热衷于研究棒球或者足球的时候，我却喜欢研究怎么赚钱。"

在谈到投资的时候，他总是说："玩扑克的时候，你应当认真观察每一位玩者，你会看出一位冤大头。如果看不出，那这个冤大头就是你。"

他从来不乱花钱去做自己不喜欢的事情。他总是琢磨怎么赚钱的办法。有的同事开玩笑说："摩根你已经是百万富翁了，感觉滋味如何？"摩根的回答让人玩味："凡是我想要的东西而又可以用钱买到的时候，我都能买到。至于其他人所梦想的东西，比如名车、名画、豪宅我都不为所动，因为我不想得到。"

他并不是一个为金钱而生活的人，他甚至不需要金钱来装饰他的生活。他喜欢的仅仅是游戏的感觉，那种一次次投入资金，又一次次地通过自己的智慧把钱赚回来的感觉，充满了风险和艰辛，但是也颇为刺激。他喜欢的就是刺激。摩根说："金钱对我来说并不重要，而赚钱的过程，即不断地接受挑战才是乐趣,不是要钱,而是赚钱,看着钱滚钱才是有意义的。"

视钱为平常物,视赚钱为游戏,这就是犹太商人的高明之处。唯有如此,才成就了那么多的犹太大亨。

别把硬币不当钱

犹太商人生意经要诀

别想一下就造出大海,必须先由小河川开始。(《塔木德》)

两个年轻人一同寻找工作,一个是英国人,一个是犹太人。

一枚硬币躺在地上,英国青年看也不看地走了过去。犹太青年却激动地将它捡起来。英国青年对犹太青年的举动露出鄙夷之色:一枚硬币也捡,真没出息!犹太青年望着远去的英国青年心生感慨:让钱白白地从身边溜走,真没出息!

两个人同时走进一家公司。公司很小,工作很累,工资也低,英国青年不屑一顾地走了,而犹太青年却高兴地留了下来。

两年后,两人在街上相遇。犹太青年已成了老板,而英国青年还在寻找工作。英国青年对此迷惑不解,说:"你这么没出息的人怎么能这么快地'发'了?"

犹太青年说:"因为我没有像你那样绅士般地从一枚硬币上迈过去。你连一枚硬币都不要,怎么会发大财呢?"

也许这个英国青年并非不要钱,可他眼睛盯着的是大钱而不是小钱,所以他的钱总在明天。但是,没有小钱就不会有大钱,你不懂得从小钱积起,那么财富就永远不会降临到你的头上。

老子曾说过:"合抱之木,生于毫末。九层之台,起于累土。"这句话的意思是:任何事情的成功都是由小而大逐渐积累的。积累财富也如用土筑台一样,需要许许多多的小钱作铺垫,方能成为大富翁。

"不积跬步,无以至千里;不积细流,无以成江海。"这是中国圣贤的名训。虽然《塔木德》的故事是流传于国外的经典之作，但其积少成多、集腋成裘的哲理和中国的圣贤名训是息息相通的。上例中两个人在面对一枚硬币的取舍时，英国人以他的绅士作风选择了藐视，最终一无所获；而精明的犹太人却不放过任何一个积累财富的机会，终于成为了大富翁。

犹太人告诉我们，金钱也跟人一样，你尊重它们，它们就不会亏待你；你忽略它们，它们就会从你的身边溜走。在人生的旅途中，不要忽视任何一次机会，也不要轻视任何一分钱。说不定哪一天正是那一次机会、那一分钱使你步入了辉煌。

拉链，可谓是很细小的物品，好像并没有厚利可图，但是日本的吉田忠雄却是靠着小小的拉链而成就了自己的大业。他没有小看拉链的商机，他垄断了小小的拉链市场。40多年来，吉田忠雄一手创办的吉田兴业会社发展十分迅速，它已成为日本首屈一指的拉链制造公司，在世界同行业中也名列前茅。它生产的拉链，占日本拉链总产量的90%，占世界拉链总量的35%，它每年生产的拉链总长度达190万公里，年销售额高达20多亿美元。由一条小小的拉链起家，吉田忠雄被誉为"拉链大王"。最终，吉田已同丰田、索尼等名字一样，成为发达的日本工业的代名词。

财富的积累离不开金钱的积累，这是《塔木德》告诉我们的真理。而要积累金钱，还得掌握金钱的特性，因为钱是喜欢"群居"的东西，当它们处于分散的状态时，也许没有什么威力；但当它们由少成多地聚集起来时，成千上万的金币就会发挥巨大的力量。另外，金钱还有这么一个特性，就是你越尊重它，它便越拥护你；你越藐视它，它便越避开你。"塔木德箴言"启示我们，要想积累财富，首先就得掌握金钱的特性，不要放过身边的每一个小钱。

看看一位犹太人是如何积累财富的：

犹太人亚凯德转向一位自称卖蛋的节俭人说："假使你每天早上收进10个蛋放到蛋篮里，每天晚上你从蛋篮里取出9个蛋，其结果是如何呢？"

"时间久了，蛋篮就要满溢啦。"

"这是什么道理？"

"因为我每天放进的蛋数比取出的蛋数多一个呀。"

"好啦，"亚凯德继续说，"现在我向你介绍发财的一个秘诀，你们要照我说的去做。因为你把10块钱收进钱包里，但你只取出9块钱作为费用，这表示你的钱包已经开始膨胀。当你觉得手中钱包重量增加时，你的心中一定有满足感。"

"不要以为我说得太简单而嘲笑我，发财秘诀往往都很简单。开始，我的钱包也是空的，无法满足我的发财欲望，不过，当我开始放进10块钱只取出9块花用的时候，我的空钱包便开始膨胀。我想，各位如果如法炮制，各位的空钱包自然也会膨胀了。"

它的道理很简单。事实是这样的：当你的支出不超过全部收入90%时，你就觉得生活过得很不错，不像以前那样穷困，不久，觉得赚钱也比往日容易。能保守而且只花费全部收入的一部分的人，就很容易赚得金钱；反过来说，花尽钱包存款的人，他的钱包永远都是空空的。

在生意人的这个圈子里，有一个所谓9∶1法则，那就是当你收入10块钱时，你最多只花费9元，让那一元"遗忘"在钱包里，无论何时何地，永不破例，哪怕只收入1块，你也保证冻结1/10。这是白手起家的第一法则。

别小看这一法则，它可以使你的钱包由空虚变充实。其意义并不仅仅在于攒几个钱，它可以使你形成一个把未来与金钱统一成一个整体的观念，使你养成积蓄的习惯，刺激你获取财富的欲望，激发你对美好未来的追求。从一个方面来看，当你的投资进入最后阶段时，这最后的一块钱往往能起到决定性的作用。

做生意切勿因利小而不为。这是因为做生意的目的是赚钱。只要有钱赚，不分多少。俗语说"积少成多""集腋成裘""聚沙成塔"。世界上许多富商巨贾，也是从小商小贩做起的。例如，美国的亿万富翁沃尔顿，是经营零售业起家的；鼎鼎有名的麦克唐纳公司，是经营小小汉堡包发财的；世界华人首富李嘉诚，开始的时候也是做小小塑花的生意。

在经营项目及数量上，也要注意"勿以利小而不为"。这是因为，看起来似乎是微不足道的小商品、小买卖（例如小百货、小杂货之类），可是它能吸引顾客，使你的事业兴旺发达。

有个犹太小商人居住在美国佛罗里达州。他注意到家务繁重的母亲们总是急急忙忙去买纸尿片，因此他想到建立一个"打电话送尿片"的公司为那些忙碌的妈妈们减轻负担。

是不是很多人认为这个小商人太没有志气了，居然送尿片，还送货上门。这种本小利薄的生意，傻子才会去做。

事实上，这个商人不仅是想，而且付诸于实际的行动。他雇用全美国最廉价的劳动力和最廉价的交通工具。后来他把送尿片服务扩展为兼送婴儿药物、玩具和各种婴儿用品、食品，随叫随送，只是在商品价格上面多收了15%。最终他的生意越来越旺。

犹太商人的成功并不是起点很高，并不是一开始就想着要做大生意，赚大钱。他们懂得，凡事要从细小的地方入手，一步一步进行，财富的雪球才会越滚越大。

凡事从小做起，从零开始，慢慢进行，不要小看那些不起眼的事物。这一道理从古至今永不衰竭，被许多犹太成功人士演练了无数次。

有个叫哈罗德的犹太青年，开始只是经营一个小型餐饮店的商人。他看到麦当劳里面每天人山人海的场面，就感叹那里面所隐藏的巨大的商业利润。他想，如果自己可以代理经营麦当劳，那利润一定是极可观的。

他马上行动，找到麦当劳总部的负责人，说明自己想代理麦当劳的意图。但是负责人的话却给哈罗德出了一个难题——麦当劳的代理需要200万美元的资金才可以。而哈罗德并没有足够的金钱去代理，而且相差甚远。

但是，哈罗德并没有因此而放弃，他决定每个月都给自己存1000美元。于是每到月初的1号，他都把自己赚取的钱存入银行。为了害怕自己花掉手里的钱，他总是先把1000美元存入银行，再考虑自己的经营费用和日常生活的开销。无论发生什么样的事情，都一直坚持这样做。

6年！哈罗德为了自己当初的计划，整整坚持不懈存了6年。由于他总是在同一个时间——每个月的1号去存钱，连银行里面的服务小姐都认识了他，并为他的坚韧所感动！现在的哈罗德手中有了7.2万美元，是他长期努力的结果。但是与200万美元来讲仍然是远远不够的。

麦当劳负责人知道了这些。终于被罗德的不懈精神感动了，当即决定把麦当劳的代理全部交给哈罗德。就这样，哈罗德开始迈向成功之路，而且在以后的日子里不断向新的领域发展，成为一代巨富。

如果，哈罗德没有坚持每个月为自己存入1000美元，就不会有7.2万美元了。如果当初只想着自己手中的钱太微不足道，不足以成就大事业，那么他永远只能是一个默默无闻的小商人。为了让自己心中的种子发芽，哈罗德从1000美元开始慢慢充实自己的口袋，而且长达6年之久，终于感动了负责人，也开始了他自己的富裕人生。万丈高楼平地起，你不要认为为了一分钱与别人讨价还价是一件丑事，也不要认为小商小贩没什么出息。金钱需要一分一厘地积攒，而人生经验也需要一点一滴地积累。在你成为富翁的那一天，你已成了一位人生经验十分丰富的人。

第二章 做一个令人刮目相看的商人

——犹太商人生意经二：练就一身超人的本领

亮出你的个性

犹太商人生意经要诀

我讨厌模仿，如果你要成功，你应该朝着新的道路前进，不要跟随被踩烂的成功之路。（《塔木德》）

没有个性，人家就会忘却你。个性化的策略、个性化的产品、个性化的管理，都是十分让人注意的东西。

《塔木德》是这样规定的："不要把一种产品和其他产品混合，但为了提高品质，可以把度数高的葡萄酒倒入度数低的葡萄酒里。"看来，注重商品的品质，不仅是现在，早在远古时期，犹太人就意识到了。他们说，同一种作物会因为产地的不同、管理的差异而在品质上有所差别。因此，应对不同产地的同种作物进行区别，对各类商品进行分门别类，这样买卖才可以获得好的价格。

可口可乐公司是美国饮食文化的象征，在全球可谓家喻户晓，它的商标价值已达400亿美元，但这家公司曾经差一点因放弃"个性"而夭折。

1886年11月15日上午，因饮酒过量而头痛的威尔克斯先生受"彭氏健身饮料可治头痛"的宣传，来到阿萨·坎德勒的药店，提出喝一杯彭氏健身饮料。店员一时疏忽，把配制彭氏健身饮料的原浆掺到了苏打水里，没想到威尔克斯喝完顿觉神清气爽，可口可乐由此诞生。

1888年，已经购买可口可乐配方全部股权的坎德勒不再用原浆（含有可卡因、咖啡因的可可叶和可可果提炼品，并加入若干油类物品），加净水配制药用饮料，从此专心经营可口可乐。

后来，可口可乐公司一度更改可口可乐的配方，以迎合想象中的大众口味，结果没得到市场认可，公司业务一落千丈，濒临倒闭。

关键时刻，该公司只好沿用原先的饮料配方，以其怪怪的味道再一次赢得了大众的青睐。

在这个竞争日益激烈的时代，唯有创新才能生存，才能在市场竞争中站稳脚跟，才能战胜对手。否则，企业就会停滞不前，甚至亏损破产。在这一点上，犹太人是最有发言权的，他们总是出人意料、标新立异，在竞争中凭借新奇手段以其鲜明的个性击败对手。

犹太人做人做事往往很注重持有自己的个性和特点。在世界各民族中，犹太人是最有特色的，他们之所以与众不同，就是因为他们注重自己个性的发挥。

在犹太人看来，生意的成败往往就是观念是否跟得上时代的潮流。在这个商品琳琅满目的时代，没有个性，就意味着面临被淘汰的命运。犹太人的矛盾就是他们外表很和善，但是他们灵魂是偏执和极端的，他们的思维方式是怪异的。他们每一个人都有自己的特色，都与众不同，若以同一件事去考验两个人，所做的事的结果必然不同。

"希伯来"的原意是"站在对岸"，它的意思就是人们不要畏惧，该反对时就要反对，同时也要原谅别人不赞成自己。

因为在古代，犹太人就认为假如世界是划一的，就不会有进步，必须有许多不同的东西互相竞争，才可能产生出新的事物。

任何东西都必须拥有个性。"个性才能生存"被各类企业一直验证为是商界金律。

犹太人的观点是：商业的个性就是独有的经商理念、特殊的经营模式、因环境条件有异而不可相互简单模仿的销售品种和价格等要素的总和。

莉莲·弗农就是一位敢于凭借自己的个性特色而获得商业成功的犹太女性。当1951年弗农开始在餐桌上组建邮订购物公司时，她当时是一个23岁怀孕的家庭主妇，试图为增添人了的家庭赚取额外的收入，她用2000美元的嫁妆钱投资于购买最初的一批钱夹和腰带，并花了495美元在《十七》杂志上登广告。弗农以典型的普罗米修斯风格行事，准备开拓别人未曾问津的新领域。

弗农最初的两样产品腰带和钱夹，包括个人化的特色，她首次邮购广告在最初的12周内收到价值32000美元的订货额。弗农对未曾料到的成功欣喜若狂，她又刊登标有人名的书签看看自己能否像第一回合这般幸运，这一新产品销售额较前一次翻番，于是弗农频频推出新产品，走上了顺道。她不仅取得了经济上的成功，而且每种新产品都获得了良好的声誉，随着她不断找出吸引自己的新产品，一次次地推向市场，她的成功也随之增大。

莉莲·弗农成为世界女企业家巨头，是由于她直觉地感知人们所需要购买的产品特点，她不是运用传统的市场研究技巧或主顾群体来做出新产品的决策；相反地，她完全依赖自己的分析做出产品抉择。她感到自己的直觉力成为她区别于其他人的重要因素。尽管在所有伟大创业革新者身上都能发现敏锐的直觉力，大多数人并没意识到自己的非凡能力，弗农却觉察到这一重要品格，使莉莲·弗农公司在竞争激烈的商界独树一帜。

弗农推销方法中别出心裁之处，是从她商品目录册中购买的任何产品，如果不能让顾客完全满意，她将在10年内将钱全部如数退还给顾客，要注意的是，弗农商品目录册中销售的产品都是标有姓名的商品。上面印有直接生产厂家的名字，因此消除了产品转手倒卖的因素。这种别具一格的营销方法使公司跻身于《幸福》杂志500家公司之列，功效显而易见。弗农别出心裁的营销术，显示出她对自己的产品及决策具有充分信心，她的胆魄和信心明显得益于她与广大顾客的沟通，她把顾客服务放在首位，这便是莉莲·弗农公司大获成功的原因。

犹太富人的这一金科玉律也为其他国家的商人所模仿。

巴西某地一家礼品店为了招徕顾客，在电视台大做广告宣传自己制定的店规：凡是名人前来购物，一律不收分文，但条件是必须以绝招来证明自己的身份。广告登出后，一些名人感到新奇，特来献技，远近顾客也慕名而来，想一睹名人风采。一时间礼品店顾客盈门，生意十分红火。

一天，球王贝利来到礼品店，顺手拿起店里一个足球放在地上，用脚轻轻一勾，球不偏不倚正好碰在门铃上，店内立刻铃声大振。未待铃声停止，贝利又用头一顶，把刚要落地的球顶到原来放球的位置。老板马上热情地邀请贝利挑选自己喜爱的礼品，且分文不取。不过球王的这一套干净利落的踢球动作早被聪明的老板摄下，成为商店吸引顾客的"法宝"。

推销一样的东西，你的推销方式就要与众不同一些，有个性一些；要想在市场竞争中站稳脚跟，战胜对手，同样也需要个性。

上海有位商人开了家"组合式鞋店"。货架上陈列着16种鞋跟、18种鞋底，鞋面颜色也有80多种，款式有百余种，顾客可以自己挑选出自己最喜欢的各个部分，然后交给职员进行组合。前店后坊，只需等十多分钟，一双称心如意的新鞋便可到手。此举引来了络绎不绝的顾客，使该店销售额比邻近的鞋店高出好几倍。

深圳有家钟表店在手表滞销、市场饱和的情势下，开辟特色服务，依照顾客意愿订制手表，成为一种新时尚。手表上可印制结婚照、本人头像，或印上一句相爱至深的话语送给情人。100多元的加工费，就可以订制一块绝对独一无二的风情手表，令死水一潭的手表业再度兴盛。

创造个性，拥有个性，以个性赢得市场，傲视群雄，才能在商战中立于不败之地。

犹太民族始终坚信，否定个性的社会难以进步。自己扼杀自己个性的人也不会有进步。每个人都是尊贵的。神是照着自己造人的。神的造型各异，人形与神也就各异。倘若一个人只知道模仿大众，那就是忘了神赋予他的神圣使命——创造自己。世界和艺术一样，是由每一个人创造的。

所以犹太人认为，每个人都要珍视自己，并且真正地尊重自己。一个人诚恳地珍重自己时，便能产生个性，然后才能透过个性，发挥专长以贡献社会。因此，对犹太人来说，培育个性是每个人的义务。对于商人而言，就是要使自己的商品自己的经营策略有个性，独一无二。

中国国画大师齐白石说过："学我者生，似我者死。"对于经营者来说，有个性的才是最有魅力的，有独创的才是最有吸引力的，学会经营特色的思想，做有个性的老板，开独一无二的商店，才能在激烈的市场竞争中独树一帜，赢得主动，取得成功。

每一步都朝目标走过去

犹太商人生意经要诀

目标明确，成功的概率就会更大。没有实际行动计划的模糊梦想，则只是妄想而已。每个人都需要有某样东西来给以明确的指引，使自己能集中精力的最佳办法是把自己的人生目标清楚地表述出来。在表述自己人生目标时，要以自我梦想和个人的信念作为基础，这样做，有助于把目标定得具体可行。

《塔木德》上说：

"我们现在处于什么地方并不重要，重要的是看我们朝什么方向移动。"

"一个人如果不知道自己的船驶向哪个港口，那么，对他来说，也就无所谓顺风不顺风的了。"

"神射手之所以神，并不是因为他的箭好，而是因为他瞄得准。"

这些话的意思是说，一个人应该知道为何而奋斗，因为，正确的目标对指导人的行为尤为重要。

在犹太商人看来，一个人如果没有明确的目标，以及达成这项明确目标的具体计划，不管他如何努力，都像是一艘失去方向舵的轮船。辛勤地做事和一颗善良的心，尚不足以使一个人获得成功，因为，如果一个人并未在他心中确定他所希望的明确目标，那么，他又怎能知道他已经获得了成功呢？

犹太商人心里清楚，一个人过去或现在的情况如何并不重要，将来想要获得什么成就才是最重要的。除非你对未来有理想，否则做不出什么大事来。目标是对于所期望成就的事业的真正决心，目标比幻想好得多，因为它可以实现。

目标是既定的目的地，也是理念的终点。如果一个人没有目标，就只能在人生的旅途上徘徊，永远到不了终点。正如空气对于生命一样，目标对于成功也有绝对的必要。如果没有空气，人就不能够生存；而如果没有目标，做事不能够成功，也就难以享受到成功带来的快乐。

犹太人从商，非常注重确立经商奋斗目标，先是确立目标，然后全力以赴而终至成功。目标决定人的一生，激励人不畏艰苦，充分发挥自己的潜在能力。

一个商人要想经商成功，首先必须真正正确地认识自己。犹太商人在确立目标中注意切合个人实际和环境，不会把自己的奋斗目标确立在可望不可及的位置上，而是分阶段一步一步地朝向目标迈进。但有的人心比天高，却力不从心，甚至不肯努力，最终是以失败告终的。

美国犹太商人乔治·吉亚姆的高中时代是在田纳西州的温彻斯特度过的，他内心里经常梦想着有朝一日要成为一家大公司的总裁。虽然这只是一名17岁男孩的梦想，但却是其人生目标的萌芽。

进入耶鲁大学后不久，乔治·吉亚姆的兴趣就从经营一般企业转移到研究评断公司财务之上。大学二年级时，他的父母由于生活拮据而无法再继续供他念书，迫使他陷入不知该休学就业还是该半工半读的窘状。要做出决定是非常困难，但因为乔治有自己的梦想，因此他很快地就做出了决定：无论如何都要坚持到毕业。最后他做到了，不但每学期都取得了优异的成绩，而且还利用奖学金及一份兼职工作解决了学费与伙食费的问题。3年后，他除获得经济学学士的学位外，同时还获得著名的路德奖学金，并取得全国优等生俱乐部耶鲁分会会长的头衔，以极其优异的成绩毕业。以后的两年，他前往英国牛津大学攻读硕士，此行对于他将来从事财务经营有很大的影响。

乔治回到美国后，便与一名田纳西女子结婚，随后，他前往纽约，正式开始追求自己的目标。他的起步是一家颇具规模的证券公司，他在公司里的职务是投资咨询部办事员。不久，朋友告诉他，国家地理勘察公司正在招聘年轻上进的财务经理。乔治前往应聘，他认为这家公司可让他进一步学到许多有关财务经营方面的东西，于是他就进了这家公司，一干就是4年。

4年之后，虽然这家公司业务非常稳定，而且他的表现也不错，但是他觉得能学的也学得差不多了，他又开始怀念起老本行了。于是，一咬牙，他又回到早先的那家证券公司工作，并等待机会。机会终于被他等到了，一名资深职员即将退休，这个人拥有8个相当有实力的客户，欲以5000美元出让。这对乔治来说是相当大的赌注，5000美元相当于他的全部财产，若此举失败，他将会变得一贫如洗。而且，这些客户接下来之后能不能留住还是问题。这时乔治再一次面对重大抉择。

最后，他一心想自立门户的雄心战胜一切，他接下了这8名客户，并且立即一一前往拜访，十分坦率而且诚挚地向他们说明自己的理想与计划，客户们都被他的热情与直率所感动，表示愿意留下观察一段时间。当时，乔治才28岁。两年的岁月很快就过去了，乔治几乎每天都在为员工薪金及管理费用忙得焦头烂额，有时候，他连自己的薪金都拿不出来。

两年期间，公司便是在这种拮据的情形下惨淡经营着。虽然如此，公司要求的服务品质并未降低，反而愈来愈高。熬到第三年，终于苦尽甘来，公司业务开始蒸蒸日上，客户也有显著增加，乔治自立的梦想终于实现在现实生活中。

今天，他已经是一家投资咨询公司的总裁，拥有将近一亿美元的资产，并兼任某大型互助银行的常务董事及数家公司董事。

可见，人生需要确立奋斗的目标。一个人目标越远大，意志才会越坚强。没有大目标，一生都是别人的陪衬和附庸。没有大目标，就没有动力。漫无目标地漂荡，终归迷失航向而永远达不到成功的彼岸。犹太人刘易斯·沃克是美国前财务顾问协会总裁，有一次曾接受一位记者采访，谈论有关稳健投资计划基础的问题。记者问道："到底是什么因素使人无法成功？"沃克回答："模糊不清的目标。"

记者请沃克进一步解释，他说："我在几分钟前就问你，你的目标是什么？你说希望有一天可以拥有一栋山上的小屋，这就是一个模糊不清的目标。问题就在'有一天'不够明确，因为不够明确，所以成功的机会也就不大。

"如果你真的希望在山上买一间小屋，你必须先找出那座山，找出你想要的小屋现值，然后考虑通货膨胀，算出5年后这栋房子值多少钱；接着你必须决定，为了达到这个目标每个月要存多少钱。如果你真的这么做了，你可能在不久的将来就会拥有一栋山上的小屋，但如果你只是说说，梦想就可能不会实现。梦想是愉快的，但没有实际行动计划的模糊梦想，则只是妄想而已。"

每个人都需要有某样东西来给以明确的指引，使自己能集中精力的最佳办法是把自己的人生目标清楚地表述出来。在表述自己的人生目标时，要以自我梦想和个人的信念作为基础，这样做，有助于把目标定得具体可行。

头脑中要有强烈的赚钱富裕意识

犹太商人生意经要诀

富裕、充足，天下众生都应有份。假使你坚决地要求着，不断地奋斗着去取得这富裕、充足，金钱将从无数的途径涌向你。对于一个想致富的人来说，比能力和知识更重要的是保持富裕意识。只有你喜欢金钱，欣赏金钱的作用，你才会想尽办法赚钱，而不会把它乱花掉。

犹太人眼里的价值观标准就是金钱。犹太人认为，金钱成就崇尚它的人。只有你喜欢金钱，欣赏金钱的作用，你才会想尽办法赚钱，而不会把它乱花掉。

只要有钱在流通，就天然地需要犹太人这样的"媒介"。犹太人就可以在人类生活中占有不可替代的位置，这时候犹太人是不能被灭绝的。

犹太人这种独特的价值观，激发了他们对金钱的执着的信念。犹太人认为有钱是一件很好的事情，但他们绝不轻易浪费每一分钱，认为奢侈是一种相当愚蠢的行为。犹太商人的观点是：每个人的生命，原理原则上是指向更富裕的生活，应该过着幸福及更富足、更成功的生活才对，而贫穷违反了生命本来的欲求。可是过去有许多宗教和哲学都赞美贫穷是一种美德，事实上这种看法，只是在特殊的情况下才产生的。说起来这种想法，其实是一种自我安慰罢了！现在的你，如果还受到违反生命原理的时代所建立的价值观影响，是极为不合理的事。你别忘了，每一个人都拥有富裕权利，这才是生命原理，而贫穷等于是生命原理的作用不足，是一种不该有的现象。

犹太商人认为，富裕、充足，天下众生都应有份。假使你坚决地要求着，不断地奋斗着去取得这富裕、充足，总有一天你会认识这条规则——人人都能成为百万富翁！

犹太商人最喜爱的一句话就是耶稣所说："你要，你就会得到。"对于一个想致富的人来说，比能力和知识更重要的是保持富裕意识。富裕意识是一种永远有大量的金钱足够分配的意识。那些真正生活富足的人们从不担心拥有过多——他们知道创造财富和富裕是他们自己思想倾向的一个功能。

你应将注意力放在扩展上。如果你保持富裕意识，金钱将从无数的途径涌向你。你将去创造使金钱向你的方向流动的方法，你的触角将在搜寻新的、激动人心的机遇，你的思想将开放着拥抱它们。

关于富裕意识的最重要的一点，不是当你变得"富裕"时你才突然产生富裕意识，那是另一回事。一旦你保障了你的富裕意识，真正的富裕就离此不远了。

善于从一点一滴积累财富

犹太商人生意经要诀

金钱的积累要从每一枚硬币开始，不要因为钱小而弃之，任何一种成功都是从一点一滴积累起来的，没有这种心态就不可能得到更大的财富。贪图更大的财富，结果连本来能够到手的也丢掉了。你不但要懂得如何创造财富，同时还要知道珍惜每一笔财富。

《塔木德》上有这样一句话："沙漠是由一粒粒细沙堆成的，财富是由一枚枚硬币积累而成。"硬币是一点一滴的财富，犹太人最懂得掌握这些不起眼的财富。

对于一个成功者来说，金钱的积累是从每一个硬币开始的，一个成功致富的人决不会因为钱小而弃之，他们知道任何一种成功都是从一点一滴积累起来的，没有这种心态就不可能得到更大的财富。

犹太商人认为，做生意就怕一开始就在心中膨胀出一个很大的贪欲，这会使人变得浮躁，而不会脚踏实地赚钱。

很久以前，美国加州传来发现金矿的消息。许多人认为这是一个千载难逢的发财机会，于是纷纷奔赴加州。犹太人海亚·兰德斯也加入了这支庞大的淘金队伍，他同大家一样，历尽千辛万苦，赶到加州。淘金梦是美丽的，做这种梦的人很多，而且还有越来越多的人蜂拥而至，一时间加州遍地都是淘金者，而金子自然越来越难淘，而且生活也越来越艰苦。当地气候干燥，水源奇缺，许多不幸的淘金者不但没有圆致富梦，反而丧身此处。海亚·兰德斯经过一段时间的努力，和大多数人一样，不但没有发现黄金，反而被饥渴折磨得半死。

一天，望着水袋中一点点舍不得喝的水，听着周围人对缺水的抱怨，海亚·兰德斯忽发奇想：淘金的希望太渺茫了，还不如卖水呢。于是海亚·兰德斯毅然放弃对金矿的努力，将手中挖金矿的工具变成挖水渠的工具，从远方将河水引入水池，用细沙过滤，成为清凉可口的饮用水。然后将水装进桶里，挑到山谷一壶一壶地卖给找金矿的人。

当时有人嘲笑海亚·兰德斯，说他胸无大志："千辛万苦地到加州来，不挖金子发大财，却干起这种蝇头小利的小买卖，这种生意哪儿不能干，何必跑到这里来？"海亚·兰德斯毫不在意，不为所动，继续卖他的水。结果，一段时间后，大多数淘金者都空手而归，而海亚·兰德斯却在很短的时间靠卖水赚到几千美元，成了一个小富翁。

犹太商人抱持"一点一滴地积累财富"的观念，其实还有另一层深意，那就是，即使自己赚到了很多钱财，也应该保持当初节俭的意识，善待每一分钱。

在一个专门描写美国百万富翁生活的电视节目上，介绍了一位典型的犹太富翁巴特勒先生。他现年57岁，大半辈子都是和同一个女人度过，在当地的大学毕业，拥有一家公司，最近几年赚了不少钱。在邻居眼中，巴特勒先生一家人不过是毫不起眼的中产阶级，殊不知，他的财产净值高达2000万美元，在那个高级住宅区里约居前10%之列。

主持人问巴特勒先生："请问您买过最贵的一套衣服是多少钱？"巴特勒先生闭上眼睛好一会儿，显然陷入沉思。接着回答说："买过最贵的，包括我自己、太太及为两个儿子、两个女儿买过最贵的是400美元。没错，那是最贵的了，是为了我和太太结婚25周年买的。"

犹太商人认为，挣更多的钱，有更少的需求，这是两种完全不同的致富方法。最简单的、保证富裕生活的方法莫过于去挣更多的钱。但不要认为，每次提高收入你也都必须提高生活水准，这样做会犯愚蠢的错误。

学识渊博才能做大生意

犹太商人生意经要诀

商人要学识渊博，学识渊博不仅可提高商人的判断力，还可以增加他的修养和风度，从而在生意场上立于不败之地。一个文质彬彬和一个粗俗不堪的人，分别去应酬同一宗生意，成功概率大的必然是前者。

犹太人认为，没有知识的商人不算真正的商人，既然你不是真正的商人，我就没必要和你做生意。他们最看不起没文化的商人，犹太商人绝大部分学识渊博、头脑灵敏。

正因为犹太商人拥有渊博的知识，他们才具有高智商的头脑，从而在生意中永立不败之地，成为公认的"世界第一商人"。

《塔木德》里有这样一个犹太故事。

有一次，一艘大船出海航行，船上的乘客中，除了拉比外，全是大亨。大亨们闲来无聊，就互相炫耀自己的财富。正在他们争得面红耳赤时，拉比插话了："我觉得还是我最富有，只是我现在的财富无法拿给你们看。"

中途，海盗袭击了这艘船，大亨们的金银财宝全被抢劫一空。等海盗们离去后，这艘船好不容易抵达了一个港口，但已没有资金继续航行了。

下船后，这位拉比因其渊博的学识，很快受到当地居民的尊重，并被聘为学校的教师。后来，这位拉比偶然碰到曾经同船旅行的大亨。这时，他们已身无分文，只好再一次白手起家。大亨们深有体会地说："只有知识才是夺不走的财富啊。"

商人要学识渊博，这是犹太人提出的口号，同时也是他们的经商法则。学识渊博不仅可提高商人的判断力，还可以增加他的修养和风度。一个文质彬彬和一个粗俗不堪的人，分别去应酬同一宗生意，成功概率大的必然是前者。

假如是一个学识渊博的商人，他除了了解自己的商品以外，还了解自己商品所针对的顾客的心理，尽力满足他们的需要，选取合理的场所，必要时还会客气而又不失风度地与顾客周旋，取得顾客的信任和重视。顾客对你的商品开始注意，这样生意就成功了一半。但是，假如是一个见闻狭隘、学识粗浅的商人，他既不懂得怎样设置场面，创造气氛，也不知道怎样招揽顾客，更不知道怎样树立自己的信誉，衣饰粗俗，出口粗话，这样，顾客未进门也许就给吓跑了，还能赚什么钱？

一个做钻石生意的犹太商人曾问他的合作伙伴："你知道大西洋底部有哪些鱼类吗？"听者乍一听问这个问题，可能都会感到莫名其妙。因为做钻石生意和大西洋底部的鱼类毫无关系，怎么问这样一个驴唇不对马嘴的问题呢？

但犹太人自有自己的想法：一个钻石商人需要的是一个精明的头脑，对方连大西洋有哪些鱼类都了如指掌，可见对钻石的业务知识也同样相当熟悉，那么对巨细俱全的钻石种类的分析肯定也是全面、周到的，和这样的商人合作肯定能赚钱。

犹太人阿尔伯特的成功有力地证明了知识的强大力量。

阿尔伯特刚开始仅仅是一家银行的信贷业务员，他像现在美国许多年轻人一样，在工作了一段时间之后，认为自己的学识不够，产生了回大学深造的要求。

阿尔伯特经过在大学学习后，专业技能获得了极大提高，在银行业中作出了很大的成绩。不久，阿尔伯特便晋升为在纽约的一家银行总经理，随后又再次晋升为这家银行的总行经理，年纪轻轻的便成了银行的高级管理人员。

你看，阿尔伯特的成功便是他不断充实自己的专业知识，努力提高自己的业务能力的结果。

犹太人既注重学校的正规教育，又注重自教自学。众所周知，学校的教育是获取基础知识的场所，很多专业知识及实际操作技术要通过实践或专业学习才能得到。另外，由于各人情况和条件不同，受到正规教育的情况也不尽相同。因此，犹太人很强调具有自己独立获取知识的技能，从中指导自己的工作实践。

所以，犹太人把知识视为财富，认为知识可以不被抢夺且可以随身带走，知识就是力量，所以他们十分重视教育。犹太人有个说法，人生有三大义务，第一义务就是教育子女。他们教育子女，目的在于让后代能在竞争的社会中求得生存和发展，壮大自己和民族的力量。

犹太民族在这种文化氛围的熏陶下，对教育和学习的重视蔚然成风，形成了一种几乎全民学习、全民都有文化的传统。尽管早期的犹太民族的学习主要以神学研究为取向，涉及的知识面十分狭窄，但后来随着犹太民族受迫害流散于世界各地，他们的学习很快扩展到吸纳世界各国的文明成果了。更值得一提的是，他们的勤学苦研的传统从未中断，这使犹太人特别是犹太中青年在调节其心理，增强民族凝聚力和激发求生存谋发展的创造力上，具有了更大的能量。正是这种传统的继承，使犹太人不管流散到哪里，其民族的文化整体素质都比较高。

掌握多种语言，多多益善

犹太商人生意经要诀

语言是商人行走世界的利器，掌握多种语言是经商赚钱的资本，是成为世界性商人的必备素质。在现代社会，世界商务往来愈密切。与外国人做生意时，能用本国文化语言的思维考虑问题，同时能用外国的语言文化思维斟酌相同的问题，这意味着理解是从不同角度和习惯分析得出的，所以就准确而迅速，并深刻得多。

犹太人是一个世界性的民族，很早就知道了语言的重要，他们把掌握多种语言视作自己经营赚钱的资本，他们大都能熟练地掌握两种以上的语言，他们与外商接触不必通过翻译，这已成为犹太人经商成功的一个公开秘密了。

代表犹太民族5000年智慧精华的《塔木德》，就非常重视多种语言的运用。《塔木德》分为本文和注释两部分。注释部分包括了世界各国的文字，除了希伯来文之外，还包括了巴比伦文、德文、法文、西班牙文、北非文、土耳其文、波兰文、意大利文、俄文、日文、英文和中文等等，所以这部书为世界各国广泛阅读，并且添加了许多新注释。

有不少商人认为，外语只是从事涉外工作人员必备的语言工具，而在犹太人看来，这种观念很不全面。语言是商人行走世界的利器，在现代社会，世界文化和科技的发展，早已冲破国界，各个国家、各个民族的相互沟通和交往日益密切。这种交往，最重要的是使人判断准确、迅速。

跟犹太人打交道，首先让你吃惊的是他们的判断非常迅速和准确。原因何在？在于他们普遍懂得两个以上国家的语言。他们与外国人交往时，能用本国文化语言的思维考虑问题，同时，亦能使用外国的语言文化思维斟酌相同的问题，这意味着他们的理解是从不同角度和习惯分析得出的，所以就准确而迅速，并深刻得多。

比方说，在犹太人的商务活动中，常会讲到英语的"nibbler"这个词，它是由动词"nibble"延伸而来，变成一个名词。nibble 是指钓鱼时，鱼儿咬吃钩上鱼饵的动作。聪明的鱼会把钩上的饵吃光而不被钓着，而笨鱼则会被钓起来。犹太商人将夺得鱼饵逃走的鱼叫作"nibbler"，即做商人要做聪明的鱼。犹太人就这样巧妙地将外语的精华运用到自己的经营运作中，使其能赚钱，不会被"钓"起来（赔本）。

从事科学和艺术事业的犹太人，更是注重掌握外语了，他们能克服语言的障碍，能汲取人类的各种文明，因而增强了自己的才智。爱因斯坦是生于德国并长于德国的犹太人，他除了精通犹太民族的希伯来语、德语外，还精通英语，这样才使他能博采众长，成为20世纪最杰出的科学家之一。弗兰克尔是一位德国犹太人，杰出的音乐家和法官。法律与音乐的学科是毫无关联的，但弗兰克尔却在这两方面都做出令人惊叹的业绩。他在柏林当了近10年的法官，成为德国颇有名气的人物。弗兰克尔到美国定居，由于他精通英语，很快被好莱坞聘任，专门为历史影片谱曲作词。外语不但成为他谋生的本钱，还成为他事业成功的阶梯。

犹太商人中大多精通多种语言，这也是他们成为世界性商人的素质。

把数字运用到每一个商业活动中

犹太商人生意经要诀

经商离不开数字，商人需要培养对心算的敏感和精通。当然，并不是每一个对数字敏锐的人都会成为优秀的商人，但是，优秀商人会牢牢地把握相关的数字。相反，失败的商人则几乎都是不通数字。大脑中全然没有成本、费用、利润的数字，这样的商人显然是不会成为世界一流巨富。

犹太人认为，商人必须注重数字，这不仅运用到经商中，还要让数字覆盖于生活的每个角落。钟爱数字，使用数字，才能生意做大，这是犹太商人在几千年的漂泊生涯中总结出的经验。

犹太人拥有强烈的数字意识和丰富的数字知识，不论是在日常生活中，还是在经商之时，他们都可以将数字玩弄于股掌之上。犹太人的皮包里一直备有计算器，他们对数字有绝对的自信心。他们把数字灵活运用于经商，取得了明显的成绩。

犹太富商多与数字打过长期的交道，以做数字方面的文章而见长，如杜邦公司的董事长欧文·夏皮罗最初干过会计，海湾和西方工业公司的查尔斯·布卢德霍恩最初当过证券分析员，等等。

注重数字几乎是所有商人的共性，但只有犹太商人让数字渗透到生活的每一个角落，无论是在生活中还是在商业里，都能对数字运用自如，把数字玩转起来。

犹太人认为作为一名商人需要培养对心算的敏感和精通。当然，并不是每一个对数字敏锐的人都会成为优秀的商人，但是，优秀商人会牢牢地把握相关的数字。相反，失败的商人则几乎都是不通数字。

犹太人在商场上，绝对容不得模棱两可，马马虎虎。特别是在商定有关价钱时，他们非常仔细，对于利润的一分一厘，他们计算得极其清楚。

一个旅行者的汽车在一个偏僻的小村庄抛了锚，他自己修不好，有村民建议旅行者找村里的白铁匠看看。白铁匠是个犹太人，他打开发动机护盖，朝里看一眼，用小榔头朝发动机敲了一下——汽车开动了！

"共20元。"白铁匠不动神色地说。

"这么贵？"旅行者惊讶至极。

"敲一下，1元，知道敲到哪儿，19元，合计20元。"

由此可见犹太人的精明。只要他们认为该赚钱的地方他们一定会脸不红心不跳，不卑不亢地赚它回来。在长期的商场磨炼中，犹太人练就了闪电般迅速的心算能力。

某导游引导某犹太人参观一个电晶体收音机工厂，该犹太人目睹女工作业片刻后问道："她们每小时的工资是多少？"

导游一边盘算着一边说：

"女工们平均薪水为25000元，每月工作日为25天，一天1000元，每天工作8小时，那么1000用8除，每小时125元，换算成美元是等于……"

花了两三分钟，那导游才计算出答案，可那位犹太人，听到月薪25000元后立即就说出"那么每小时35美元"。待工厂的一位负责人说出答案，他早已从女工人数与生产能力及原料等，算出生产每部电晶体收音机，自己能赚多少钱。

犹太人因为心算快，所以他们经常能做出迅速地判断，这使他们在谈判中能镇定自如，步步紧逼，直至大获全胜；在商场上游刃有余、坦然从容。

犹太人认为经商离不开数字，而有些商人一说到"数字"两个字就不行，他们对预算表之类的东西几乎毫不过目，全部都托付给财务负责人，而只过问"总地说来本季度或本年度赚了多少钱"就完事了，即使他们知道企业的金库和银行存款上还有多少现金，但对有多少借款和欠款，有多少赊账和收受票据等，全然没有任何把握。当然，对目前企业有多少固定资产，负债多少等更是一概不知，即使他们了解月度、年度的大概销售额，但大脑中却全然没有成本等费用的数字，这样的商人显然是不会成为世界一流的巨富的。

所以说经营与数字有着密不可分的关系，作为一名商人都必须和数字打交道不可。

一位犹太商人讲了这样一个故事，说明了数字的巨大作用。法国曾有家企业，老板常常把钱比作鱼来看待。例如1000万法郎就相当于一条金枪鱼，100万法郎就相当于一条沙丁鱼等。那位老板对此有独特的想法，他认为如果把钱当作钱看时，心里害怕不敢下决心动用。作为一个销售额大约只有3亿法郎的企业，该企业的老板却为了一时的夸口筹措了10亿法郎修建新的工厂，且把筹措到的资金看作100条金枪鱼，以避免动用时身体发颤，结果该企业新的工厂竣工后不久，就悲惨地倒闭了。一言以蔽之，该企业对销售情况的估计过了头。

其实干事业有时必须下定失败了就会面临丧失一切的那种极限性的决心，但往往正是那种时候必须仔细、诚实地关注数字。10亿法郎就是10亿法郎，而不是100条金枪鱼，不是像金枪鱼那样填进肚子里就完事了的东西。不管怎么说它是必须从卖出的商品利润中偿还的，为了还清这10亿法郎究竟得卖出多少商品呢？老板的感觉必须首先转向这儿。当钱成了金枪鱼，重要的数字感觉就变得淡薄了，自然企业决策就会失误。

除了自己谁都不可轻信

犹太商人生意经要诀

时时提防可能出现的灾难性打击，除了相信自己，对一切都持怀疑态度。自己必须自强自立，有自己的主见。人要是拿不定自己的主意，受别人的影响，那么就会一事无成，最后都不知该怎么办。

作为标准商人的代表者，犹太商人怀疑一切，这点倾向非常突出。历史上，犹太民族是灾难深重的民族。因为要提防随时都可能降临的伤害和打击，他们的一举一动都小心翼翼，一点风吹草动，都会让他们迅速作出自卫的反应。犹太民族正是这样的弱势群体，严酷的现实环境，迫使他们时时提防可能出现的灾难性打击，除了相信自己，他们对一切都持怀疑态度。

日本商人藤田还对此讲了一个故事。大约是1967年秋天，藤田拜访了芝加哥市的德彼·舍皮萝，他是一家制作名牌鞋的公司的经理，是一位犹太人。

这位犹太经理教育子女为人处世的方法非常独特。

德彼的住宅大约有30000平方米，附有草坪和游泳池，空地上放着三辆制鞋车。

在客厅里德彼的长女和小儿子托米正在玩耍。德彼抱起小儿子放到壁炉台上，然后挥手说："来，跳到爸爸怀里来。"

小儿子看到爸爸陪自己玩，非常高兴，笑着往爸爸怀里跳。可是当他快要落到爸爸臂上时，德彼却猛然把手抽掉了。小儿子摔在地板上，哇哇地哭了。

德彼微笑地望着小儿子。小儿子爬起来哭着找妈妈去了。

妻子并不责怪丈夫，只说："爸爸真坏。"

德彼望着对此大惑不解的藤田，解释说："这是犹太式的教育，小托米尚无一个人从壁炉上跳下来的勇气，但在我的鼓励下跳了下来。我故意抽回手，这种事情重复两三次，小托米渐渐就会明白，父亲也并不可靠。不要盲目相信父亲，靠得住的终究是自己。从小教育，到老也会牢记。"

这个故事虽然有些残酷，但这就是犹太人教育子女的一种方式，他们在经商中永远保持警戒心，从来不会吃大亏。

犹太人富有自信自强的优良传统。艰难和凶险的生活环境，没有扼杀他们追求美好生活的愿望，反倒培养了他们坚忍不拔，坚持己见的民族性格。

在犹太商人看来，缺少主见，遇事迟疑不决，容易受别人的影响而放弃了自己的主张和追求，这种人大多是意志不坚强的人。

一家全球闻名的大保险公司的人事经理，在面试新员工时总是注重应聘者是否能坚持自己的观点。他通常先提出一个问题让应聘者发表自己的看法，而他自己却故意提出与之相反的观点，甚至这种观点明显是错误的。

经过一番辩论，有的应聘者屈服了，放弃自己的观点，而有的应聘者却坚持到底，甚至于差点因为辩论而闹得不愉快。凡是敢于坚持己见的应聘者都通过了初试。

在复试时，人事经理特意测试应试者是不是一个遇事肯勇往直前、不屈不挠的人。当他口试时，就用各种颓丧的话语来攻击应试者的意志，告诉他们保险事业充满了种种危机，以此来试探他们。

许多应试者听了之后，仿佛看到前途是多么的黯淡无光，于是打消了留下的念头。只有极少数人在倾听人事经理的许多"忠告"之后，仍然不为所动，决心从事这种富有挑战性的工作，这正是人事经理希望聘用的。结果可想而知。

人活着就要有自己的个性，有自己的生活准则，有自己独立的价值标准，有自己的人生观。要想拥有美好的前程，自己必须自强自立，有自己的主见。没有主见又缺乏自信的人，肯定没有自我。一个人若失去自我，就没有做人的尊严，就不能获得别人的尊重。人要是拿不定自己的主意，受别人的影响，那么就会一事无成，最后都不知该怎么办。

每个人都有每个人的想法，每个人都有每个人的看法，不可能强求统一。不加分辨地听从他人是愚蠢的，也是没有必要的。与其把精力花在一味地去依赖别人，无时无刻地去顺从别人，还不如把主要精力放在踏踏实实做人、兢兢业业做事上。

第三章 经商本领出自磨炼

——犹太商人生意经三：在逆境中打磨自己的心志

敢于给失败迎头一击

犹太商人生意经要诀

从失败中奋起，这是商战的取胜之道。我们的态度决定了我们怎样看待障碍，乐观的人把它看成是成功的台阶，而悲观的人则把它看作是绊脚石。只有那些意志坚决、不辞辛苦、充满热情的人才能完成这些事业。

《塔木德》上有一句话说："失败决不会是致命的，除非你认输。"这是经商的至理名言。

商场如战场，失败是难免的。但失败并不可怕，怕的是在失败中垂头丧气。一个人如果不怕失败，善于从失败中吸取教训，把失败化为"成功之母"，就一定能转败为胜，赢得更大的成功。所以说，从失败中奋起，这是商战的取胜之道。

犹太商人该亚·博通就是一个勇敢的人，正是这一点，使他获得了辉煌的成功。

该亚·博通早年埋头于发明创造，他先是发明了脱水肉饼干，但未给他带来多少好处，相反，却使他在经济上陷入窘境。有了第一次失败的教训，又经过两年反反复复的试验，他终于又制成了一种新产品——炼乳，并决定把它推向市场。该亚·博通的第一步是要寻找专利保护。

该亚·博通发明的炼乳，是一种纯净、新鲜的牛奶，牛奶中的大部分水分在低温中用真空抽掉。但是，该亚·博通为他的制造方式寻求专利权时，得到的答复是产品缺乏新意，并且，专利局官员告诉他，在已批准的专利申请存档中已经有数十种"脱水乳"的专利权，其中包括一种"以任何已知方法脱水"。该亚·博通并不甘心，又一次提出申请。但他的第二次申请又再度被驳回，这是因为专利官员判定"真空脱水"并非必要的过程，该亚·博通只是被认为制作态度比较谨慎而已。第三次申请仍被拒绝，理由是该亚·博通未能证明"从母牛身上挤出的新鲜牛奶在露天地方脱水"与他的制作方式的目的不一致。

虽然三次申请，三次被驳回，但这并未把该亚·博通击倒。他对专利权仍然穷追不舍，因为他坚信他的创造。他的第四次申请终于被批准了。

然而，虽然有了专利权，推销新产品也不是一帆风顺的。该亚·博通的工厂是由一家车店改造的，租金便宜，刚开业时，该亚·博通每天花费18个小时在厂里指导炼乳的生产方法，监督生产程序，检查卫生清洁情况；由于附近有纯正、营养丰富的牛奶供应，因而炼乳的成本较低。

于是，该亚·博通小心地挑选了一位社区领袖做他的第一位顾客，因为这位社区领袖对炼乳的意见会有助于巩固新公司及其新产品在该地区的地位，而且这位社区领袖对产品也表示了赞赏。但是，当时当地的顾客习惯的是把掺有水分的牛奶放入一些发酵品，进行蒸馏，他们只觉得炼乳稀奇古怪，对它有疑心，所以，很少有人问津。出师屡屡不利，甚至到了山穷水尽的地步。该亚·博通的两位合伙人都失去了信心，第一家炼乳厂被迫关闭了。

在失败面前，该亚·博通破釜沉舟，又建起了新厂，也许是他的努力感动了上帝，他的第二次尝试终于获得了成功。他的公司在他逝世时，已根深蒂固，成为美国具有领导地位的炼乳公司。

该亚·博通的创业奋斗奠定了现代牛奶工业生产的基石。在该亚·博通的墓碑上，有这样一段墓志铭："我尝试过，但失败了。我一再尝试，终于成功。"这正是对他一生的总结，这对每个渴望成功的商人也是一种激励。

成功是由那些抱有积极心态并付诸行动的人取得的。同一件事抱有两种不同的心态其结果则相反，心态决定人的命运。

一个人成功的真正原因是他的积极想法和乐观态度。我们的态度决定了我们怎样看待障碍，乐观的人把它看成是成功的台阶，而悲观的人则把它看作是绊脚石。

心态能使你成功也能使你失败，不要因为你的心态而使你成了一个失败者。按照美国哈佛大学著名行为学家皮克斯在《心态影响人的一生》一书中的观点：人的心态随着环境的变化，自然地形成积极的和消极的两种。思想与任何一种心态结合，都会形成一种"磁性"的力量，这种力量能吸引其他类似的或相关的思想。这种由心态"磁化"的思想，好比一颗种子，当它培植在肥沃的土壤时，会发芽、成长，并且不断繁殖，直到原先那颗小小的种子变成了数不尽的同样的种子。这就是心态之所以产生重大作用的原因。

心态与前途的关系是每一位谋求成功的人都必须考虑的人生课题。在此，我们相信：事业成功的人，往往都能够充分地运用积极心态的力量。人人都希望成功会不期而至，但绝大多数人并没有这样的运气或条件。就是有了这些条件或运气，我们也可能感觉不出来，很明显的东西往往容易被人忽略。每个人的积极心态就是他的长处，这是毫不神秘的东西。

在当今社会中，一个有生气、有计划、克服消极心态的人，一定会不辞任何劳苦，聚精会神地向前迈进，他们从来不会想到"将就过"这些话。那些克服消极心态而成就的大事，绝非那些仅仅为了填饱肚子以及抱着得过且过思想的人所能完成的，只有那些意志坚决、不辞辛苦、充满热情的人才能完成这些事业。

坚持下去，必能获得大收益

犹太商人生意经要诀

大多数人都停下来收手不干的事情，只有富有忍耐力的人才会继续坚持；人人都感到绝望而放弃的信仰，只有富有忍耐力的人在继续为自己的意见辩护。一个商人只要具有这种卓越品质，最终总能获得很大的收益。

犹太人认为，成功有两个重要条件：坚决和忍耐。许多人失败，都是因为他们没有恒心和忍耐力，没有不屈不挠、百折不回的精神。

经商过程中常被许多不利因素所阻挠，甚至彻底失败。这就像登山常被雪崩、寒冷的天气、不可预测的风暴所阻挠一样。但在这种情况下，一个优秀的商人绝不会放弃，而是盯住目标，勇往直前。

一家犹太公司的总裁说："只要专心致志盯住自己的目标而且不犹豫、不走神，我看什么都能做好。就像打井一样，打到一半深度可能没有水，这时你转移方向，就可能前功尽弃，而只要你坚持下去再深挖一下，这口井就能打成。"

大多数人都停下来收手不干的事情，只有富有忍耐力的人才会继续坚持；人人都感到绝望而放弃的信仰，只有富有忍耐力的人在继续为自己的意见辩护。所以，一个商人只要具有这种卓越品质，最终总能获得很大的收益。

世界上有无数人，尽管失去了拥有的全部资产，然而他们并不是失败者，他们依旧有着不可屈服的意志，有着坚忍不拔的精神，凭借这种精神，他们依旧能成功。

看看"美国名人榜"的生平就知道，这些功业彪炳史册的伟人，都受过一连串的无情打击。只是因为他们都坚持到底，才终于获得辉煌成果。

犹太人威廉·詹姆斯是一位非常有名的管理顾问，你一走进他的办公室，马上就会觉得自己"高高在上"似的。办公室内各种豪华的摆设、考究的地毯，忙进忙出的人潮以及知名的顾客名单都在告诉你，他的公司的确成就非凡。但是，就在这家鼎鼎有名的公司背后，藏着无数的辛酸血泪。

威廉·詹姆斯在创业之初的头六个月就把自己十年的积蓄用得一干二净，并且一连几个月都以办公室为家，因为他付不起房租。他也婉拒过无数的好工作，因为他坚持实现自己的理想。他也被拒绝过上百次，拒绝他的和欢迎他的顾客几乎一样多。就在整整七年的艰苦挣扎中，谁也没有听他说过一句怨言，他反而说："我还在学习啊。这是一种无形的、捉摸不定的生意，竞争很激烈，实在不好做。但不管怎样，我还是要继续学下去。"

威廉·詹姆斯真的做到了，而且做得轰轰烈烈。有一次朋友问他："把你折磨得疲惫不堪了吧？"威廉·詹姆斯却说："没有啊！我并不觉得那很辛苦，反而觉得是受用无穷的经验。"威廉·詹姆斯能在逆境中坚持到底，结果他成功了。

我们再来看看一个相反的例子。这是一个挖地三尺见黄金的故事，发生在美国那个产生许多富翁的淘金时代。

青年农民鲁宾卖掉自己的全部家产，来到科罗拉多州追逐黄金梦。他围了一块地，用十字镐和铁锹进行挖掘。经过几十天的辛勤劳动，鲁宾终于看到了闪闪发光的金矿石。继续开采必须有机器，他只好悄悄地把金矿掩埋好，暗中回家凑钱买机器。

他费尽千辛万苦弄来了机器，继续进行挖掘。不久就遇到了一堆普通的石头，这时鲁宾认为：金矿枯竭了，原来所做的一切将一钱不值。他难以维持每天的开支，更承受不住越来越重的精神压力，只好把机器当废铁卖给了收废品的人，卷着铺盖卷儿回家了。

收废品的人请来一位矿业工程师对现场进行勘察，得出的结论是：目前遇到的是"假脉"，如果再挖三英尺，就可能遇到金矿。收废品的人按照工程师的指点，在鲁宾的基础上不断地往下挖。正如工程师所言，他遇到了丰富的金矿脉，获得了数百万美元的利润。鲁宾从报纸上知道这个消息，气得顿足捶胸，追悔莫及。

人的一生当中会遇到许多意想不到的困难，坚强的人总是表现出极大的忍耐力。

一个卖花的老太婆微笑着，又老又皱的脸上荡着喜悦，一个小伙子冲动之下挑了一朵花，"今天你看起来很高兴？"小伙子问。"为什么不呢？一切都这么美好。"老太婆穿得相当破旧，身体看上去很虚弱，她的回答令小伙子大吃一惊。

"耶稣在星期五被钉在十字架上的时候，那是全世界最糟糕的一天，可三天以后就复活了。所以当我遇到麻烦时，就学会了等待三天，一切就恢复正常了。"然后，她笑着道了声"再见"。

可见，忍耐是经商中必不可少的。当一切都已远离、一切宣告失败时，忍耐力总可以坚守阵地。依靠忍耐力，许多困难，甚至许多原本已经无望的事情都可以起死回生。

不怕失败，就怕不会总结它

犹太商人生意经要诀

成功是在不断的探索和失败中发现的，善于从失败中吸取教训及不断改变的人，才是真正的聪明人。为了在你的生活中创造积极的东西，你需要就你做事的方式进行一些改变。

犹太人认为：每个人都不可能避免失败，不分聪明和蠢笨，而那些善于从失败中吸取教训的人，才是真正聪明的商人。有很多人，已经丧失了他们所有的一切，但他们并不算是失败，因为他们有一种不可屈服的意志，他们从不介意一时的成败，失败只会让自己更加成熟。

美国企业家保罗·道弥尔就是这样一个聪明的商人。他专门收购面临危机的企业，这类企业在他的手中经过整顿，个个起死回生，财源广进。

1948年，21岁的保罗·道弥尔离开了祖国匈牙利，来到美国。当时，他一无所有，最大的资本就是一副健康强壮的身体。

他在美国找一份工作勉强度日，并非难事，但是胸怀大志的道弥尔并不以能够维持生计为满足。在一年半时间里，他竟变换了15次工作。他之所以这样做，并非朝秦暮楚，好高骛远，而是为了更深更多地了解美国，尽快增长自己的能力，学会做自己不会做的事情。最后，道弥尔在一个制造日用杂品的工厂正式开始工作了。他总是不声不响地工作，主动帮助老板忙里忙外，干得极卖力气，还做了许多分外的事。老板被他这种刻苦耐劳的、持之以恒的精神感动了。

一天，老板把道弥尔叫到办公室，对他说："我还有许多事情要做，我想把这个工厂交给你照管，你不会反对吧？"道弥尔非常高兴，他很自信地说："谢谢您对我的信任，我想我会把它管理得很好。"道弥尔做了工厂主管，每周工资由30美元升到了195美元。这个数字在当时来说是不小的收入，但他追求的不是这个，他要向企业家的目标奋斗。这个小工厂固然能学点管理经验，但毕竟有限。

道弥尔认为：要想做一个企业家，不仅要学会工厂管理，还必须熟悉市场，了解顾客的心理和需求，销售部门是企业的一个最重要的部门，不懂销售业务就不能成为现代的企业家。因此，半年之后，他向老板递交了辞呈，决定做推销员。

他做推销员之后，视野果然开阔了许多。他广泛地同各种顾客打交道，丰富了销售产品的经验，锻炼了交际能力和技巧，学会了如何去洞察和分析顾客的心理，同时也更深地了解了当地的风俗民情，这对于一个来自异乡的青年人来说，无疑又积累了一大笔无形的财富。仅用两年时间，道弥尔便用自己的才智和心血编织了一个庞大的销售网，成为当地最富有的推销员。正在这时，道弥尔作了一个惊人的决定，将一家濒临破产的工艺品制造厂以高价买了下来，同时拥有70%的股份。也就是说，这家工厂差不多成了他的独资企业，基本上可以按照自己的想法大胆地进行整顿和改革了。

道弥尔首先从生产和销售两个环节实行整顿。他认为，生产环节方面要提高效率、减少开支、降低成本。他针对不少员工对工厂的前景已失去希望，便借机大批裁员，而对留下的增加他们的工作量，提高他们的工资。销售环节方面，因为是工艺品，他废止推销办法，改为行销制度；提高产品价格，保持合理利润；加强销售服务，提高工厂信誉。

有人这样问道弥尔：为什么总爱买下一些濒临倒闭的企业来经营？他回答得十分巧妙："别人经营失败了，接过来就容易找到它失败的原因，只要把造成失败的缺点和失误找出来，并加以纠正，就会得到转机，也就会重新赚钱。这比自己从头干起要省力得多。"因此，保罗·道弥尔被同行企业家们称为企业界"神奇的巫师"。

成功是在不断地探索和失败中发现的，善于从失败中吸取教训及不断改变的人，才是真正的聪明人。

犹太商人认为，事业上的失败，主要是由自己的原因造成的，要想改变这种状况，首先要改变你自己。

《塔木德》中有这样一个寓言故事：狗家族中一条很有抱负的小狗向整个家族宣布：要去横穿大沙漠。所有的狗都跑来向它祝贺，在一片欢呼声中，这只小狗带足了食物和水上路了。3天后，噩耗传来：小狗死在了沙漠里。这只很有理想的小狗为什么丢掉了性命呢？检查食物，还有很多；检查水壶，里面还有水。经过研究分析得出结论：小狗是被尿憋死的。小狗之所以被尿憋死，是因为它有一个习惯，一定要在树干旁撒尿。大沙漠中哪有树呀，可怜的小狗一直憋了3天，最后活活被尿给憋死了。

《塔木德》讲这么一则小故事是想告诉人们：习惯影响命运。一个人的行为方式、生活习惯是多年养成的，很难改变，如果能够学会改变，那么就不会落到失败的境地。

逆境能把自己推向更高的起点

犹太商人生意经要诀

人生不可能一帆风顺，机会也不总是顺风而来，蕴藏在逆境中的机会永远都是非常巨大的，是足以改变人的一生的。所以，任何时候，对于逆境都应该抱着一种乐观和欢迎的心态。有没有面对逆境的勇气和头脑，往往决定着一个商人的成功与失败，也是判断一个商人经商才能高低的重要标准。

面对逆境，能坦然应之的当推犹太商人。犹太人认为，人生的际遇有两种，一种是顺境，一种是逆境，在顺境中顺流而上，抓牢机会，或许每个人都能够做到。但面对逆境，若缺乏忍耐和智慧就会败在阵下，在逆流中舟沉人亡。

犹太人能在危险来临时，仍泰然自若地做生意，甚至把逆境看成是赚钱的最好时机。犹太人知道，人生不可能一帆风顺，机会也不总是顺风而来，蕴藏在逆境中的机会永远都是非常巨大的，是足以改变人的一生的，所以，任何时候，对于逆境都应该抱着一种乐观和欢迎的心态。

下面有一则关于犹太人面对逆境的笑话：

不知从何时起，犹太人有个"不能在安息日工作"的规矩，要求人们必须在家休息，并勤做功课，但偏偏有人破坏规矩，在安息日却照常营业。一次布道时，拉比指责这些店主亵渎了安息日。当做完礼拜后，最爱破坏规矩的一个老板，却送给拉比一大笔钱。

待到第二个礼拜时，拉比对安息日营业的老板的指责就不是那么严厉了，因为他指望着那个老板给的钱会更多一些。然而他一个子儿都没得到，拉比感到十分奇怪，便询问其中的原由。那位老板说："事情十分简单。在你严厉谴责我的时候，我的竞争对手都害怕了，所以，安息日只有我一个人开店，生意兴隆。而你这次说话很客气，恐怕这样一来大家都会在安息日营业了。"

这虽然是一则笑话，难免出格，当然从这则笑话中，我们能发现逆境也是一个赚大钱的机会。

犹太商人特别善于在逆境中发财。他们发现机遇的头脑是在特定的环境下磨炼出来的。他们之所以能在非常困难的情况下从事放债和贸易这些获利颇丰厚的行业，他们首先知道自己的生意在哪里，对每一个赚钱机会有一种超乎寻常的敏感，因为神父讲道时不准商店老板营业，而许多人害怕亵渎神灵，便纷纷歇业。犹太商人没有义务遵守基督教的教义，只要合法，他们便大赚特赚属于自己的钱。

因此，有没有面对逆境的勇气和头脑，往往决定着一个商人的成功与失败，也是判断一个商人经商才能高低的重要标准。

艾柯卡是美国汽车业无以伦比的经商天才。他开始任职于福特汽车公司，由于其卓越的经营才能，使得自己的地位节节高升，直至坐到了福特公司的总裁。

然而，就在他的事业如日中天的时候，福特公司的老板——福特二世担心自己的公司被艾柯卡控制，便解除了艾柯卡的职务并开除了他。

艾柯卡在离开福特公司之后，有很多家世界著名企业的头目都来拜访艾柯卡，希望他能重新出山，但被艾柯卡婉言谢绝了。因为他心中有了一个目标，那就是："从哪里跌倒的，就要从哪里爬起来！"

他最终选择了美国第三大汽车公司：克莱斯勒公司。他要向福特二世和所有人证明：自己的才能和福特二世的错误。

艾柯卡到克莱斯勒公司后，对面临破产的克莱斯勒公司实行了大刀阔斧的改革，辞退了32个副总裁；关闭了16个工厂，裁员和解雇的人员上千，从而节省了公司最大的一笔开支。整顿后的企业规模虽然小了，但却更精干了。另一方面，艾柯卡仍然是用自己那双与生俱来的慧眼，充分洞察人们的消费心理，把有限的资金都花在刀刃上，根据市场需要，以最快的速度推出新型车，从而逐渐与福特、通用三分天下，创造了一个与"哥伦布发现新大陆"同样震惊美国的神话。

1983年，在美国的民意测验中，艾柯卡被推选为"左右美国工业部门的第一号人物"。

1984年，由《华尔街日报》委托盖洛普进行的"最令人尊敬的经理"的调查中，艾柯卡居于首位。

同年，克莱斯勒公司盈利24亿美元，美国经济界普遍将该公司的经营好转看成是美国经济复苏的标志。

有人曾经在这一时候呼吁艾柯卡竞选美国总统。如果在福特公司的艾柯卡是福特的"国王"，那么在克莱斯勒的艾柯卡无疑就是美国汽车业的"国王"。

艾柯卡之所以能创造这么一个神话，完全是受惠于当年福特解职的逆境。正是因为这一逆境，才使艾柯卡的事业步入无限的辉煌。从艾柯卡的经验中可见，逆境有时也是一种成功的捷径。

一切胜利皆始于个人求胜的意志和信心

犹太商人生意经要诀

一个人只要有自信，那么他就能成为他希望成为的那种人，一个人要永远保持成功的自信！无论在任何情况下，你都要依靠自己，相信自己，挖掘自己，发挥自己，只有你自己才能主宰自己。

《塔木德》中说："相信自己，便会攻无不克，不能每日超越一个恐惧，便从未学得生命的第一课。"

在犹太商人看来，对一个商人来讲，自信是自身的一种信念，是对自己的一种肯定。这将使他人尊重并信任你，如果你自己都对自己不信任，又怎么能指望别人也信任你呢？

在犹太商人看来，在遇到挫折时，如果你认为自己被打倒了，那么你就是真正地被打倒了。如果你认为自己仍屹立不倒，那你就真的屹立未倒。如果你想赢，但又认为自己没有实力，那你一定不会赢。如果你认为自己会失败，那你必败无疑。如果你自惭形秽，那你就不会成为一个强者。无论在任何情况下，你都要依靠自己，相信自己，挖掘自己，发挥自己，只有你自己才能主宰自己。

犹太人伊莎贝拉由于看到房产销售的情势大好，决定代理销售活动房屋。当时很多人都告诉她不应该这样做，说她不可能做得好。当时她仅有30000美元的积蓄，而别人告诉她最低的资本投资额是她的积蓄的许多倍。

"你看竞争多么激烈呀！"她的顾问这样忠告她，"此外，你在销售活动房屋方面又有多少实际经验？更别提业务管理了。"

伊莎贝拉女士对自己充满了信心。她承认自己的确缺少资金，竞争非常激烈，而且她也缺乏经验。"但是，"她接着说，"我收集的资料显示，活动房屋这个行业正在扩展，我也彻底研究了我可能遇到的竞争。我知道我在销售方面可以做得比镇上任何人都好。我也预料到会犯一些错误，但我会很快地赶上别人。"

于是，她毫不动摇地行动了。最后她那坚定不移的信心赢得了两位投资者的信任，也使她得到了几乎不可能的优惠———一家活动房屋制造商答应，在不需要现金的条件下，供应她一些很少量的存货。就这样，伊莎贝拉大获成功。当年，她卖出了超过100万美元的活动房屋。这一切的成果都归因于她对自己的信心。

可见，一切胜利皆始于个人求胜的意志和信心。一个人只要有自信，那么他就能成为他希望成为的那种人，在日常生活中，强者不一定是胜利者，但是，胜利者都属于有信心的人。一个人要永远保持成功的自信！在每做一件事前告诉自己这一次一定会成功，信心将随着你每一次目标的实现而增长。随着信心的增长，你会设置更高的目标，取得更大的成功。

第四章 靠沟通技巧征服客户的心

——犹太商人生意经四：掌握有效沟通的技巧

每时每刻都向外界推销自己

犹太商人生意经要诀

每天都要做推销工作，推销自己的创意、计划、精力、服务、智慧。善于推销自己，是与人相处和睦的能力。注意关切周围的各种人，让他们也关心着自己、容纳自己，从这个阶梯开始，通向成功的目标。

《成功地推销自我》的作者，犹太人霍伊拉说："如果你具有优异的才能，而没有把它表现在外，这就如同把货物藏于仓库的商人，顾客不知道你的货色，如何叫他掏腰包？各公司的董事长并没有像X射线一样透视你大脑的眼睛。积极的方法是自我推销，如此才能吸引他们的注意，从而判断你的能力。"

当然，由于传统观念根深蒂固，一般人都有一种极其矛盾的心态和难以名状的自我否定、自我折磨的苦楚。在自尊心与自卑感冲撞之下，他们一方面具有强烈的表现欲，一方面又认为过分地出风头是卑贱的行为。可是时代不同了，想做大事业，就应该更新观念，大胆地推销自己。

犹太人认为，在一个人的一生中，每天都在做着推销的工作。向别人推销自己的说法，道出了犹太人经商的一招制胜法。它的核心是给人好感，用善意温和的态度与人交往，那么别人也会以礼相报，生意就容易达成了。只有成功地推销自我才可以出人头地。否则，必是人生事业的失败者。

英国前首相撒切尔夫人，在访问阿曼、科威特等国时，大谈生意，为本国厂商带回大批订单；日本前首相中曾根，在走访五大洲的30多个国家时，也乐此不疲；至于各国的驻外使节，都在不同程度上充当本国产品的出口商。

犹太人认为，推销自我是指推销自己的创意、计划、精力、服务、智慧和时间。善于推销自己，是与人相处和睦的能力。根据心理学家的研究，认为人类的内心都有被人注目、受人重视、被人容纳的愿望。不管是欧洲人、美洲人、亚洲人、大洋洲或非洲人，只要是人类，都有这种愿望。

犹太人根据这种共同规则，在一切生活中，包括做生意的一切过程中，注意关切周围的各种人，让他们也关心着自己、容纳自己，从这个阶梯开始，通向成功的目标。

犹太人这种处世原则是有其根据的，人类都有其基本愿望，概括地说，有保持自尊、自立的愿望。如要达到自己事业的成功或发财致富，就要尊重这些基本愿望。

犹太人本着这种和顺办法，运用了三条推销法则：

第一条法则：把自己的创意或建议变成对方的，这也称为"钓鱼法"。即把你的创意或建议变成钓饵，对方会自然而然地上钩。比如说，你想让对方接受你的意见，以"你这样想过吗"的说法，要比"我是这样想的"更能打动对方，"试一试看看如何"的说法比"我们非这样做不可"更能获得对方赞同。这就是让对方觉得你的意思就是他的本意，他的自尊得到接纳，那么你的创意或建议就容易被采纳。

第二条法则：让对方说出你的意见。西方人也很讲究面子，所以提出意见要注意这个问题。如果毫不客气地给对方提出你的意见，出于"面子"问题，对方往往会本能地不予接纳。相反，你采用和顺婉转的方式提出，对方的"面子"堤围可能会自然开闸。如果你以冷静而温和的方式提出你的意思，然后说"虽作如是说，但可能有许多不当之处，不知你对这方面考虑的意见怎样"。这么一说，对方可能会完全接纳你的意思，并可能会说"我也是这样考虑的，请你不必有多余的顾虑"。

第三条法则：以征求意见代替主张。根据心理学家的反复调查研究结果，一个人向对方表达同样的意见，如果以正面而断然的方法说出，较容易激起对方的逆反感情，如果以询问的方式向对方提出主张的话，对方会以为是自己的意思，不自觉地欣然接受了。可见，方式方法的不同，同样的意思会产生截然不同的效果。

学会赞美对方的优点

犹太商人生意经要诀

如果你能以诚挚的敬意和真心实意的赞扬去满足一个人的自我，那么任何人都可能会变得令人愉快、更通情达理、更乐于协力合作。赞美是不会被人们拒绝的，一句恰当的赞美犹如在银盘上放一个金苹果，使人陶醉。

犹太人认为，每一个人都希望得到别人的赞美。这是人的本质，人生来都渴望他人的赞赏。的确，一句赞美的话会暖和对方的心，赢得对方的信任，建立良好的人际关系，你的生活和事业也会更美好。无论家人、朋友，还是同事，谁做了值得赞美的事，请不要吝惜赞美他。

请看下面三个例子：

其一，犹太人巴密娜·邓安负责监督一名清洁工的工作，这位清洁工做得很不好，许多员工常常讥笑他，还故意把纸片或其他废物扔到走廊里，表明他的工作质量极差。这也给他造成心理压力，他实在没有信心做好工作。

巴密娜试过各种方法让这名清洁工做好工作，但都失败了。不过她发现这名清洁工有时也能把一个地方打扫得很干净。于是她就抓住时机在众人面前大加赞扬他，这种方法很有效，他的工作有了改进，不久他的工作做得很好，也赢得了其他人的高度赞扬。

巴密娜找到了激励人的最好方式，她也试着赞扬和鼓励其他人，效果也非常好。她真正体会到真诚的赞扬可以收到最佳效果，而批评和耻笑往往把事情弄糟。

其二，麦当劳在日本的发展得力于日本犹太人藤田。藤田为人真诚，与员工打成一片，他能喊出每个员工的名字。一旦员工做了好事，不管事大事小，他都给予表扬。

有一年夏天，天特别热，温度高达32℃，有一群孩子在麦当劳户冢分店前进行募捐活动，没过多久，几个孩子实在受不了炎热的天气，纷纷倒下了，该分店的经理看到了这种情况，立刻给孩子们送去了可口可乐。孩子们喝了后，渐渐地又恢复了体力。这件事很平常，他们没有向藤田汇报。后来，有一个孩子给藤田写了一封感谢信，藤田才知道这件事。藤田马上公开表扬了那位经理。

藤田一向认为经营者一定要经常表扬他的员工，即使微不足道的小事，也应给予表扬，因为只有这样，才能满足员工的成就感，激发他的工作热情。

其三，有一次，犹太人玛丽被邀请参加一个高层次的制造商年会，晚上，她还参加了他们的颁奖宴会。在会上，她发现好几个经销商穿着海军蓝的运动夹克衫，而且他们穿得很不合身，很显然，这些衣服做工太粗糙，没有考虑到穿衣人的身形。

玛丽觉得很纳闷，这么高层次的颁奖宴会，那几个经销商怎么穿那么别扭的衣服。于是她就问他们公司的一位主管："他们为什么要穿这种蓝夹克衫？"

"噢，他们是我们公司销售业绩最优的人。"对方回答说。

宴会上，从头到尾她都等着有人出来致辞，表扬那些穿蓝夹克衫的人。最后，有一位著名演员出来表演了一个节目，接着许多气球从天花板上纷纷飘下，她以为马上就要颁奖，结果，她又错了，晚宴到此结束了，客人们纷纷都走了。

玛丽惊讶不已，禁不住问那位主管："你们颁给那些经销商的奖品在哪里呢？"

"噢，他们早都收到，就是那些我们早已寄到他们家中的蓝夹克。"

玛丽觉得不可思议，她很难相信一个公司举行颁奖宴会却不公开表扬那些得奖人。在她的公司却不是这样，她从来都不会放过表扬员工的机会，而且她往往要让那些优秀的员工站在台前接受掌声，她认为这么做比在家里独自受奖品光彩得多了。

玛丽公司有一份刊物《掌声》，专门表扬那些优秀的工作人员，这份刊物全部用彩色纸印刷，发行量可以与全国性杂志相媲美。这份刊物往往主要报道那些在销售、招募和小组工作上有特殊成就的人，常常附有照片，并突出他们的特殊成就。这种表扬方式取得很好效果，员工的积极性和创造性大大提高了。

在你赞美对方时，要掌握一定的技巧和原则。了解对方心理是赞美的前提条件。赞美是要满足对方的自我，不了解对方的心理，便难以获知他需要什么，乱赞一通，只会适得其反。因此，你要洞悉对方的喜好，让他听到自己渴望听到的评价。

1. 选择对方最喜欢或最欣赏的事和人加以赞美

打动人心的最佳方式是跟他谈论他最珍贵的事物，当你这么做时，不但会受到欢迎而且还会使生命扩展。切忌对无中生有的事加以赞美，若你这样做，会使人们感觉到你是在"溜须拍马"，而心生厌恶感。

2. 赞美一定要显得自然

赞美必须是由衷的，虚情假意的恭维不仅收不到好效果，甚至会招惹麻烦。赞美是为了使对方感到高兴。因此，你赞美的话一定要显得自然，千万不要矫揉造作。如果你的用词没有把握好分寸，就达不到使对方舒适的效果。因此，直接赞美时最好不要使用那些过分的用语，要既准确又得体，尽量显得优雅大方。

3. 赞美对方时最重要的是要真诚

一副冷漠的面孔和一张缺乏热情的嘴是最令人失望的，因此，赞美对方时最重要的是要热诚。每个人都珍视真心诚意，它是人际交往中最重要的尺度。英国专门研究社会关系的卡斯利博士曾说过：大多数人选择朋友都是以对方是否出于真诚而决定的。一两句敷衍的话，立刻会被人发觉你的虚伪，而且，毫无根据的赞美，也会让对方觉得你不怀好意，进而引起他对你的防范。

4. 赞美对方必须具体而恰如其分

因为赞美时越具体明确，其命中率就越高。我们赞扬对方时不一定非是一件大事不可，而对方的一个很小的优点或长处，只要我们能给予恰如其分的赞美，同样能收到好的效果。

5. 赞美对方应具有独到之处

对方经常听到相同的赞美，已经麻木了，一般不会心动，有时甚至会感到说话的人只不过是已经形成习惯了而已，所以，要想使赞美真正起作用，就应该尽量使自己的赞美新颖一些，与对方有可能经常听到的赞美有所不同，因为新鲜的东西更能引起人的重视。

6. 赞美对方要找准时机

要善于把握时机，该赞美时应及时赞美。不要在赞美对方时同时赞美其他人，除非是对方喜欢的人，即使你赞美他人也是给对方作铺垫，而且要适时适度。赞美要选准时机，否则，即使你再富有诚意，也可能造成负面的效果。

真诚和友善是最管用的说服本领

犹太商人生意经要诀

人与人的感情交流具有互动性。你如果要想与人成为知心朋友，首先得敞开自己的胸怀。要讲真话、实话，切忌遮遮掩掩、吞吞吐吐、令人怀疑，以你的真诚去换取别人的真诚。

犹太法典上说："温和与友善总是比愤怒和暴力更有力。"因而，犹太人认为要说服他人，首先自己要有真诚和友善的态度。

真诚是为人的根本。那些取得巨大成功的人都有许多共同的特点，其中之一就是为人真诚。如果你是一个真诚的人，人们就会了解你、相信你，不论在什么情况下，人们都知道你不会掩饰、不会推托，都知道你说的是实话，都乐于同你接近，因此也就容易获得好人缘。

一则寓言说，有一次，太阳和风相遇，它们争吵起来，都认为自己比对方厉害，但是谁也不能说服谁。最后，风说："我来证明一下我的本领。你看到那个穿大衣的老头了吗？我打赌我能比你更快地让他脱下大衣。"

太阳躲到云后，风开始施展它的本领，它愈吹愈大，疯狂地奔向老人，但是老人紧紧地裹住大衣，蹒跚地前进。风一看这种情况，非常生气，立刻狂风大作，愈吹愈急，但还是无济于事，最后风灰心丧气地败下阵来。

风渐渐平息了，太阳从云后露出了笑脸，开始以温暖的微笑照着老人。不久老人开始擦汗，脱掉了大衣。

你看，风的狂怒根本没有解决问题，而太阳的友善赢得了胜利。可见，人们总是乐于接受温和友善的人。

1915年，小约翰·洛克菲勒成为科罗拉多州最受轻视的人。工人为了争取自身利益，要求科罗拉多州煤铁公司提高工资，愤怒而粗暴的工人捣毁厂房，砸坏机器。政府最后出动军队镇压，发生多起流血事件，罢工者被枪杀，尸体遍布街头，场景极其残忍和野蛮。这次罢工持续了两年之久，成为美国工业史上最血腥的一次罢工。

在那种充满仇恨的气氛下，作为公司的所有者洛克菲勒尽力平息工人的愤怒，希望他们接受他的意见。他先花了几个星期的时间深入到工人家中，尽管遭到一些工人的拒绝，他仍顶着巨大压力走访每一个受害者家属，与他们成为朋友，然后他对工人代表发表了精彩演讲。

"今天是我一生最值得纪念的日子，"洛克菲勒开始说，"这是我第一次有幸会见这家伟大公司的劳方代表、职员和监工，大家会聚一堂，商讨公司的未来发展。我可以告诉各位，我很荣幸到这里与大家会面，在我有生之年我不会忘记这场聚会。

"这场聚会如果在两个星期前举行，我对今天到会的大多数人将一定很陌生，我只认得几张熟悉的面孔。上周我有机会去南区煤矿所有的工棚视察了一遍，与各位代表进行过个别谈话，除了不在场的代表，统统见过面了。我拜访过你们的家庭，见过各位的妻子和儿女，今天我们以朋友的身份相互见面，我们不再是陌生人了，我们之间已经有了友善互爱的精神，我很高兴有机会与各位代表讨论我们共同的利益问题。

"既然聚会应由厂方职员和劳工代表共同参加，我能来此参加聚会，多谢大家的支持。因为我既非劳工代表，也不是厂方职员，但是我觉得我与你们的关系十分亲密，因为就某一方面来说，我代表了股东和董事们。"

面对几天前想把他吊死在酸苹果树上的工人们，洛克菲勒言辞恳切，他的话比传教牧师还要谦逊和蔼，他用了一些能拉近彼此关系的句子，如"我很荣幸到这里与大家会面""我拜访过你们的家庭""见过各位的妻子和儿女""今天我们以朋友的身份相互见面"。这场演讲太精彩了，取得了良好的效果，不仅平息了要吊死洛克菲勒的仇恨风暴，而且还赢得不少崇拜者。

洛克菲勒向工人提供了充足的事实，说明公司面临的处境，友善地劝说工人们回去工作，工人们接受了他的意见，暂时不再谈提高工资的事，一场愤怒就这样平息了。

洛克菲勒友善地化解了公司与工人之间的矛盾，他没有和工人争论，没有用政治的干预吓唬工人，也没有用严密的逻辑论证他们错了，假如那样的话，只能导致更多的仇恨和反抗。洛克菲勒巧妙地运用"以柔克刚"原理以友善和蔼的态度化解了工人的愤怒，最后化敌为友。

友善的态度在交往中非常有效。还有一个故事说，犹太工程师史德柏希望他的房东能够降低房租，但是他的房东很难缠，许多人都做过这方面的努力，都以失败告终。大家得出一致结论：房东太难打交道，不近人情。

史德柏决定试一试,他给房东写了一封信,说合同一到期,他将搬出去,事实上他不想搬走,如果房租能降低的话,他仍然想租下去。没过几天,房东就带着他的秘书来找史德柏。史德柏以友善的方式在门口欢迎他,非常热情。

史德柏并没有立即谈论房租太高,而先强调自己多么喜欢他的房子,称赞他管理有方,希望能再住一年,可是房租有点儿太高。

房东从来没有遇见过一个如此热情而真诚的房客,他简直不知怎么办才好。他开始向史德柏诉苦,其中有一位房客给他写过14封信,有些信言词极其粗鲁,太伤他的自尊心;还有一位房客威胁他,如果他不制止楼上那位打呼噜的房客,就要退租。

"有你这样满意的房客,我真是太轻松了。"他高兴地说。

房东在史德柏没有提出要求之前,就主动提出减收一点租金。史德柏希望再少一点,说出他能负担的数目,房东一句话也不说就同意了。"有没有需要装饰的地方?"他刚要离开时,转过身来问史德柏。

史德柏后来谈了这件事,他说:"如果我用其他房客的方式要求减低房租的话,我相信我一定也会遇到相同的阻碍,我之所以会成功恰恰就是因为我的友善、同情和赞扬。"

真诚无私的品质能使一个外表毫无魅力的人增添许多内在吸引力。人格魅力的基本点就是真诚。待人心眼实一点,守信一点,能更多地获得他人的信赖、理解,能得到更多的支持、帮助和合作,从而获得更多的成功机遇,最后脱颖而出,点燃闪亮人生。

心理学研究指出,任何人的内心深处都有内隐闭锁的一面,同时又有开放的一面,希望获得他人的理解和信任。不过,开放是定向的,即只向自己信得过的人开放。以诚待人,能够获得人们的信任,发现一个开放的心灵,经过努力得到一位用全部身心帮助自己的朋友。这就是用真诚换来真诚,如果人们在发展人际关系,与人打交道时,去除防备、猜疑的心理,代之以真诚同别人交往,那么就能获得出乎意料的好结果。

人与人的感情交流具有互动性。一个人如果要想与人成为知心朋友，首先得敞开自己的胸怀。要讲真话、实话，切忌遮遮掩掩、吞吞吐吐、令人怀疑，以你的真诚去换取别人的真诚。人与人之间融洽的感情是心的交流。肝胆相照，赤诚相见，才会心心相印。岁月的流逝，时代的变迁，并没有减弱"真诚"在友谊宫殿中的光泽。我们在生活中应充满真诚，离开了真诚，则无友谊可言。一个真诚的心声，才能唤起一大群真诚人的共鸣。

不要向别人要求自己也不愿做的事

犹太商人生意经要诀

不要向别人要求自己也不愿做的事，注重和气是人人得益的道理。不可恶化与四邻的关系，否则必会受到排斥。不要播种仇恨，把人与人的关系处理好，是事业成功和发财致富的一种技巧。

犹太文化强调人与人之间要有健康而友善的关系。《塔木德》对犹太伦理讲得更具体了。该书讲述了一个事例：

一次，有位拉比要召集6个人开会商量一件事，邀请他们第二天来。可是，到了第二天却来了7个人，其中肯定有一个人是不邀自来的。但是拉比又不知道这第7个人究竟是哪一位。于是，拉比只好对大家说："如果有不请而来的人，请赶快回去吧！"

结果，7个人中最有名望、大家都知道一定会受到邀请的那人却站了起来，然后快步走了出去。

大家都很明白，这位有名望并已被邀请的人为他人背了黑锅。但这个人也明白，7个人中必定有一个人未受邀请，而这个人既已到这里了，却要他承认不够资格而退回去，是件令人难堪之事。因此，这位有资格的人挺身而出，宁愿自己名义上受点影响，保护那个不请自来的人的自尊心，让他混迹其中。

那位有名望的人用心良苦，他能设身处地为他人着想并采取巧妙的行动，正体现了"不要向别人要求自己也不愿做的事"那种精神。

但是,《塔木德》编选这个故事除了褒扬那种帮助别人的精神外,更深一层的意思是,这个有名望的人的举动表面上看来令他"背黑锅",而实际上使他的声望更高了。《塔木德》编选这个故事,意在讲明帮助别人、注重和气是人人得益的道理。

犹太人在其民族文化的影响下,再加上其长久的流离失所的状况,普遍形成一种"谦和"的耐性。犹太商人就善于利用自己的这一耐性,在经商的一切活动过程中充分发挥"和气"的作用。这种和气的仪表,在人际交往之间确有融合剂的作用,它很容易把对方吸引住。

按理说,像犹太人这样被人驱来赶去、朝不保夕的民族,"应该"在生意场上形成一种与此相应的"打一枪换一个地方"的短期策略和流寇战术。然而,犹太商人不但绝少有这类劣迹,相反,信誉卓著,他们所经营的商品也都属质量上乘。究其原因,除犹太商人的文化背景,如素以"上帝的选民"自居,不屑于做"一次性"买卖,有重信守约的习惯等之外,更有可能是从民族流动不定的生存状态与商业活动的规律之结合中,悟出了什么是真正的经商之道。

犹太商人是在四邻不太友好的眼光注视下演进到今日的,他们特别知道不可恶化与四邻的关系,否则必会受到排斥。历史上,犹太社群的精神领袖拉比就曾一再告诫同胞,不要播种仇恨。

从这样一种生存大策略上,犹太人总结出了和善处世的秘诀。

好脾气让你经商受益

犹太商人生意经要诀

对商人来说,没有什么比陷入突如其来的怒气中更能造成灾难的了,而习惯性的自我克制能带来平静和财富并免除激烈的争执。忍耐需要有好脾气,这对商人很重要。

《塔木德》上说:"纯洁简朴的生活、良好的道德和快乐的天性,要胜过医生或药品所能为我们提供的一切。"

因而,犹太人认为,一个人应当从小就养成忍耐、平和而安宁的性情,对自己的一切都能乐天知命,使自己的身体始终处于和谐的状态,避开疾病的侵扰。

忍耐需要有好脾气,这对商人很重要。一则笑话说,有位在政党里崭露头角的候选人,去一位政界要人那里学习他政治上取得成功的经验,以及如何获得选票。

这位政界要人向他提出了一个条件,他说:"你打断一次我说话,就得付5美元。"

候选人说:"好的,没问题。"

"那什么时候开始?"政客问道。

"现在,马上可以开始。"

"很好。第一条是,对你听到的对自己的诋毁或者污蔑一定不要感到愤恨,随时都要注意这一点。"

"噢,我能做到。不管人们说我什么,我都不会生气。我对别人的话毫不在意。"

"很好,这就是我经验的第一条。但是,坦白地说,我是不愿意你这样一个不道德的流氓当选……"

"先生,你怎么能……"

"付5美元。"

"哦!啊!这只是一个教训,对不对?"

"哦,是的,这是一个教训。但是,实际上也是我的看法……"

"你怎么能这么说……"

"付5美元。"

"哦!啊!"他气急败坏地说,"这又是一个教训。你的10美元赚得也太容易了。"

"没错，10美元。你是否先付清钱，然后我们再继续？因为，谁都知道，你有不讲信用和赖账的'美名'……"

"你这个可恶的家伙！"

"再付5美元。"

"啊！又一个教训。噢，我最好试着控制自己的脾气。"

"好，我收回前面的话，当然，我的意思并不是这样。我认为你是一个值得尊敬的人物，因为考虑到你低贱的家庭出身，又有那样一个声名狼藉的父亲……"

"你才是个声名狼藉的恶棍！"

"请付5美元。"

为了学会自我克制的第一课，这个年轻人为此付出了高昂的学费。

然后，那个政界要人说："现在，就不是5美元的问题了。你要记住，你每一次发火或者你为自己所受的侮辱而生气时，至少会因此而失去一张选票。对你来说，选票可比银行的钞票值钱得多。"

这则故事对商人处世很有借鉴意义。

对商人来说，没有什么比陷入突如其来的怒气中更能造成灾难的了，而习惯性的自我克制能带来平静和财富并免除激烈的争执。

在洛克菲勒的轶事中，曾有一位不速之客突然闯入他的办公室，直奔他的写字台，并以拳头猛击台面，大发雷霆："洛克菲勒，我恨你！我有绝对的理由恨你！"接着那暴客恣意谩骂他达几分钟之久。办公室所有的职员都感到无比气愤，以为洛克菲勒一定会拿起墨水瓶向他掷去，或是吩咐保安员将他赶出去。

然而，出乎意料的是，洛克菲勒并没有这样做。他停下手中的活，和善地注视着这一位攻击者，那人愈暴躁，他就显得越和善！

那无理之徒被弄得莫名其妙，他渐渐平息下来。因为一个人发怒时，若遭不到反击，他是坚持不了多久的。于是，他咽了一口气。他是准备好了来此与洛克菲勒做争斗的，并想好了洛克菲勒要怎样回击他，他再用想好的话去反驳。但是，洛克菲勒呢，就像根本没发生任何事一样，继续他的工作。洛克菲勒就是不开口，所以他也不知如何是好了。

末了，他又在洛克菲勒的桌子上敲了几下，仍然得不到回响，只得索然无味地离去。

谈判时要摸清对方底细

犹太商人生意经要诀

谈判是一种不必借助武器的战争，三言两语可以造成极大的杀伤力，亦可轻而易举地征服人心。在任何商业谈判前都先做好周密的准备，广泛收集各种可能派上用场的资料，甚至对方的身世、嗜好和性格特点，使自己无论处在何种局面，均能从容不迫地应付。

犹太商人十分注重商业谈判技巧，所以他们的生意成功率较高。犹太格言说："与其迷一次路，不如问十次路。"这讲明犹太人在行动前总要把目标方向了解清楚，不主张贸然行动。

美国总统尼克松在一次访问日本时，犹太人基辛格作为美国国务卿同行。尼克松总统在参观日本京都的二条城时，曾询问日本的导游小姐大政奉是哪一年？

那导游小姐一时答不上来，基辛格立即从旁插嘴："1867年。"

这点小事，说明基辛格在访问日本前已深深了解和研究过日本的情况，阅读了大量有关资料，以备不时之需。

在犹太人的观念中，谈判是一种不必借助武器的战争，三言两语可以造成极大的杀伤力，亦可轻而易举地征服人心。正因为有这种观念，犹太人在任何商业谈判前都先做好周密的准备，广泛收集各种可能派上用场的资料，甚至对方的身世、嗜好和性格特点，使自己无论处在何种局面，均能从容不迫地应付。

犹太商人在商务谈判前一定要了解顾客的基本需要，然后针对顾客的需要而努力设法满足它。对广大顾客来说，生活上的需要，工作上的需要，精神上的需要，是基本的需要，是必不可少的需要。当然，不同的顾客在这三方面的基本需要，又有轻重缓急之分。

犹太商人善于针对顾客的基本需要，设法对顾客表示出关心。他们不光谈商品、交易，还根据洽谈气氛，适时地谈谈顾客生活上的爱好，精神上的追求，工作上的兴趣、志向及成就，等等。如果他们了解到顾客对这些内容感兴趣，就会顺水推舟地同其侃谈。这样使得气氛融洽了，也就容易与交易联系起来。

有一家以色列公司与日本商人洽谈购买国内急需的电子机器设备。日本商人素有"圆桌武士"之称，富有谈判经验，手法多变，谋略高超。犹太人在强大对手面前不敢掉以轻心，组织精干的谈判班子，对国际行情做了充分了解和细致分析，制定了谈判方案，对各种可能发生的情况都做了预测性估计。犹太人尽管做了各种可能性预测，但在具体方法步骤上还是缺少主导方法，对谈判取胜没有十分把握。

谈判开始，按国际惯例，由卖方首先报价。报价不是一个简单的技术问题，它有很深的学问，甚至是一门艺术，报价过高会吓跑对方，报价过低又会使对方占了便宜而自身无利可图。

日方对报价极为精通，首次报价1000万日元，比国际行情高出许多。日方这样报价，如犹太人不了解国际行情，就会以此高价作为谈判基础，因日方过去曾卖过如此高价，有历史依据，如犹太人了解国际行情，不接受此价，他们也有理可辩，有台阶可下。

犹太人已了解了国际行情，知道日方在放试探性的气球，果断地拒绝了日方的报价。日方采取迂回策略，不再谈报价，转而介绍产品性能的优越性，用这种手法支持自己的报价。

犹太人不动声色，旁敲侧击地提出问题：贵国生产此种产品的公司有几家？贵国产品优于 A 国 C 国的依据是什么？用提问来点破对方，说明犹太人已了解产品的生产情况，日本国内有几家公司生产，其他国家的厂商也有同类产品，犹太人有充分的选择权。

日方主谈人充分领会了犹太人提问的含意，故意问他的助手："我们公司的报价是什么时候定的？"这位助手也是谈判的老手，极善于配合，于是不假思索地回答："是以前定的。"主谈人笑着说："时间太久了，不知道价格有没有变动，只好回去请示总经理了。"犹太人也知道此轮谈判不会有结果，宣布休会，给对方以让步的余地。

最后，日方认为犹太人是有备无患，在这种情势下，为了早日做成生意，不得不作出退让。

不怕麻烦，不知道就询问

犹太商人生意经要诀

对于不清楚的每一件事，不问出头绪，决不罢休。用在商务活动中，则体现为双方都应该尽可能彼此了解。养成了一种对任何事都感兴趣并"打破砂锅问到底"的精神。

犹太商人常说："搞清楚后再做交易。"这是经商中铁的原则。在经商中，遇到不懂的问题，犹太人一直要问到自己彻底弄清楚以后，才善罢甘休。犹太人这种问则问个水落石出的性格，在商业谈判中，也可以彻底地表现出来。

某公司总经理让助理就第一季度的工作写份工作总结，并且嘱咐说："越详细越好。"助理把90天的工作事无巨细都写了出来，总经理看了洋洋万字的报告，只是摇了摇头。原来总经理的意思是上级要来检查工作，上季度工作面牵扯得比较多，包括产品质量、更新设备，甚至在福利待遇和环境卫生方面也做了许多工作，希望总结得详细一些。可是助理却连总经理开了几次会，副总经理出了几趟差，公司有几次请客吃饭都写得清清楚楚。

总经理面对这份报告，只能无可奈何地苦笑。批评助理吧，他的确是按照自己的意图来写的；不批评吧，报告的确不能用。没有办法，总经理只好自己重写了一遍。助理对于总经理的意图，实际上并没有心领神会，而只限于机械地简单地执行。看来，心领神会并不容易。

为了领会对方的意图，当你接受对方的指示或吩咐的时候不妨问得再清楚些。当然不要流露出畏难情绪，而是以探讨式的带有商量的口吻，把对方的意图搞得更加清楚。不要对方说了什么，就想当然地认为完全理解了。

写一份报告、出一趟差、出席一次会议，对方都会有一定的意图和指示。你首先得明白这项工作在整体工作当中处于什么样的地位，也应该明白对方正处于什么样的需求和心理状态，同时应该根据对方一贯的思想意图和工作作风来加以完整地理解。能够做到这些的人才不愧是心领神会对方意图的高手。

在领会对方意图的时候，有时需要你进一步地询问和商量，有时需要你提点补充和修改意见，有时需要你提个醒，有时需要你提供一点信息和别人的经验教训供对方参考。这样一来，如果对方采纳了或部分采纳了你的意见，而且又完善充实了自己的想法，那么你和对方之间的沟通就更为全面和完善，办起事来对对方的意图领会得肯定会更为透彻、更为全面。

一个犹太人给一位日本朋友打电话，要求借车旅行。这位日本人考虑到这位犹太朋友第一次来日本，对日本很陌生，便热情地说：

"你要到京都一带的名胜古迹去游览，我可以义务陪同。"

"谢谢你的好意，我已有足够的准备。"

犹太人借到车后，便带上地图和导游手册独自旅行去了。

几天以后，那个犹太人满面春风地回来了，他把车还给那个日本人，并请日本人一块吃饭。

饭桌上，犹太人仿佛要弥补白损失一顿饭似的，抓紧机会连珠炮似的向日本人提问：

"日本男人外出时不穿和服，为什么回到家中反而穿和服呢？"

"为什么和服的领子要白色的，白色不是最容易脏吗？"

"日本人为什么要用筷子吃饭？用勺子不是更方便吗？筷子是不是日本贫穷祖先的遗物？"

"……"

问！问！问！那个日本人被问得晕头转向，疲于应答，连饭也顾不得吃，由此可见犹太人的性格。

犹太人对于不清楚的每一件事，不问出头绪，决不罢休。用在商务活动中，则体现为双方都应该尽可能彼此了解。犹太人在尽可能了解对方方面，总是不遗余力的，大有一种打破砂锅问到底的气概。

比如：日本人出国旅行时，在导游的陪同下，参观了名胜古迹后，就都满足了。这多半是因为尚未从学生时代的修学旅行的习惯中脱离出来的缘故，也可以说是喜爱幼稚型旅行的表现。

这样，即使到欧美各国去旅行，也一眼分辨不出谁是英国人，谁是法国人，谁是美国人和意大利人。连形象特征都分辨不清，那么要理解该国的国民生活，则更是难上加难。尽管如此，日本人仍然玩得很开心。

正如日本人分不清白皮肤人种一样，白种人要分清黄皮肤人，也是极其困难的。大部分白种人跟日本人一样，不愿下工夫去辨认。但是，犹太人却不同，他们对名胜古迹兴趣不浓，而对其他人种、其他国民的生活和心理、历史，则表现出超过专家的好奇心，甚至希望了解到这个民族未公开的东西。

犹太人每到一处旅游之前必定下很大功夫去了解该国的历史、地理、风土人情、宗教习惯，乃至旅游中出现的各国人种都要分辨得清清楚楚。犹太民族由于2000多年的流散和惨遭迫害，迫使他们出于自卫的本能而不得不详细地研究各国的民族性，然后才能"对症下药"求得生存。正是这一历史的原因，使他们无形中养成了一种对任何事都感兴趣并"打破砂锅问到底"的精神。

犹太人从来不耻下问，正是这种"打破砂锅问到底"的精神，才使犹太商人掌握了渊博的知识，成为世界公认的第一商人。

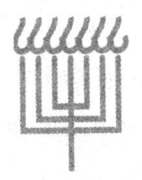

第五章 善于和竞争对手比巧智

——犹太商人生意经五：在聪明智慧上巧胜对手

只要是合法的生意都能做

犹太商人生意经要诀

这个世界上，并不是所有的钱都能是挣的，一定要在法律的尺度之内挣钱，在不改变法律形式的前提下，变法律为己所用。

犹太人经商的信条是："既然是钱，我就可以去赚，我关心的是钱，而不是钱的性质。"对于他们来说，只有金钱才能带来幸福和快乐。

在犹太人的眼中，钱是没有善良、罪恶之分的。他们认为，主观区分钱的性质是件荒唐的事，那样做不但浪费时间，又束缚思想。犹太人认为金钱不是丑恶肮脏的，而是一种对人类的真诚祝福，能为发财创造各种机会，能为人们创造舒适安逸的生活。每个商人都应该学习和应用各种能够赚钱的方法。

例如，《塔木德》对酒的评价并不高，深信"当魔鬼要想造访某人而又抽不出空来的时候，便会派酒做自己的代表"。这同我们日常语言中的"醉鬼"一词有异曲同工之妙：喝醉之人同鬼相差无几。因此，《塔木德》叮嘱犹太人："钱应该为买卖而用，不应该为酒精而用。"

但世界上最大的酿酒公司施格兰酿酒公司，就是为犹太人所有的。施格兰酿酒公司创立于1927年，到1971年，这个公司共拥有57家酒厂，分布在美国和世界各地，生产114种不同商标的酒和饮料。

可见，对于犹太人来说，生活在这个世界上赚钱是最重要的事，他们非常关心怎样大把大把地往自己的兜里装钞票。

再如：犹太民族极为重视立约与守约，并使之高度神圣化。在商业活动中，犹太人一贯极为重信守约。然而，善于赚钱的犹太人同样把合同视作商品来买卖。

那么，出售合同到底有什么好处呢？

合同本是商谈双方签订的约定，是规定双方必须履行的责任和所享受的权利，这是两方的事。销售合同是把这些能享受的权利让给"第三者"，连同必须履行的责任一块，条件是"第三者"得付出一定的价钱。卖合同的人相当于一个坐享其成的人，他不需要经营业务，也不需要履行合同中所指定的责任，不费吹灰之力就赚取了其中的利润。这对于会赚钱的犹太人来说，何乐而不为呢？

因此，只要他们觉得买卖双方的条件都能接受时，他们就十分乐意地把合同卖了！

现在我们常说的"代理商"就是指这种靠买合同而稳赚利润的人。犹太人称"代理商"是"贩克特"，他们把别的公司企业等业已订立的合同买下来，代替卖方履行合同，从中获利。

犹太人的"贩克特"是走遍世界的。他们一般瞄准一些信得过的大公司或大厂商。银座藤田的公司就与"贩克特"常来往。

"您好，藤田，现在您做什么生意？"犹太"贩克特"常常会问。

"嗯！刚好和纽约的高级女用皮鞋商签好输入10万美元的合同。"

"哇！正好，可否将此权利让给我？给您两成的现金利润。"

双方有意，于是一桩合同的买卖很快便成交了。藤田不费吹灰之力，取得两成现金利润，犹太"贩克特"也因此获得女用皮鞋输入权利，再从皮鞋销售中获取更多的利润。交易的结果，双方都笑容满面。这就是"贩克特"的快速生意，犹如"快刀斩乱麻"。

当他们双方交易拍定后，"贩克特"手持合同马上飞往纽约那家皮鞋公司，宣称10万美元输入的权利是属于他的了。他们这么做的好处是不用直接参加合同的签订，而是直接用钱购买需要的合同。

当然，做合同买卖需要非常小心谨慎，它要求"贩克特"们要有敏锐的洞察力，以减少上当所受的损失。犹太人惊人的心算速度、渊博的知识、深邃的理解力，决定了他们是天才的"贩克特"。

此外，犹太人的生意无禁区，不仅指交易内容上无禁区，还指交易对象上也无禁区。

犹太人是一个世界民族，他们只有一种意识——难道各国政府还打算干预家庭内部的交易活动吗？

所以，这样一种经商观，理所当然是每个商人都应该学习和应用的！

经营吃的生意永不赔本

犹太商人生意经要诀

入口的东西要消化，都会化做废物排泄掉。如此不断地循环消耗，新的需求不断产生，商人可以从经营中不断赚到钱。在做生意赚钱时，就不应拘泥于世俗人情，而是应该彻底实施合理主义。

嘴巴是消耗的无底洞，地球上当今有70多亿个"无底洞"，其市场潜力非常的大。为此，犹太商人设法经营凡是能够经过嘴巴的商品，如粮店、食品店、鱼店、肉店、水果店、蔬菜店、餐厅、咖啡馆、酒吧、俱乐部等等，举不胜举。

犹太人坚信，经营吃的生意绝对赚钱，他们正是利用"嘴巴生意"在异国他乡站稳了脚跟。吃的生意说白了就是"经营餐饮的生意"。犹太人把"它"

列为除"女人"而外的"第二商品"。

例如，日本汉堡包店的创始人在20世纪70年代初期，与美国麦当劳快餐公司合作，向日本人提供物美价廉的汉堡包。开始经营的时候，许多日本商人都认为，在习惯于吃大米的日本推销汉堡包，不可能有市场。但犹太商人经过研究，指出日本人体质孱弱，身材矮小，这很可能与偏吃大米有关，同时他又看到，美国汉堡包店的效应正席卷全球，未来将是快餐时代。基于这两点，该犹太商人认为，同样是"吃"的商品，在美国能畅销，在日本为什么不能走红？再说，根据犹太人"嘴巴"生意经的观点来看，也绝对是赚钱的。他只要经营下去，为什么就说只能赔不能赚呢？

在这种情况下，这个犹太商人的汉堡包店开业了，第一天，果不出所料，顾客盈门，利润还大大超过这个犹太商人事先想象的程度。以后，利润有如芝麻开花节节高，一连用坏了几台世界最先进的面包机器，还是无法满足顾客的消费要求。这个犹太商人利用"嘴巴"生意发了大财！

美国一位靠经营土豆发家致富的犹太人辛普洛特，是当今世界上100位最有钱的富翁之一。

第二次世界大战爆发后，辛普洛特获知作战部队需要大量的脱水蔬菜。他认准了这是一个绝好的赚钱机会，于是买下了当时美国最大的一家蔬菜脱水工厂。他买到这家工厂后，专门加工脱水土豆供应军队，从这以后，辛普洛特走上了靠土豆发家的道路。

20世纪50年代初，一家公司的化学师第一个研制出了冻炸土豆条，那时许多人都轻视这种产品。有的人说："土豆水分占3／4还多，假如把它冷冻起来，就会变成软糊糊的东西。"可是辛普洛特却认准了这是一种很有潜力的新产品，即使冒点风险也值得，于是大量生产，果然不出所料，"冻炸土豆条"在市场上很畅销，成为他赢利的主要来源。

后来，辛普洛特发现，"炸土豆条"并没有把土豆的潜力彻底挖掘出来。因为，经过炸土豆条的精选工序——分类、去皮、切条和光传感器去掉斑点，每个土豆大概只有一半得到利用。余下的通常都被扔进河里。辛普洛特想，为什么不能把土豆的剩余部分再加以利用呢？不久，他把这些土豆的剩余部分掺入谷物用来做牲口饲料，单是用土豆皮就饲养了 15 万头牛。

1973 年年底石油危机爆发了，用代用能源代替石油是形势的需要。辛普洛特瞄准这个难得的机会，用土豆来制造以酒精为主要成分的燃料添加剂。这种添加剂可以提高辛烷的燃烧值和降低汽油的污染程度，颇受用户欢迎。为了做到物尽其用，辛普洛特又用土豆加工过程中产生的含糖量丰富的废水来灌溉农田，还把牛粪收集起来，作为沼气发电厂的用料。

辛普洛特利用土豆构筑了一个庞大的帝国。他每年销售 15 亿磅经过加工的土豆，其中有一半供应麦当劳快餐店做炸土豆条。他从土豆的综合利用中，每年取得 12 亿美元的高额利润。如今辛普洛特究竟拥有多少财富，难以计数。

辛普洛特在总结自己一生走过的创业历程时说："我一直遵循两条简单而又明确的人生准则，一是从大处着想；二是绝不浪费财物。"的确，这两条准则正是辛普洛特一生的写照。

女人是天生的消费者

犹太商人生意经要诀

从男人身上赚钱，其难度比女人大十倍。这个世界上是男人挣钱，女人用男人的钱养家。做生意一定要掌握这一点，只有打动女人的心，才能使生意成功。

犹太人千百年来的经商经验是，如果想赚钱，就必须先赚取女人手中所持有的钱。犹太人无论是经营钻石、戒指、女用礼服、别针，还是经营项链、耳环及女式高级日用皮包等商品，都会有相当的利润。商人只要稍稍运用聪明的头脑，抓住有利的时机，以"女人"为对象来赚钱，就能不断地赚取大把大把的钞票。

犹太商人沙克尔就是一个运用"女性生意经"的好手，他靠这种独特的经商法则成了日本有名的富翁。

沙克尔在繁华的东京银座开了一家百货商店，百货商店的营业对象限定在女性身上。为了尽可能地吸引女性，他将自己的营业面积全部用上，分别针对家庭主妇和上班的小姐，把正常的营业时间一分为二，白天他摆设家庭主妇感兴趣的衣料、内裤、实用衣着、手工艺品、厨房用品等实用类商品。晚上则改变成一家时髦用品商店，将朝气蓬勃的气息带到商店，以便迎合那些年轻的女性。光是袜子就陈列许多种，内衣、迷你裙、迷你用品、香水等，陈列的都是年轻人喜欢的样式和花样。凡是年轻女性喜欢的、需要的、能够引起她们购买欲望的商品，他都尽量满足，把它们摆在柜台上。在这里，年轻女孩子喜欢的东西可以说是应有尽有。

沙克尔的新式经营方法，果然取得了很好的效果。来他商店的人越来越多，而沙克尔不久就遇到了这样的问题：他的营业面积太小，如果完全模仿大的百货公司，做到各种花色品种都有的话，恐怕是不可能的。沙克尔面临了一次选择，要么是还维持现状，要么向专业化方向发展，只经营一类商品。他经过思索，决定将其他商品换下来，只经营袜子和内衣。

开始的时候，常来的顾客对这种经营方式不理解，但沙克尔相信自己的选择是对的，不久这间专门经营袜子和内衣的商店的名声就传开了。许多购买袜子和内衣的女性都不约而同地到沙克尔的商店来。别的商店要卖250日元1双的袜子，沙克尔尽量廉价进货，然后用每双200日元的价格卖出，同时将袜子的种类大量增加。沙克尔的专业经营法果然获得了成功，2个月后，袜子的销售额增加了5倍，顾客也越来越多。

袜子的销路获得了成功，沙克尔如法炮制又打起了内衣的主意，他从美国进口了最流行的样式，进行巧妙地宣传。本来在内衣样式没有什么选择的当时，一旦出现新款式，马上就能引起流行。没过多久，沙克尔商店有世界上最流行的内衣的消息不胫而走，许多女性立即赶来先购为快。

沙克尔完全站在女性的角度上，使他的商店成为女性常来光顾的地方。不久沙克尔就赚了大钱，现在光分销点就已经达到100多家。

做生意要善于投其所好

犹太商人生意经要诀

当你与他人交往时,你要学会投其所好,尽量激起对方的急切欲望。如果你能做到这一点,你就可以不断地获得财富。

犹太人福克兰是美国鲍尔温交通公司的总裁,他的成功并没有显赫家室的支撑,而是一切靠自己白手起家。年轻时他只是鲍尔温交通公司的一位普通职员。

有一次,公司老板买了块地皮,这里的位置和各方面的条件都比较适合建造一座办公楼。可是这块土地上居住的一百多户居民让老板感到很头痛。在这里生活了几十年的老住户都早已习惯了这里的一切,突然要他们搬走,他们从心理上不能接受。一位爱尔兰老妇人还主动去联合其他住户一起抵抗鲍尔温公司的决定。住户们团结一心,让鲍尔温交通公司的老板束手无策。

公司老板最后只好提出用法律来解决。年轻的福克兰想:法律固然能够解决这件事,但是公司必须支付大量的费用,况且一打官司,就会影响迁居的速度,最好能劝说住户主动搬迁。于是福克兰把工作重点放在了爱尔兰老妇人身上。

福克兰把自己的想法跟老板说了以后,老板虽有些怀疑他的能力,但还是决定让福克兰去试一试。

一天,福克兰看见爱尔兰老妇人正悠闲地坐在台阶上乘凉,便走过去。福克兰装作满腹心事地在老妇人面前走来走去。老妇人看见这样忧心忡忡的年轻人就主动问:"小伙子,怎么这样烦恼啊?"

福克兰没有回答老妇人问话,而是把话题转移到了老妇人那里,他装作很可惜的样子说:"您整天坐在这里无所事事,真是太可惜了。听说最近这里要拆迁,弄得大家人心惶惶的,是这样吧?你可以发挥自己的能力为邻居们找一个安乐的地方居住,一来可以打发无聊的时间,二来可以让邻居们更信赖你，佩服你。"

福克兰的话引起了老妇人欲获得尊重和赞赏的兴趣，也让她感到自己对于邻居是多么重要，于是她便四处奔波去找房子，让邻居们一家一家地有了安宁的住处。至此，鲍尔温公司的问题自然而然地解决了。不但提前解决了搬迁问题，还省了一半的花费。

还有一位犹太人卡塞尔更是这方面的高手，卡塞尔是位善于观察，善于思考，善于洞悉别人心理的大赢家。他把这些都用在做生意上。提到"霍氏耳朵"巧克力，想必大家一定不陌生吧。在超市食品橱窗里那种被咬破的耳朵形状的巧克力，就是卡塞尔发明设计的。1998年，美国一场拳击比赛上，超级拳王泰森在和霍利菲尔德的一场拳击比赛上，咬掉了霍利菲尔德的半块耳朵，当场观众一片哗然。而后这件事被炒得沸沸扬扬，尽人皆知。卡塞尔便突发奇想，为他所属的特尔尼公司设计了耳朵巧克力，这种巧克力吸引了大量的消费者，也为特尔尼带来了大量的利润。

谁不想尝尝咬坏别人耳朵的滋味呢？尤其这种巧克力酷似霍利菲尔德的耳朵。卡塞尔这种超乎寻常的商业洞察力，给他赢来了3000万的年薪。

名牌产品高价出售

犹太商人生意经要诀

商品可以薄利多销，也可以厚利少销，这是一门经商的艺术。如今市场上的人们都喜欢与众不同的名牌产品，而这些名牌产品，是靠价格来培养的。名牌产品在营销中采用高额定价法，能够巩固名牌的高贵地位，保持特优的身价，维护其至高无上的优势，当然也赚取超额利润。

在美国洛杉矶市，有个生产经营珠宝手饰的犹太商人特尔曼开设的精品店，门面不大，生意也不怎么兴隆。为了搞好生意，特尔曼专门聘请的高级设计师，经过精心设计的世界最新流行款式的手饰首次上市销售。他对这一产品寄托了很大的希望，企盼一举改变自己经营不景气的状况。为此，他投入了100万美元的资金，首批生产了1000件，成本为500美元，基于打开市场的需要，他采取了低额订价策略，把每件定为800美元，这在手饰定价中算是比较低的了。特尔曼心想，凭着新颖的款式和低廉的价格，今天一定会开门大吉，发个利市。

特尔曼亲自出阵指挥，大张旗鼓地叫卖了半个月，购买者却寥寥无几。急昏了头的特尔曼铁下一条心来，每件下降50美元销售，又呼天喊地叫卖了半个月，购买者却仍不见多。向来不服输的特尔曼，这时也顾不得那么多了，干脆大甩卖吧，每件200美元，工本费都不要了，实行赔本清仓，但仍然没有几个人愿意光顾。

彻底绝望的特尔曼自认命该倒霉，索性也不再降价和叫卖了，他让人在店前挂出"本店销售世界最新款式手饰，每件500美元"的广告牌，至于能否销售出去，只好听天由命了。在繁华的闹市中，有这么便宜的东西，也可真少见。希望顾客们可怜一把。谁知，广告牌一挂出，陆陆续续来了不少购买者，兴致盎然地挑选起来。站在一旁的特尔曼这回可傻了，呆若木鸡地立在一旁。原来，他的店员一时粗心大意，在500后多加了个0，这样每件500美元就变成了5000美元了，价格一下子高出10倍，购买者反倒一拥而上，不一会儿的工夫，倒还真卖出了七八件，并且随后的销售状况是越来越好，生意空前的兴隆。1个月过去了，特尔曼的1000件手饰已经全部销售一空。差点血本全无的特尔曼，转瞬之间发了横财，高兴得他不亦乐乎。

特尔曼的世界最新款式的手饰精品，主要销售对象是那些爱赶时髦的年青人。他们的购买心理特点是讲究商品的高档次、高质量和时髦新颖。对手饰的需求不仅讲求时新，而且讲求派头，以满足自己的虚荣心和爱美之心。虽然，特尔曼的手饰款式新颖，但因为开始定价太低，他们便误以为价低则质次，戴到身上有失体面；当后来价格抬高10倍时，他们便以为价高而货真，因而踊跃购买。

可见，经商时要多动脑筋，抓住客户的心理来运作是一条发财的捷经。

不放过多赚 1 美元的机会

犹太商人生意经要诀

大海之所以成为汪洋，是由于一点一滴的积聚；大富翁也是从一点一滴做起，积少成多的。当然，实行积少成多的过程中，还要具有坚忍不拔的意志和扎扎实实、埋头苦干的精神。

世界屈指可数的建筑业巨子中，犹太人比达·吉威特，就是靠积少成多的方法成为亿万富翁的。

吉威特公司的经营内容，鲜为人知，因为吉威特往往这么回答访问者："即使公司非常著名，它所承建的工程不见得就能相对增加。有关公司的经营内容，无可奉告。"

但是，这位65岁的犹太富翁，不仅称霸于建筑业界，同时在煤矿、畜牧、保险、出版、电视公司甚至新闻界，也广泛地大展宏图，获取了巨大的利润，这是各界人士共知并予以承认的。

身为大企业家的吉威特，其成功的关键就在于他那独特的经营哲学，也就是他常说的："倘若可以多赚1美元，只要有这种机会，我绝对不放弃。"

然而，仅以此为例，还不足以说明吉威特的一切，我们还要从各方面来认识吉威特这个人。

吉威特是一位完全靠自己力量成功的代表，这多少有点保守。譬如，他为什么要经营金融公司？其主要目的是要使自己所有的子公司的资金周转及业务往来由自己的公司来经办，不肯让其他行业去"赚"这笔钱。这样经营的结果，一方面可以保证自己公司金融上的自主性，不受制于他人；另一方面又可以趁此经营金融公司，在金融业插上一脚，的确一举两得，处处得利。

再以他创办保险公司为例，凡是属于吉威特辖下的从业人员，其健康保险、寿命保险以及各子公司的业务保险等，无不归自己的保险公司承办。如此一来，不仅"肥水不流外人田"，对外营业方面亦可捞上一笔，的的确确是合算之举。吉威特建筑公司所使用的土木机械，同样是向属下的利斯公司租赁，并支付使用费及租金。总之，依据吉威特的经营哲学，任何钱都要自己赚，同时使公司的业务蒸蒸日上，则他那家建筑公司可获得更大的利润。

一般说来，承建一项工程，合同额的利润率平均是20%，但吉威特却有办法确保30%的利润。而且，吉威特对于工程费的投标，总是比其他公司低，这也早有定论。

譬如，他向美国原子能委员会所承包的俄亥俄州浓缩燃料工厂的建设工程，合同额是7.98亿美元。然而，吉威特不仅使完工日期比合同规定的缩短半年以上，还使工程费用比合同金额低2.6亿美元。

在"即使是1美元也要赚"的经营哲学下，吉威特仍然没忘掉顾客的利益，处处以顾客为重。在这种情况下，应该赚的他还是赚了，而且还树立了卓越的信誉。

有人认为吉威特在建筑业界的成功，其重要原因之一是合理而科学的投标法。他对一项工程的投标，事前必定做周详的科学方法估计，绝不用"经验"来臆测，以免遭受失败或损失。

例如在内华达州的运河与储水池建设工程招标上。投标会议在市内一家饭店中举行，这次除吉威特外，还有十多家公司参与。

投标的前一天，其他十多家建筑单位到达了。可是这家饭店所有的客房早已被先来的顾客占去，使他们找不到可住的房间。这些顾客全是吉威特带来的建筑工程人员，饭店的房间几乎全被他们包去。

在投标时，不管中标与否，只要认为是必要的，吉威特一定率领有关的工程师去参加。许多人认为吉威特中标的价格是十分公道的，那么从他慎重其事的做法来看，这种评价十分正确。

中标后订立了合同，吉威特的关心便转向另一件事，那就是如何降低比中标基准额更低的成本并依照合同质量的规定，完成这项工程。

吉威特虽然处在注重经验的土木工程界，但他对于工程管理、成本管理完全采取科学的管理方法。譬如电子计算机就是他时时运用的工具之一。整个工程日程表，几乎完全依据电子计算机而制定。土木建筑业界中，利用了电子计算机的人，恐怕要数吉威特是第一个了。

由于利用了电子计算机，使每件工程之间的衔接十分紧密。当一项工程完工而转移到另一项工程，人员和器材能够很快地迁移，使新工程能如期开工。

这种借助科学方法推动工程进度的做法，对于成本具有极密切的关系，也就是说把成本降到最低限度。

吉威特所以能比其他同行在各方面多赚1美元或2美元的利润，恐怕都是这样得来的，并非因偷工减料而获得的。

敢于争夺市场，又要善于开辟市场

犹太商人生意经要诀

企业的经营，既要敢于争夺市场，又要善于开辟市场。在一个竞争对手集中的地方奋力搏杀，能够获取一席之地，实属不易。如果转换思路，避开激烈的较量，去一个新的地方开辟市场，也许会轻松便捷地取得成效。

犹太人认为，在众多的经商之路中，与众不同才是高明的成功者。善于抓住财富的人，就懂得往人少的地方去，如果某个地方只有你一个人，那岂不是意味着这里所有的财富都只是属于你一个人吗？

哈默出身于一个普通犹太移民的家庭，23岁时哈默决定去苏联经商。

哈默之所以做出这样的决定，是因为他从报刊上读到了有关新闻。他对正受到斑疹伤寒和饥荒侵袭的苏联人民深表同情，当时谁也不敢去苏联，但哈默兴高采烈地开始准备这次旅行。

他买下了一座第一次世界大战中留下的野战医院，装备了必需的医药品和器械，又买了一辆救护车，就开始出发。

他要去的这个国家早已与大多数西方人隔绝，因此在他们看来，这次旅行简直像月球探险。这样，哈默以23岁的小小年纪，踏上了一条独特人生道路，它不仅从根本上改变了他的生活，而且也对其他人的生活带来很大影响。

哈默到苏联的第一印象是：

"人们看起来都是衣衫褴褛，几乎没有人穿袜子或鞋子，孩子们则是光着脚；没有一个人脸上有笑容，一个个都显得既肮脏，又沮丧。"

火车缓缓地行驶了三天三夜，快到伏尔加河时，进入了干旱的不毛地带。这地方霍乱、斑疹伤寒及所有儿科传染病在儿童中肆虐流行。火车离开伏尔加河时，车上有1000人，但几天之后，车上只有不到200个身体原来最强壮的人还活着。

他很快又得知，饥荒正在迅速蔓延。成百个骨瘦如柴、饥肠辘辘的孩子敲打着从莫斯科开出的火车，乞讨食物；抬担架的人将难民车上的尸体源源不断地抬向一座公墓；从莫斯科来的代表团听到了人吃人的惨事；野狗在这些可怕的地方徘徊；吃死尸腐肉的鸟类则盘旋于头顶。

一昼夜后，视察车带着忧心如焚的乘客驶进了卡特灵堡附近的工矿区。使哈默大为吃惊的是：正如卡特灵堡成堆的皮毛一样，这里有成堆的白金、乌拉尔绿宝石和各种矿产品。

"为什么你们不出口这些东西去换回粮食呢？"他问一位俄国人。许多人的回答都相似："这是不可能的。欧洲对我们的封锁刚解除。要组织起来出售这些货物和买回粮食，这得花很长时间。"

有人对这位美国人说，要使乌拉尔地区的人支持到下一收获季节，至少需要100万蒲式耳小麦。当时，美国的粮食却大丰收，价格跌到每蒲式耳1美元，农民宁可把粮食烧掉，也不愿以这种价格在市场上出售。

哈默于是说：

"我有100万美元——我可以办成这件事。"

他说话时的神态，仿佛是买卖老手似的。

"这里谁有权威来签合同？"

当地的政府急忙举行了一次会议，同意了此事。哈默给他的哥哥发了一封电报：要他购买100万蒲式耳的小麦，然后由轮船运回价值100万美元的毛皮和宝石，办理这笔交易后，双方都可以拿到一笔5%的佣金。

他后来写道，当时他的脑子里想的根本不是利润，他记得起来的是：成捆干柴似的尸体堆放在那里，等着被卷起来埋到壕沟一样的坟墓里；成千张儿童的面孔贴着专车的车窗，乞讨着。

这位年轻的美国人做好事的消息，比蜿蜒穿过乌拉尔的火车传得还快，列宁也得知了这一消息，对哈默和这笔交易大加赞许。

列车到达莫斯科后的次日，哈默就被召到列宁的办公室，于是，双方进行了友好真诚的长谈。

列宁感谢他对苏联的援助，并希望他能够继续合作，然后关照下属为哈默一路开绿灯，而且亲自参加双方贸易合同的草拟。

以后，哈默在苏联开办了铅笔厂、制酒厂、养牛厂等，赚了一笔又一笔的财富。

由此可见，在市场上，致富的路子虽然比比皆是，但追求致富的人更是浩如繁星，可惜许多人虽然意识到了这一点，却还是不能善于开辟市场，结果不但没能得到财富的垂青，反而浪费了自己的大好青春。

利益面前巧变脸

犹太商人生意经要诀

在探讨问题、辩论是非之时要认真对待，钉是钉，铆是铆。在商谈时的第一天即使是不欢而散，在争吵后的第二天，也要一改昨天的态度，依旧笑容可掬地前来晤谈。不过，商谈中还是以利益为重，不该让步时始终不要做出丝毫的让步。

犹太人会慷慨大方到极点，把笑容"赠送"给他人。可是，一旦涉及到金钱时，犹太人会把眼睛擦得雪亮，紧紧地瞧着，你千万不要以为他们的笑能预示商谈的圆满顺利！一旦进入实际的商谈，多半是晴转多云，多云转阴。犹太人的变脸术是谈判中的一大奇观。

在商谈中商定有关价钱问题时，对金钱非常热爱的犹太人，态度是非常认真的。犹太人对每个有关价钱的问题，都会非常认真地考虑。对于利润的一分一厘及契约书的形式等，也相当仔细。在这些问题上，他们没半点含糊，即使谈得满嘴白沫也不罢休，发生激烈的争吵也在所难免。

更重要的是犹太人在探讨问题、辩论是非之时是非常认真的，他们不问对方是何人，对的就是对，错的就是错，钉是钉，铆是铆。有时辩论演变成相互谩骂而纠缠不清，在商谈时的第一天很多时候都是不欢而散的，更不用说商谈出什么圆满的结果。犹太人在争吵后的第二天，一改昨天的态度，依旧笑容可掬地前来晤谈，这一点不能不令你感到惊讶。他们态度转变之快，实在令人叹服。不过，商谈中他们还是以利益为重，始终不会作出丝毫的让步。

犹太人的"变脸术"，是值得我们学习的。

美国富翁霍华·休斯有一次为了大量采购飞机，与飞机制造商的代表进行谈判。休斯要求在条约上写明他所提出的34项要求，其中11项要求是没有退让余地的，但这对谈判对手是保密的。对方不同意，双方各不相让，谈判中冲突激烈，硝烟四起，竟然把休斯赶出了谈判会场。

后来，休斯派了他的私人代表出来继续同对方谈判。他告诉代理人说，只要争取到34项中的那11项没有退让余地的条款就心满意足了。这位代理人经过了一番谈判之后，争取到其中包括休斯所说的那非得不可的11项在内的30项。

休斯惊奇地问这位代理人，怎样取得如此辉煌的胜利时，代理人回答说："那简单得很，每当我同对方谈不到一块儿时，我就问对方：'你到底是希望同我解决这个问题，还是要留着这个问题等待霍华·休斯同你解决？'结果，对方每次都接受了我的要求。"显然，休斯的面孔及其私人代表的面孔分别看来并无奇异之处，合二为一则产生了奇特的妙用，这便是唱红白脸的奥妙所在。

不要以为对人笑脸相迎，给人面子，一团和气，就能赢得谈判。一味地唱红脸，会使人觉得你有求于他，有巴结之嫌。越是这样，对方会越强硬、傲慢，在谈判中占尽上风。在必要的时候，有必要给对方施加点颜色，用一些白脸手段刺激一下对方。当然，所谓刺激，并不是激怒或伤害对方，而是为了引起对方对某种事实的注意，更加重视自己，同时也提醒对方不要过分抬高自己的价码。

"无中生有"法则

犹太商人生意经要诀

任何东西到了商人手里都会变成商品。（《塔木德》）

《塔木德》说："任何东西到了商人手里都会变成商品。"犹太商人牢牢地记住了这一点。

1946年，犹太人麦考尔和他父亲到美国的休斯敦做铜器生意。20年后，父亲去世了，剩下他独自经营铜器店。

麦考尔始终牢记着父亲说过的话："当别人说1加1等于2的时候，你应该想到大于2。"他做过铜鼓，做过瑞士钟表上的弹簧片，做过奥运会的奖牌。

然而真正使他扬名的却是一堆不起眼的垃圾——美国联邦政府重新修建自由女神像，但是因为拆除旧神像扔下了大堆大堆的废料，为了清除这些废弃的物品，联邦政府不得已向社会招标。但好几个月过去了，也没人应标。因为在纽约，垃圾处理有严格规定，稍有不慎就会受到环保组织的起诉。

麦考尔当时正在法国旅行，听到这个消息，他立即终止休假，飞往纽约。看到自由女神像下堆积如山的铜块、螺丝和木料后，他当即就与政府部门签下了协议。消息传开后，纽约许多运输公司都在偷偷发笑，他的许多同事也认为废料回收是一件出力不讨好的事情，况且能回收的资源价值也实在有限，这一举动未免有点愚蠢。

当大家都在看他笑话的时候，麦考尔已经开始工作了。他召集一批工人组织他们对废料进行分类：把废铜熔化，铸成小自由女神像；旧木料加工成女神的底座；废铜、废铝的边角料做成纽约广场的钥匙链；甚至从自由女神身上掉下的灰尘都被他包装了起来，卖给了花店。

结果，这些在别人眼里根本没有用处的废铜、边角料、灰尘都以高出它们原来价值的数倍乃至数十倍的价格卖出，而且居然供不应求。不到3个月的时间，他让这堆废料变成了350万美元。他甚至把一磅铜卖到了3500美元，每磅铜的价格整整翻了1万倍。这个时候，他摇身一变成了麦考尔公司的董事长。

麦考尔的成功之处，就在于把别人眼里的垃圾变为自己的生财的聚宝盆。什么都可以成为商品，垃圾也不例外。利用"无中生有"的原则，就可以白手起家。

日本有个富翁名叫中山洋介。开始时，中山洋介手中既无资金，也无技术。当他跟别人说起准备经商时，大家都不相信，可他不但成为一个很成功的商人，而且经营的还是资本量很大的房地产。

经营房地产，利润很大，但是风险也很大，要有一大笔的资本做后盾，对于一般人而言，恐怕只能看别人赚钱了，但中山有白手起家的妙计。

中山洋介经过考察发现，在日本有不少人想开工厂，但资金连土地都买不起，更谈不上建筑厂房了。与此相反，许多土地却还在闲置着。如果不用购买土地就可以建厂生产，肯定能受到创业者的欢迎。有了这样一个构思，中山洋介立即行动起来。他首先打听那些闲置的土地。这些土地往往地理位置偏僻，多是卖不出去的土地。他同这些土地所有者商谈，提出改造利用土地的计划。土地所有者正为这些土地没有买主着急，现在有一个开发的方法，真是雪中送炭。他们纷纷愿意出让土地，有的甚至还拿出一定的资金作为股份。

土地的问题解决后，中山洋介创建洋介土地开发公司，组织人员上门推销土地。这些工厂主正为没有资金兴建工厂着急，现在看到可以不用巨额资金，又有土地可以出租，当然十分高兴，上门和中山签约的厂主络绎不绝。

中山的做法是，从租用厂房者手上收取租金后，扣除代办费用和厂房分摊偿还金，所剩的钱归土地所有者。厂房租金和土地租金之间的差额，除去修建厂房的费用，就是中山洋介的盈利。

企业主、土地所有者、中山洋介三方达成协议后，中山洋介就向银行贷款建筑厂房，然后按分期还款的方式归还银行的费用。

中山洋介实际上只是起到了一个中介的作用，将土地所有者和工厂主联系起来。一开始，这一创意就很吸引人，那些偏僻的土地有了用处，而工厂主可以减去积累资金的时间。中山洋介第一年仅手续费用就收入了20亿日元，有了这笔钱后，就不用再向银行贷款了。

就这样，中山洋介从营造小厂房到建筑大厂房，再到营建大规模的工业区，他的公司像滚雪球似的越滚越大，公司的经营也不再只限于租用土地。白手起家的中山洋介，终于成为日本数一数二的大企业家。

一个成功的中介者，就是一个成功的商人。他能够把看似毫不相关的事情联系起来，从中获利。

图德拉原是委内瑞拉的一位工程师。他从一位朋友处打听到阿根廷需要购买2000万美元的丁烷，并且又知道阿根廷的牛肉过剩。

图德拉灵机一动，他飞到西班牙，那里的造船厂正为没有订货发愁。他告诉西班牙人："如果你们向我买2000万美元的牛肉，我就在你们的造船厂定购一艘造价2000万美元的超级油轮。"西班牙人愉快地接受了他的建议。这样，他就把阿根廷的牛肉转手卖给了西班牙。

此后，图德拉又找到一家石油公司，以购买对方2000万美元的丁烷为交换条件，让石油公司租用他在西班牙建造的超级油轮。结果，图德拉不费一分钱做成了这笔生意。

在20世纪五六十年代，日本人发现在一些缺水的阿拉伯国家水比油还宝贵，于是他们就在水上大做文章。他们找到一种比出口淡化海水更简单、更省钱的方法出口雨水。从多雨的日本海接来雨水，用轮船运到阿拉伯国家。日本专家还研究出了一种清洗轮船内石油废渣的方法，利用油轮运载雨水，往返不空驶。大量出口雨水给日本带来了一本万利的经济效益。

还有一个例子：

1953年，用来筑工事的沙袋大批量地闲置起来，并且占满了仓库。而当初经营沙袋的公司大多是临时租用仓库。停战说明沙袋已经成了废物，而占用仓库，租金却得按日交付。这可急坏了这些沙袋经营商。

藤田瞅准了这个机会，觉得从中发一笔财是很有可能的。

于是，找到了那些沙袋经营者商谈生意。他摆出一副帮他们排忧解难的样子，说可以免费帮他们把沙袋弄走。有这样的好心人，这些沙袋经营者们当然高兴不已。

"一袋5日元10日元都可商量，折得太多啦。"

藤田最后以5日元一袋的价码买了20万袋。

货到手后，藤田仗着能说英语的方便，拜会了一个国家驻日大使。这个国家是殖民地，当时正在闹内乱。藤田想着他们肯定需要武器和沙袋。

未出所料，该国驻日大使亲自出面查看样品，20万只沙袋很快成交。沙袋以10日元的标准价格卖掉了。

从看似无用的废物中发现商机，日本人藤田的成功与犹太人麦考尔如出一辙。

1984年圣诞节前，尽管美国不少城市朔风刺骨，寒气逼人，但玩具店门前却通宵达旦地排起了长龙。这时，人们耐心等待领养一个身长40多厘米的"椰菜娃娃"。

"领养"娃娃怎么会到玩具店呢？

原来，"椰菜娃娃"是一种独具风貌、富有魅力的玩具，"她"是美国奥尔康公司总经理罗拔士创造的。

通过市场调查，罗拔士了解到，欧美玩具市场的需求正由"电子型""益智型"转向"温情型"。他当机立断,设计出了别具一格的"椰菜娃娃"玩具。

以先进计算机技术设计出来的"椰菜娃娃"千人千面,有着不同的发型、发色、容貌,不同的鞋袜、服装、饰物,这就满足了人们对个性化商品的要求。

另外,"椰菜娃娃"的成功,还有其深刻的社会背景。离婚使得不到子女抚养权的一方失却感情的寄托。而椰菜地里的孩子正好填补这个感情空白,这使"她"不仅受到儿童们的欢迎,而且也在成年妇女中畅销。

罗拔士抓住了人们的心理需要大做文章。他别出心裁地把销售玩具变成了"领养娃娃",把"她"变成了人们心目中有生命的婴儿。

奥尔康公司每生产一个娃娃,都要在娃娃身上附有出生证、姓名、手印、脚印、臀部还盖有"接生人员"的印章。顾客领养时,要庄严地签署"领养证",以确立"养子与养父母"关系。

罗拔士又作出了创造性决定:"配套成龙"——销售与"椰菜娃娃"有关的商品,包括娃娃用的床单、尿布、推车、背包以至各种玩具。

领养"椰菜娃娃"的顾客既然把她当作真正的婴孩与感情的寄托,当然把购买娃娃用品看成是必不可少的事情。

这样,奥尔康公司的销售额开始大幅度增长。

如今,"椰菜娃娃"的销售地区已扩大到英国、日本等国家和地区。罗拔士正考虑试制不同肤色及特征的"椰菜娃娃",让"她"走遍世界各国,保持奥尔康公司在玩具市场上首屈一指的地位。

奥尔康公司充分发挥自己的想象力,虚构了惹人喜爱的"椰菜娃娃"。当"椰菜娃娃"成了摇钱树时,它又引发了一系列相关产品的诞生。"无中生有"原则使得奥尔康公司受益无穷。

78∶22 法则

犹太商人生意经要诀

名贵的商品都是给财主们准备的。(《塔木德》)

犹太人告诉你一个真理:钱在有钱人手里。所以要赚那些有钱人的钱,这样就可以赚快钱、赚大钱了。这是犹太商人智慧的经商哲学，而这一哲学却源自于他们对生活对世界的看法，这便是78∶22法则。

78∶22法则是大自然中一条客观存在的法则，比如：

——自然界中氮与氧的比例是78∶22。

——人体中水与其他物质的重量之比大约是78∶22。

——一个正方形里，内切圆与其剩下四个角的面积之比也大约是78∶22。

犹太人把这神奇的数字比例运用到富人与普通人（包括穷人）的比例之中，发现整个人类富人与普通人的数量比例大约是22∶78，而富人总共拥有的财富与普通人总共拥有的财富之比正好颠倒过来——大约是78∶22。

于是，犹太人总结出一条著名的经商法则——78∶22法则。他们由此推测：从事以富有者为服务对象的行业，生产经营富人需求的产品，是最容易赚钱的。

犹太人很快便从商业实践中找到了明证：生产和经营汽车的企业要比生产和经营自行车的企业赚钱多，这是因为买汽车的人是富人。即22%范围内的人；而买自行车的人是普通人，即78%范围内的人。

同样，珠宝首饰店的利润要比卖普通服饰的商店丰厚。环顾世界，许多犹太商人大多从事他们所谓的"第一商品"——金银珠宝、皮大衣等贸易。这些商品尽管昂贵，但富人需要，必能获取高额利润。

犹太人认为，78∶22法则是一个宇宙大法则。这一法则广泛存在于自然界和人类社会。灵活运用它来经商绝不吃亏，这是犹太人经商千百年来总结出来的经验。

犹太人的78∶22的经商法则是一个具有绝对权威、千古不变的真理法则，犹太人却以此作为经商的基础，依靠这个不变法则的支持，获得世人皆慕的财富。犹太人本着这样的法则指导自己的经商，获得了许许多多的成功。

阿沙德是一位美籍犹太人。"二战"初，他的父母为了逃避法西斯对犹太人的迫害，逃亡到美国，生下了他。十分不幸，阿沙德尚未读完初中，父亲英年早逝，他不得不中途辍学，到社会上打工，以维持家庭生活。阿沙德与其他犹太人一样，生活的艰难阻挡不住他求学的决心，他边工作边自学，直到读完了大学。

阿沙德认为，在一个国家中，富有的人远远少于一般大众，但富有人所持的货币却压倒大多数人。也就是说，一般大众所持有的货币为22%，而富有人所持的货币是78%。因此，做生意必须以拥有78%货币的22%的富有人为主要对象，一定会赚钱。在通常情况下，78%的生意是来自22%的客户，这就要求企业界要认真研究和分析客户的构成，应把78%的精力放在22%的最主要客户上，而不能平均使用力量。因此，阿沙德把主要精力集中于富有的客户身上，取得了巨大的成绩，短短两年时间，就成了百万富翁。

后来，阿沙德创办了一家投资公司，他又注意到各国经济在不断发展，需要更多的资金发展大项目，而以分散的放高利贷形成不了优势。于是，他又想出办法，把犹太人分散的钱积聚起来，吸纳各人的钱购买股票或股权，把集中起来的钱投向耗资多并且回报率高的大项目。这样的做法，既满足了企业发展的需求，又解决了当地政府发展经济的难题，自己又可以从中渔利。正是这样，阿沙德在美国成为华尔街上的一名风云人物。

阿沙德谈及自己的成功时说："我的成绩取得是靠78∶22法则的结果。"

世界上有太多的78∶22宇宙大现象存在，可见，一个商人能够遵循这种规律是很容易致富的。

如此说来78∶22法则的确是一个超乎一切的"绝对真理"，它一直在冥冥之中规定着我们的世界，左右着我们的生活。这样一个具有绝对权威、千古不变的真理法则，犹太人理所当然地将它作为经商的基础，依靠这个不变法则的支持，获得世人皆慕的财富。

犹太商人的生意经就建立在78∶22法则上，这是犹太商人千百年来经商经验的精华。素有经济帝国"红色之盾"荣誉的罗斯柴尔德，就是成功运用这一法则的典范。

迈耶·罗斯柴尔德，原本生活在德国的犹太贱民区。他花了几年时间建立起来了世界上最大的金融王国，实现了由穷人变为金融大亨的美梦。伦敦的罗斯柴尔德在1833年不列颠帝国废除奴隶制后，曾资助2000万英镑补偿奴隶主的损失；1845年英俄克里米亚战争中罗斯柴尔德向英政府提供了1600万英镑的贷款；1871年帮助法国支付普法战争中的1亿的英镑的赔款；美国内战期间，他们所提供资金为联邦财政的主要来源。

罗斯柴尔德家族在当今控制着世界重要黄金市场，也是犹太商人中最会赚钱的杰出代表。他们的财富是建立在成功运用78∶22法则上的。

一个犹太商人把这一法则运用到他的钻石生意上，结果获得了意想不到的成功。

钻石是一种高级奢侈品，它主要是高收入阶层的专用消费品。而从一般国家统计数字来看，拥有巨大财富、居于高收入阶层的人数比一般人数要少得多。因此，人们都存在这么一个观念：消费者少，利润肯定不高。绝大多数人都不会想到，居于高收入阶层的少数人却持有多数的金钱。犹太人告诉我们赚"22"的钱，绝不吃亏。

该犹太商人就看中了这一点，他把钻石生意的眼光投向占人口比例"22"的有钱人身上。犹太商人抓住时机开始寻找钻石市场。

他来到一家百货公司，要求借该公司的一席之地推销他的钻石，但是该公司根本不理他那一套。"这简直是乱来，现在正值年末，即使是财主，他们也不会来的，我们不冒这种不必要的风险。"

但他并不气馁，坚持以78∶22这条万无一失的法则来说服百货公司，最后取得该公司一角——郊区分店。分店远离闹市，顾客很少，生意条件不利，但犹太商人对此并不是过分忧虑。钻石毕竟是少数有钱人的消费品，生意的着眼点首先得抓住财主，以赚取那些"22"的人的钱。当时百货公司曾满不在意地说："钻石生意一天最多能卖2000万元，算不错了。"犹太商人立即反驳："不，我可以卖到2亿元给你们看。"这在百货公司看来，无疑是狂人的说法了，但犹太商人胸有成竹地说出这句话来，无疑是源于对

78∶22法则的信心。

事实上，78∶22法则的魔力很快就显示出来了。首先，在地点不好的分店，取得了一天6000万的好利润，大大突破一般人认为的500万的效益估量。当时正值年关贱价大拍卖，吸引了大量顾客，犹太商人就利用这个机会，和纽约的珠宝店联络，运寄来各式大小钻石，几乎都抢购一空。

接着，犹太商人又在郊区及周围，分别设立推销点推销钻石，生意极佳。任何商店都没有少于每天6000万元的记录。相反百货公司由于开始没有抓住"22"有钱人的机会，当全国各地销路大开时，才低头提供摊位，结果效益反而不如其他本来相对萧条的商店。

这样到了第二年春天，犹太钻石商的销售额突破了3亿元，就连四周地区的买卖，也超过了2亿元，犹太商人实现了曾许下的狂言。

犹太商人就这样赚到了占金钱多数的少数人的钱。

犹太人的生意经是世界上最棒的、最通用的生意经，犹太商人的点子更是世界上最值钱的、最聪慧的和最实用的点子，它能一点到位，用中国话来说就是"点石成金"。几千年来，犹太商人遍布世界各地，最擅长于投资管理，最精于股市行情，最精于商业谈判，最善于进行公关和广告宣传活动，他们总结出了一套科学合理的生意经以及"巧取豪夺"的赚钱理论。其中，最为通行的当是78∶22之经商法则，它构成了犹太人生意经的根本。犹太商人最精于运用这一法则，并将世界的财富和职能统统装进了自己的口袋。

《塔木德》如是说："78∶22是个永恒的法则，没有互让的余地。"

第六章 在朋友身上找财路

——犹太商人生意经六：善用人缘开辟财源

只要有人缘就必定有财源

犹太商人生意经要诀

人际关系对一个人事业的成败及工作的好坏具有极大的影响，所以说成功在很大程度上取决于你拥有多大的影响力，与所有合适的人建立稳固关系对此至关重要。

犹太商人早就发现，研究那些令人羡慕的成功者，除了他们本身优越的条件外，还有一点，就是人们身边有一群非常要好的朋友。这些朋友为他出谋划策，对他提出高的要求，不让他有丝毫的松懈和半点的放弃。为了成功，你也需要有这样一群良好的朋友，需要有这样一张良好的人缘网络。

赢得好人缘的前提，不是"别人能为我做什么"，而是"我能为别人做什么"。在回答对方的问题时，不妨补上一句："我能为你做些什么？"

现在，让我们来看一下保险推销员、犹太人吉田是如何赢得好人缘并最终取得事业成功的。

犹太人吉田是一家保险公司的推销员。一天，吉田正要去车站搭车，可是人一到月台，电车正好开走，而下一班车还得再等20分钟。吉田突然看到月台对面有一块医院招牌，于是吉田大步来到这家医院，才到门口，便凑巧撞上穿着白衣的医生。吉田一时头脑反应不过来，便劈头直说："我是保险公司的吉田，请你投保！"

遇上这么一位冒失的推销员，医生一时间哑口无言。可是当时正巧看诊到一个段落，这位医生对吉田的单刀直入产生了兴趣。

"这么简单就要人投保呀？有意思，进来聊聊吧。"

进了医院，吉田将平时学会的保险知识全盘托出，最后还加了一句："我正要从上贺茂开始，一直拜访到伏见。"（注：上贺茂位于京都北侧，伏见位于京都南侧）结果医生说："哇，我看再不快卷铺盖逃命，我的老命也不保了，哈哈哈哈……"

虽然医生幽默开玩笑说要逃命，其实他早已买了好几份保险，也知道吉田还是保险推销的新手。可是看在吉田态度认真的份上，说出了心里话："保险实在高深莫测，说实话，我已经保了五六张，每次都被保险推销员说得天花乱坠，可事后心里还是一塌糊涂，这里有我两张保单，就当是学习，给你拿回去，评估评估好了。"

拿了保单，吉田充当医生的家人，分别拜访了医生投保的公司，确认保单的内容，然后制作了一本图文并茂的解说笔记，又用笔画下重点，好让医生容易了解。

当医生把解说笔记交给他的会计师看时，会计师极力称赞这份评估报告，而且还当面建议医生要买保险就最好向吉田买，结果，医生就正式要求吉田为他重新组合设计他现有的那6张保单。

于是吉田根据医师的需求，将原本着重身后保障的死亡保险，转换为适合中老年人的养老保险与年寿保险。对吉田来说，这位医生客户不但为吉田带来一份高达8000万日元的定期给付养老保险契约的业绩，同时也给了她一次难得的比较各家保险公司保险商品的机会。

后来，这位医生又将吉田介绍给几位要好的医生朋友。这几位医生，也都请求吉田为他们评估现有的保单。而吉田也不厌其烦地为他们制作解说笔记，详细记录何时解约会得到多少解约金、不准时缴费的结果、残疾后的税赋问题等等。就这样，吉田获得了更多医师的认同和帮助，结交了更多的人。

随后，吉田不断运用由一个朋友到一批朋友的方法扩大现有的市场，同时努力建立良好的关系。因为关系极为良好，有些客户就会以"回馈一张保单"的方式，向吉田表达谢意，并且再为她介绍几位新客户，使她的业绩一直保持着最高纪录。

吉田因此成了年轻的百万富翁。

可见，懂得搞好社会关系的人，会不断地发展和建立新的关系，以扩大本身的影响力。在人际交往中，多一份好人缘，就少一份烦恼。拥有好的人缘，你就可以活得轻松自在、轻松地赚取财富。

犹太人本身就是一个巨大的网络，他们之间不分彼此是哪国人，他们的关系是牢不可破的同胞关系。即使跨国居住，他们之间仍然能够保持紧密的联系。他们每个人都是一个射点，随时把生意的信息射向世界的四面八方，纽约、伦敦、莫斯科……

美国的钻石加工商哈理·威廉斯顿，就是与各国的犹太人联手经营的。瑞士的犹太人，充分利用中立国的优势，和俄国、美国、英国的犹太人都保持联系。通过这些人与其所在国进行商业贸易。

微笑能给人一种良好的印象

犹太商人生意经要诀

以一种愉快的态度对待每个人、对待每一件事。微笑能带来更多的收入，每天都带来更多的钞票。试着把这种生活态度传达给周围的人。

《塔木德》上说："微笑是无价之宝。"的确，微笑是加强人际交往的粘合剂。一个微笑面对他人的人，许多人都愿意与他交往，很容易和他成为朋友。

犹太人史坦哈是一位成功的股票经纪人，他十分老练，足迹遍及世界各地。做他这行生意的人很难赚到钱，每100个人当中就有99个人失败，史坦哈在纽约场外证券交易市场买卖证券却大获成功，正是靠着微笑的法宝。

史坦哈在不知道微笑的作用前，他的生活很乏味，从早上匆匆起床到上班这段时间，他对妻子很少微笑，也很少说话，他可能是百老汇最苦闷的人，他觉得这样的生活太乏味了，决心改变这种生活，于是他就开始行动起来。

第二天，他早早起床，当他梳头的时候，他看见镜中自己的满面愁容，他对自己说："毕尔，今天，你要把脸上的愁容一扫而尽，你要微笑起来，现在你就开始微笑。"他的愁容不见了，一张微笑的面孔出现在镜中。

他来到餐桌坐下来，微笑看着妻子，并以欢愉的语调跟她打招呼："早上好，亲爱的。"妻子被他的这一举动搞糊涂了，她惊讶不已，她从来没有想到丈夫也是一个快乐的人。史坦哈坚持了两个月，效果非常好，他和妻子的关系更密切了，家庭生活情趣更浓了。

史坦哈好像变了一个人，不仅在家中他表现得很高兴，而且对许多人都报之以微笑。他上班的时候，微笑地对大楼的电梯管理员打招呼；当他跟地铁的出纳小姐换钱的时候，他微笑着；当他站在交易所时，他对那些从来没见过他微笑的人微笑着。他很快发现，每个人都对他报以微笑，人与人的交往更加和谐了。

他以一种愉快的态度对待每个人、对待每一件事，发觉微笑带来更多的收入，每天都带来更多的钞票。他也试着把这种生活态度传达给周围的人。他与另一位经纪人谈了自己最近所学到的做人处世哲学，这位经纪人开始改变对他的态度，他说当他和史坦哈共用一个办公室的时候，他认为史坦哈是个非常沉闷的人，没有活力，直到最近，他才改变了看法。

慢慢地，史坦哈的许多习惯也改掉了。他不再批评他人，而是真诚地赞赏他人；他学会倾听他人说话，并尝试从他人的角度和观点看事情。他彻底改变了人生，变成一个完全不同的人，一个更快乐的人，一个更幸福的人。而这一切都是微笑带来的。

或许有人认为微笑地面对每个人是很困难的，实际并非如此。只要你平时多对自己说："我喜欢微笑，我想做一个快乐的人。"你肯定能做到这一点。当你每天入睡时，你不妨学一学旅馆大王希尔顿，问自己："你今天微笑了吗？"

希尔顿的父亲因车祸去世，一家生活的重担全落到他的肩上，他决心去得克萨斯州创立一番事业，当一名银行家。他想买一家银行，但是银行经理出的价钱是7.5万美元，而希尔顿只有5000美元，只是标价的零头。不曾想两天后不守信用的银行经理竟把价格提高到8万。希尔顿非常生气，他找到一家叫"毛比来"的旅馆休息，但是旅馆客满，不过店主的一句话激活了希尔顿的想象力，他迫不及待地问道："那你是这家旅馆的主人吗？"

"是的，"店主愁眉不展，"我真被这该死的旅馆缠住了……我早就想扔掉这见鬼的旅馆了。"

"老兄，祝贺你，你已经找到买主了。"希尔顿微笑地说。

希尔顿最终以4万美元买下了这家旅馆，而他自己只有5000美元，其余的钱全是借的。经过一些年的精心经营，希尔顿的事业获得巨大的发展。

有一次，他高兴地把自己的成绩汇报给母亲，母亲的反应令希尔顿吃了一惊，她冷冷地说道："照我看，你并没有多大改变，与从前差不多，只不过你把领带弄脏了些而已。实际上你必须寻找一种更值钱的东西，除了对顾客真诚外，你还应该想办法让每个住进希尔顿的人还想着再来住。你要想一种简单的不花费本钱的方法吸引顾客，这样你的旅馆才有发展前途。"

听完了母亲的这番忠告，希尔顿思索了很久，他想起了当初购买"毛比来"旅馆时的情景，店主对待旅客是那样一副愁眉苦脸的样子，这对他启发很大，他终于想出了一种不花任何本钱的行之有效的简单方法，那就是"微笑"。

希尔顿要求员工们热情招待顾客，即使自己再辛苦，心情再不好，也要对客人保持微笑，因为旅客永远是上帝。

希尔顿的经营策略大获成功，他的事业不断发展，最终建立了"希尔顿帝国"。即使20世纪30年代经济危机时期，许多旅馆纷纷倒闭，希尔顿的旅馆仍然挺了过来，这不能不说是个奇迹。无论希尔顿的旅馆遭遇什么样的困难，旅馆里员工的微笑永远是灿烂的。

耐心倾听对方的意见

犹太商人生意经要诀

每个人都喜欢谈论自己，谈论自己感兴趣的话题，成功交际的经验再简单不过了，倾听对方说话，这样无形中满足了对方的成就感。让别人谈论自己，表面上你失去了很多，实际上你获得友情、亲情、金钱，甚至还多。

犹太人认为，成功的交际并没有什么神秘的，只要你能专心致志地注意对方就行了。但有些人不能识破其中道理，他们老以为自己了不起，一谈起话来，他们只是不停地谈论自己，所想到的只是自己。这样的人在经商上只有失败。

其实每个人都喜欢谈论自己，谈论自己感兴趣的话题，成功交际的经验再简单不过了，倾听对方说话，这样无形中满足了对方的成就感。生命太短暂了，不要在别人面前大谈特谈自己的成就，让别人谈论自己，表面上你失去了很多，实际上你获得友情、亲情、金钱，甚至还多。

犹太人博洛莫是西方电气公司经理，在他事业成功的经验里有这样一条：耐心倾听别人的怨气。

这条经验的得来还有一个小经历呢。那时博洛莫还是西方电气公司的普通职员。有一天公司收到一封客户的指责信，信上用极严厉的措辞倾诉了他对电话公司服务的不满。信中说如果电话公司不给他一个很好的交待，他会不断地向别人提起这些事。

公司派博洛莫去调解此事。博洛莫了解到那位客户的住处后就亲自登门道歉，当博洛莫向客户说是电话公司派来的人，只见那老头立刻绷紧了五官，不容博洛莫说一句话就大发牢骚。

博洛莫在老头破口大骂时，没有解释一句，没为电话公司反驳一句，只是恭敬地倾听，让那老头尽情发泄心中的怒火。

终于老头把所有的埋怨的话都说尽了，停了下来，这时博洛莫方一脸诚恳地说："先生，我首先代表电话公司的全体职员向您道歉，由于我们工作的疏忽给你的生活带来了不便，是我们的错。希望您刚才已经把怒火发泄掉了，我们不希望让这件小事始终困扰您，无论如何请您原谅。"

博洛莫说完，老头终于露出了微笑，态度也平静了下来，缓缓地说："年轻人，你这话倒是让我满意，不过还得请你原谅我刚才的粗鲁，我是针对那浑蛋的电话公司的。"

博洛莫见老人家完全平息了怒火才敢提出一个小小的请求。他说："您给电话公司提的意见我们会虚心接受的，不过我想知道现在您是否觉得问题已经得到圆满解决了，否则我是不能回去的。""好了，"老头说，"看在你的面子上，就让那件事见鬼去吧，我保证不再往电话公司写信了。"

从此，博洛莫便得到了倾听他人诉怨，勇敢承认错误这条宝贵经验。

还有一例，也是与此相关的。犹太人麦哈尼是一位石油业者使用的特殊器材的经销商。他接到一位重要客户的订单，要求订做一件特殊器材，生产图纸已经报上去了，获得批准，并开始制造了。

过了不久，一件不幸的事发生了。那位客户和朋友们讨论了这件工具，朋友们都警告他犯了一个大错误，他上当受骗了，朋友们的讨论让他非常生气，他给麦哈尼打了个电话，发誓绝不接受他订做的那批器材。

麦哈尼听后也很生气，那批器材已经投入生产了，损失由谁负责？麦哈尼仔细检查了一遍，确认自己没有失误，决定去会见那位客户。

一走进他的办公室，他立刻站起来，健步朝麦哈尼走来。他显得很激动，话说得很快，一面说一面挥舞着拳头，他开始指责麦哈尼，最后他说："好吧，现在你要怎么办？"

麦哈尼心平气和地告诉他，愿意按照他的任何意见去做，他说："你是花钱买东西的人，当然你该买能用的东西。可是总得有人负责才行。如果你认为自己是对的,请给我们绘制一张草图,虽然旧的方案已经花了两千多元,但我们愿意承担这笔损失。为了让你满意,我们宁可承担两千元钱的损失。但是我要提醒你,如果我们照你的想法做,你必须担负起责任,我相信原计划没有错,如果我们按原计划做,一切后果由我们负责。"

他终于平静下来了,最后说:"好吧,按原计划进行,但是错了,只有上帝保佑你了。"

那批器材生产出来了,一点儿错也没有,那位客户非常满意,他又向麦哈尼订了两批货。麦哈尼尊重了对方的意见,在此基础上据理力争,最后说服了对方。

犹太人非常喜欢说这样一句话:"我只知道一件事,就是我一无所知。"连这么聪明的人都如此说,我们普通人更不能认为自己是百分之百的正确,"智者千虑,必有一失"。不如退一步,听一听别人的意见,这或许会对自己有许多有益的启示。

大声喊出对方的名字

犹太商人生意经要诀

人们对自己的名字很敏感,以自己的名字为骄傲,不惜任何代价想让自己的名字永存世间。因此,与人交往时,要大声喊出他的名字,让对方永远感激你。

人际关系学专家麦凯是一位犹太人,他一生结交了美国政界、新闻界、企业界、体育界的大量知名人物,可是你们能想到吗,他的工作是卖信封。

讲到成功的经验,麦凯想起他的父亲的一句话:"假如你想成功,从现在开始,你要关心你所见到的每一个人。"从那以后,他就记下见到的每一个人的名字,并且了解他们的详细情况。到了人家过生日,他就寄卡片祝贺,后来他设计了一个有66个空格问题的系统,包括姓名、年龄、生日、性别、星座、血型、嗜好,在哪儿上小学、中学、大学,在哪儿工作以及他的家人的一系列相关材料。这个系统被称作麦凯66档案。

有一次，麦凯到一个大企业老板那儿推销信封，可是不管麦凯怎么推荐，老板都不肯买。麦凯就利用了他的"麦凯66档案"，研究了两年，并且没有停止与这个老板联系。有一天，他得知这位老板的儿子出了车祸，他打开资料一看，得知老板的儿子11岁，崇拜篮球明星迈克尔·乔丹。麦凯正好与迈克尔·乔丹所在的公牛队的教练认识。于是他顺利地得到了一张有乔丹签名及其他队员签名的篮球。麦凯把这个篮球作为礼物送给了老板的儿子。孩子得到篮球后，高兴得又蹦又跳，这位老板问儿子这篮球是哪来的，孩子回答说："是麦凯叔叔送给我的。"老板忽然记起这位与他联系了两年，他都没买一个信封的麦凯。精诚所至，金石为开，第二天这位老板就订购了麦凯的一大批信封。

在总结经验时，麦凯毫无保留地说："真诚地对待每一个人，要记住他们的名字。"

钢铁大王卡内基也是靠运用这一法则成功的，安德鲁·卡内基被人们誉为"钢铁大王"，或许有人会认为他是钢铁制造方面的专家，如果这么想的话，那就大错特错了，他对钢铁制造知之甚少，他手下好几百个员工都比他了解钢铁制造，那他怎么获得成功的？这得从他小时候谈起。

小时候，安德鲁·卡内基就表现出非凡的组织和领导才能。10岁时，他发现了一个人性的致命弱点：每个人视自己的姓名为生命。有一次，他抓到一只母兔子，又接着发现了一整窝小兔子，但他找不到足够的食物喂养它们。他想出一个方法，他对附近的孩子们说，如果他们能找到足够的苜蓿和蒲公英喂那些兔子，他就用他们的名字给那些兔子命名。这一招太好使了，许多孩子都争着给兔子找食物。这件事对他影响很大，以后他在他的生活和工作中巧妙地利用这一点，去赢得别人的合作。

有一次，他想把钢铁轨道卖给宾夕法尼亚铁路公司，但是做了许多工作都以失败告终。后来他想起了那个兔子事件。当时艾格·汤姆森担任铁路公司的董事长，安德鲁·卡内基找到了他，说他正准备在匹兹堡建一座大型钢铁厂，决定取名为"艾格·汤姆森钢铁工厂"，汤姆森听后非常高兴，以后他们公司所需要的铁轨全从安德鲁·卡内基的钢铁厂订货。

后来安德鲁·卡内基与乔治·普尔门为了卧车生意进行了激烈竞争，他又想起了那个兔子事件，当时，安德鲁·卡内基控制中央交通公司，他极想与联合太平洋铁路公司合作，而普尔门的公司也想做成这桩买卖，两家公司你争我夺，竞争达到了白热化，以致毫无利润可言。卡内基和普尔门都去纽约参加联合太平洋的董事会。有一天晚上，两个人在圣尼可斯饭店见面了。

"晚安，普尔门先生，我们岂不是自己出丑吗？"卡内基说。

"你这句话怎么讲？"普尔门问道。

卡内基把他的想法讲了出来，他希望两家公司合作，并大肆渲染合作的好处，闭口不谈两家公司的竞争。普尔门仔细倾听着，但他并没有完全接受。最后他问："这家新公司叫什么名字？"

"当然是普尔门皇宫卧车公司。"卡内基立刻回答道。

"那到我的房间来，"普尔门的眼睛一亮，"我们将仔细讨论一番。"

最后，卡内基满意而归。安德鲁·卡内基这种记住别人名字的能力，是他获得成功的重要秘密之一。

交际需要圆融的批评技巧

犹太商人生意经要诀

批评是一门艺术，有效的批评会使对方认识到自己的错误，及时地改正。但是切记不能当面指责别人，这样只会造成对方强烈的反抗，而巧妙地暗示对方注意自己的错误，则会赢得他人的好感。

一则故事说，德国布洛亲王一次无意中批评了德皇威廉二世。威廉二世非常生气，大叫起来："你认为我是一个蠢人，只会做些你不会犯的错事！"

布洛亲王觉得很尴尬，于是，赶紧转移话题，尊敬地说："我绝没有这种意思，陛下在许多方面都胜过我。海洋和军事方面就不用说了，最重要的是自然科学方面。当您解释晴雨计、无线电报、爱琴射线时，我都认真听了，非常佩服您的才学，我十分惭愧对自然科学一无所知，尤其对物理或化学毫无概念，甚至连解释最简单的自然现象的能力也没有，但是，为了补偿这个方面的不足，我学会相关历史知识，以及一些可能在政治上特别是外交上有帮助的知识。"

威廉二世脸上露出了微笑，恰恰因为布洛亲王承认了自己的缺点，并热情地赞扬了他。皇帝原谅了他，真诚地说："我不是经常告诉你，我们两人互补长短，就能闻名于世吗？我们应该团结在一起，我们应该如此！"

皇帝和布洛亲王握过多次手，但是那天下午，他握紧布洛亲王的手，激动地说："如果有人向我说布洛亲王的坏话，我就一拳打在他的鼻子上。"

你看，布洛亲王是一个交际高手，他及时地救了自己。他做了有效的让步，提到了自己的短处，赞扬威廉二世的优点，但这是在他触怒威廉二世时的补救措施，假如他起初这么做就会更好。

交际专家犹太人美兰·杜莎认为，在别人面前批评一个人，是一个不可原谅的错误，这样不但打击员工的积极性，而且还是一种最残忍的态度，因而她警告每个人不要在别人面前批评一个人，让他保住面子。

美兰·杜莎的公司是从事化妆品生产和销售的，对卫生要求极高，清洁是工作的第一要义。有一次，她召开了一次销售会议，参加会议的一名美容顾问所带的化妆箱实在太脏了，这位美容顾问刚刚加入公司，是一位新手。美兰·杜莎看到她的那脏兮兮的化妆箱就觉得不舒服，认为顾客一看这样脏的化妆箱，根本就不会买化妆品了。美兰·杜莎仔细观察了这个新手，觉着她似乎很缺乏自信，如果贸然指出她的错误，她肯定接受不了，于是美兰·杜莎想找一个委婉的批评方式，指出对方的缺点。

美兰·杜莎把会议的主题定为"整洁是仅次于敬重上帝的美德"。她问与会者："如果你参加一个美容展示会，主持会议的美容顾问带了一个脏兮兮的化妆箱，你会有什么感想？"与会的美容顾问肯定有很多想法，大家都会对此持否定态度。

美兰·杜莎接着说："我们从事的是美容事业，无论何时，我们都要给人以整洁美观的印象。"美兰·杜莎演讲时，尽力不去看那位美容顾问，故意表示她的演说不是针对她说的。实际上，她也不用这么做，对方也会想："我的化妆箱实在太脏了。"这种委婉的批评方式很有效，不但与会的美容顾问都学到了整洁的重要性，而且也在不知不觉中接受了批评。

还有一次，美兰·杜莎的一位美容顾问不知为什么改变了她的工作态度。以前她曾是优秀的经销代表之一，然而她逐渐地失去了工作的热情，最后她索性连销售会议都不参加了。美兰·杜莎百思不得其解，她不能贸然批评对方，必须寻找恰当的方式，重新激起她的工作兴趣和热情。

美兰·杜莎想出一个好办法，她打电话给那位美容顾问的负责人，问她是否可以让那个美容顾问在下次小组销售会议上发表一次演说，是有关于订货方面的，因为那位美容顾问在这个方面比较有经验，让她试着教教其他人如何以最好的方式激起顾客们的兴趣。

美兰·杜莎的这个办法已经把批评巧妙地进行了转换，使对方毫无觉察。在下次会议，那位美容顾问侃侃而谈，她分析了以前运用的几个成功的原则和技巧，激起了其他美容顾问的工作兴趣和热情，使她们获得了有益的启示。最关键的是，那位美容顾问通过这次演讲，重新找到了自己，恢复了对工作的兴趣和自信。

美兰·杜莎的成功给后人留下了许多有益的启示，特别是她那巧妙的批评技巧，让每一个从事管理的人都赞叹不已。

养成热情主动地帮助他人的习惯

犹太商人生意经要诀

成功的人都把帮助别人当作一种习惯。因为，他乐于帮助别人，善于帮助别人，习惯于帮助别人，一旦他有需求的时候，别人会主动来帮助他。

犹太人认为，热情地帮助别人，不仅能够影响别人，更能够改善双方之间的关系。

社会上的所有人都需要别人的帮助，然而，许多人不希望帮助别人，也不喜欢帮助别人。可是，成功的人都把帮助别人当作一种习惯。因为，他乐于帮助别人，善于帮助别人，习惯于帮助别人，一旦他有需求的时候，别人会主动来帮助他。

乔伊斯在美国的律师事务所刚开业时，连一台复印机都买不起。移民潮一浪接一浪涌进美国时，他接了许多移民的案子，常常深更半夜被唤到移民局的拘留所领人。他开一辆破旧的车，在小镇间奔波。多年的媳妇终于熬成了婆，电话线换成了4条，扩大了业务，处处受到礼遇。

天有不测风云，一念之差，乔伊斯将资产投资股票而几乎亏尽，更不巧的是，岁末年初，移民法又再次修改，职业移民名额削减，顿时门庭冷落，几乎要关门大吉。

正在此时，乔伊斯收到了一家公司总裁写来的信，信中说：愿意将公司30%的股权转让给他，并聘他为公司和其他两家分公司的终身法人代理。他不敢相信这是真的。

乔伊斯找上门去。"还记得我吗？"总裁是个40岁开外的波兰裔中年人。

乔伊斯摇摇头，总裁微微一笑，从硕大的办公桌的抽屉里拿出一张皱巴巴的5美元汇票，上面夹的名片，印着乔伊斯律师的地址、电话。对于这件事，他实在想不起来了。

"10年前，在移民局……"总裁开口了，"我在排队办理工卡，人非常多，我们在那里拥挤和争吵。排到我时，移民局已经快关门了。当时，我不知道工卡的申请费用涨了5美元，移民局不收个人支票，我身上正好1美元都没有了，如果我再拿不到工卡，雇主就会另雇他人了。这时，老天在帮忙，你从身后递了5美元上来，我要你留下地址，好把钱还给你，你就给了我这张名片。"

乔伊斯也渐渐回忆起来了，但是仍将信将疑地问："后来呢？"

总裁继续道:"后来我就在这家公司工作,很快我就发明了两项专利。我到公司上班后的第一天就想把这张汇票寄出,但是,一直没有。我单枪匹马来到美国闯天下,经历了许多冷遇和磨难。这5美元改变了我对人生的态度,所以,才不能随随便便就寄出这张汇票……"

乔伊斯做梦也没有想到,多年前的小小善举竟然获得了这样的善果,仅仅5美元改变了两个人的命运。

去热情地帮助别人吧!热情能够增强你的人格魅力,助人一定会得到好的回报。敞开心扉,走出狭隘自我,在帮助别人的过程中分享快乐。

控制好争强斗胜的个性

犹太商人生意经要诀

争强好胜的个性如果控制得好的话,可以帮助一个人在人生的路上永葆充足的动力。如果你想赢得友谊,就必须学会控制冲动。首先控制你自己,然后你才能控制别人。控制冲动的简单技巧是:按理智判断行事,克服追求一时感情满足的本能愿望。

《塔木德》上说:"如果你很有自己的个性和思想,不会轻易同意他人的观点,更不愿向别人屈服,喜欢与人辩论,总是在面红耳赤的争吵中赢得胜利,那么,最终的结局是朋友渐渐地都远离了你。"

犹太商人认为,争强好胜的个性特点如果控制得好的话,可以帮助一个人在人生的路上永葆充足的动力。然而,任何事物都有它的两面性,争强好胜也不例外,如果不能对它加以有效地控制的话,它也很可能会成为影响我们正确发展的一项弱点,成为我们得罪别人的罪恶之源。

正如明智的本杰明·富兰克林所说的:"如果你老是抬杠、反驳,也许偶尔能获胜,但那只是空洞的胜利,因为你永远得不到对方的好感。"因此,你自己要衡量一下,你是宁愿要一种表面上的胜利,还是要别人对你的好感?

犹太人认为，争强好胜不可能消除误会，只有靠技巧、协调、宽容，才能消除误会。在谈论中。你可能有理，但要想在争论中改变别人的主意，则一切都是徒劳。"靠争强好胜的辩论不可能使无知的人服气。"这是威尔逊总统任内的财政部长威廉·麦肯罗以多年政治生涯获得的经验。

拿破仑的家务总管康斯坦在《拿破仑私生活拾遗》中写道，他常和约瑟芬打台球，"虽然我的技术不错，但我总是让她赢，这样她就非常高兴"。我们可从康斯坦的话里得到一个经验：让我们的顾客、朋友、丈夫、妻子在琐碎的争论上赢过我们。

林肯有一次斥责一位和他人发生激烈争吵的青年军官，他说："任何决心有所成就的人，决不会在私人争执上耗时间，争执的后果，不是他所能承担得起的。而后果包括发脾气、失去自制。要在跟别人拥有相等权利的事物上，多让步一点；而那些显然是你对的事情，就让得少一点。与其跟狗争道，被它咬一口，不如让它先走。因为，就算宰了它，也治不好你的咬伤。"

有位爱尔兰人名叫欧·哈里，听过卡耐基的课。他受的教育不多，可是很爱抬杠。他当过人家的汽车司机，后来因为推销卡车并不成功，来求助于卡耐基。

听了几个简单的问题，卡耐基就发现他老是跟顾客争辩。如果对方挑剔他的车子，他立刻会涨红脸大声强辩。

欧·哈里承认，他在口头上赢得了不少的辩论，但并没能赢得顾客。他后来对卡耐基说："在走出人家的办公室时我总是对自己说，我总算整了那浑蛋一次。我的确整了他一次，可是我什么都没能卖给他。"

卡耐基的第一个难题不在于怎样教欧·哈里说话，而着手要做的是训练他如何自制，避免争强好胜。

欧·哈里后来成了纽约怀德汽车公司的明星推销员。他是怎么成功的？这是他的说法：

"如果我现在走进顾客的办公室，而对方说：'什么？怀德卡车？不好！你要送我我都不要，我要的是何赛的卡车。'我会说：'老兄，何赛的货色的确不错，买他们的卡车绝对错不了，何赛的车是优良产品。'这样他就无话可说了，没有抬杠的余地。如果他说何赛的车子最好，我说没错，他只有住嘴了。他总不能在我同意他的看法后，还说一下午的'何赛车子最好'。我们接着不再谈何赛，而我就开始介绍怀德的优点。当年若是听到他那种话，我早就气得脸一阵红一阵白了，我就会挑何赛的错，而我越挑剔别的车子不好，对方就越说它好。争辩越激烈，对方就越喜欢我竞争对手的产品。现在回忆起来，真不知道过去是怎么干推销的！以往我花了不少时间在抬杠上，现在我守口如瓶了，果然有效。"

　　争强好胜的人大多容易冲动。如果你想赢得友谊，就必须学会控制冲动。首先控制你自己，然后你才能控制别人。控制自己的冲动不是件非常容易的事情，因为我们每个人心中永远存在着理智与感情的斗争。控制冲动的全部内容是：按理智判断行事，克服追求一时感情满足的本能愿望。一个真正具有控制冲动能力的人，即使在情绪非常激动时，也是能够做到这一点的。

犹太商人的推销细节

第一章 推销的实质就是推销自己

——犹太商人推销细节一：具备过硬的自我推销素质

言谈举止要流露出充分的自信

犹太商人推销细节要诀

一个成功的推销员，应该具备鞭策自己、鼓励自己的心态。只有这样，才能在大多数人因胆怯而裹足不前的情况下，或者在许多人根本不敢参加的场合下大胆向前，向推销的高境界推进。

一位犹太商人说："你的内心充满着自信，你的事业就会成功。有方向感的信心，可让人们每一个意念都充满力量，当你有强大的自信去推动你的成功车轮时，你就能平步青云，无止境地攀上成功之巅。"

自信仿佛是个永恒的话题。古今中外，多少成功者曾对这两个字做过精辟的解释，抒发过独到的见解。拿破仑说："'不可能'，这个词只能在愚人的字典里找得到。"他还说："胜利不站在智慧的一方，而站在自信的一方。"萧伯纳说："有自信心的人，可以比浩渺更伟大,能够化平庸为神奇。"戴尔·卡耐基说："如果你真相信自己，并且坚信自己一定能达到梦想，你就真正能够步入坦途，而别人也会需要你。"奥格斯特·冯·史勒格说："在真实生命里，每个事业都从信心开始，并由信心迈出第一步。"麦修·阿诺德也说："一个人除非自己有信心，否则不能带给别人信心；只有让自己信服的人，才能使别人信服。"自信是积极向上的产物，也是一种积极向上的动力。自信，对于一个推销员的成功与否是非常重要的。自信是推销员所必须具备的、最不可缺少的一种气质。

犹太商人深知人性的特点：人们通常喜欢与才能出众的人交往。顾客也一样，他们不希望与毫无自信的推销员打交道，因为他们也希望在别人面前自我表现一番。只有信得过自己的人，别人才会把责任放心地托付到他的身上。当你和客户商谈时，言谈举止若能流露出充分的自信，肯定会赢得客户的信任，客户信任了你才会相信你的商品说明，从而放心购买。通过自信，才能产生信任，而信任，则是客户购买你的商品的关键因素。

客户对于商品，经常都怀有类似一样的不满和疑问，因此，在面对客户时，不可以自己觉得无法销售，或表现出面有难色的神情。你如能自我训练，精心计划，相信你一定能卖出商品。

犹太人威特利，曾经是一名保险推销员，之后创立了"威特利寿险公司"并担任总经理。他经常对新的推销员说："满怀自信地向所有潜在主顾推销，他们也能从中感受到你的那份自信。"

威特利年轻的时候，经常往来于各大城市之间，当时他选择行驶的道路一般是旧高速公路——为的是可能碰到有兴趣买保险的主顾。一天中午，威特利驾车经过一个村庄，看到一位农夫正在一片广阔的麦田中间开着牵引车，他觉到这位农夫可能就是他的潜在客户。于是，就停车朝他远远打招呼，示意他过来一下。农夫以为有什么重要的事情，于是走了过来。

当得知威特利是一位保险推销员后，农夫怒气冲冲地说："我发誓，我一定要把下一个向我推销保险的捣蛋鬼，狠狠地掷出我的土地。"

威特利看着他微笑着说："让我告诉你一件事，在你对我采取行动前，你最好已经保了所有的险，因为你会很需要。"

两个人之间保持了一阵短暂的沉默，双方连眼睛都不敢眨一下，过了一会儿，农夫便爆发出了爽朗的笑声："算了吧，这样一个大热天，我正好需要休息一下。到我的房子里来吧，让我听听你到底要说什么。"他将手搭到威特利的肩膀上，二人便一路朝他的房子走去。

进了他家的厨房，农夫便对着他的妻子说："嘿，亲爱的，来见见这位威特利先生吧，这小子以为他可以说服我。"然后这对夫妇便相互大笑起来。看到他们笑得是如此高兴，威特利也放声大笑了起来。当笑声停止时，威特利就卖出了有生以来最容易的一个保险。

威特利后来回想说："像这样的情况不止一次地发生。但从我的推销经验中我知道，当一名潜在主顾以恐吓姿态对我怒吼时，我是绝对不可以退缩逃走的。我已明白，不论潜在主顾是多么的气恼愤怒，他也不会真的对一名推销员进行身体攻击。因此，在我还是一个年轻的推销员时，我便意识到，无论怎么，挨打的可能性是十分微小的，你完全没必要担忧这一点。退一步讲，即使有人真的对我动粗，我的身体还是能承受得住的。因为有这样的想法，我才能勇往直前，从没害怕，我充满自信地向所有潜在主顾推销保险，他们从中感受到了我的那份自信。因此，在我每次发出这种让人始料不及的推销攻势时，很少会遭遇别人的排斥拒绝。"

犹太商人把良好的心态当作自信的一部分。在他们看来，良好的心态始于心灵，终于心灵。换句话说，你要想有持续完成任务的积极心态，首先就要有一种对成功的强烈的渴望或需要。对于成功的愿望和企图心永远是一个成功的推销员所必备的条件，他们对于销售他们的产品具有无比的动力和热诚，他们想要成为顶尖的人物，他们有强烈的成功欲望，他们绝对不会允许任何事情阻碍他们达成目标。但一般的推销员并非如此，他们只要能够赚到每个月的生活费就可以了，他们只需要每个月达成公司给他们设定的目标就成了，他们没有比这更强烈的愿望了。

良好的心态实际上就是信念——相信你自己，相信你成功的能力。事实证明，只有自己相信自己然后才能让别人信任。

把外表风度的美留在顾客的心里

犹太商人推销细节要诀

外表可以反映一个人的内在气质，是一个人性格的外观。良好的外表能够给对方留下深刻的美好印象，适宜得体的打扮最能反映出推销人员的气质，所以着装方面，一定要精心谨慎，任何场合都要穿着得体，正如任何问题都晓得正确的答案一样，让人服气。

犹太商人认为：一个人的内在价值虽然很重要，但是交往对方需要很长时间才能对他进行评判，因此最直接且最迅速造成印象的，则是他的外表形态。个人的穿着打扮和身体动作则是决定他外表形象的首要因素，推销人员是否受到客户的重视、尊敬和好感，或者是反感、藐视，外表形态在其间起着非常重要的作用。

在商业活动中，比如谈判、推销，如果那个人的形象气质俱佳、风度翩翩，往往能带给别人赏心悦目的感觉，直接激发他人的斗志，有时甚至会促进交易的成功；反之，如果那人形象不佳，会给对方留下不良的第一印象，使对方在心理上对那人的公司的产品和交易产生种种疑虑，这可以说是心理学中"光环效应"的结果。

一位经验丰富的客户说："一个推销员来拜访我，他开始做一个好得非同寻常的销售介绍，但我老是走神。我看着他的鞋子、他的裤子，然后再把目光扫过他的衬衫和领带。大部分时间我都在想，如果这位专业推销员说的都是真的，那他为什么穿得如此落魄呢？他告诉我他手中有很多订单，他有许多顾客，他们也购买了大量的这种产品，但他的个人外表致命地显示他说的话不是真的。我最后没有购买，因为我对他的陈述没有信心。"

一个人良好的形象包括良好的仪表、谈吐和精神状态这几方面的内容。推销商品前首先要推销自己，这显然已成为真理。在推销时拥有良好的外表，有新鲜的感觉，对客户有着不可抗拒的魅力。服饰是一种无声的推销语言，

《塔木德》中说："服饰的整洁得体不仅是自我形象的树立，也是对交往对象的尊重。""一个人长得好不好是遗传问题，仪态好不好是修养问题。"

犹太商人有这样一句话："初次见面给人印象的90%产生于服饰。"在商业交往过程中人都是先看外表的，尤其是初次见面。外表可以反映一个人的内在气质，是一个人性格的外观。良好的外表能够给对方留下深刻的美好印象，通常客户的心理是：外表体面的推销人员，卖的商品应该也不错；穿着随便不修边幅的人，自然不会有什么好产品。穿戴没分寸，也会适得其反。有一些身穿成套名牌服装的推销人员，打名家特别设计的领带，腕上戴着劳力士金表，配着流行艺术图案袖扣等等。这种打扮过了头的推销人员，让客户觉得和自己格格不入，难免心生排斥，在提醒自己谨防上当受骗的同时，已经在心里迅速地筑起了一道坚固而不可逾越的城墙。

适宜得体的打扮最能反映出你的气质，所以着装方，一定要精心谨慎，任何场合都要穿着得体，正如任何问题都晓得正确的答案一样，让人服气。同是一个人，穿着打扮有异，给人留下的印象也会出现异样，对交往对象也会产生一种错觉。美国有位犹太商人特意做过一个实验，他本人以不同的打扮出现在同一地点，当他身穿西服以绅士模样出现时，无论是向他问路或时间的人，大多彬彬有礼，而且本身看起来基本上是绅士阶层的人；当他打扮成无业游民时，接近他的多半是流浪汉，或是来找火借烟的。如果推销员衣衫不整地去与客户洽谈，对方会觉得你缺乏诚意、不当回事，所以应穿得素雅庄重一些为佳，因为这有利于推销工作的顺利进行。

在犹太商人看来，良好的风度也不仅仅局限于穿着打扮，谈话水平与精神状态也起着非常重要的作用。比如在与客户商谈中，一个优秀的推销员说话时不温不火，不卑不亢。反之，若言语表现急于求成，或唯唯诺诺，则容易受制于人。首先，在与客户商谈中不恰当的表现是对对方的不尊重，甚至引起误会和摩擦。对客户说话，首先遇到的是称谓问题。如何称呼对方，必须分清对象，尊重对方的称谓习惯，注意亲疏关系、熟悉程度及年龄、性别、相互关系的差别。

在与客户商谈中，要注意谈话的距离、手势、音调、措辞等。谈话距离如果太远容易表现为"争利"心理大于"协同合作"心理，说明双方分歧较大，矛盾突出。距离太近，表现出双方谈话较亲密，容易谦让、迁就，甚至使自己损失惨重。一般谈话的距离至少要保持半米以上。

在与客户商谈中，推销员说话时可采用适当手势。手势应与商谈主题相适应，打手势也要注意空间的大小，切忌幅度过大，达于夸张。同时推销员的手势也应该简明易懂。比如：平掌摇动通常表示不同意；手指敲桌子可以表示谢谢；双手搓动可表示高兴或着急；举手平掌表示别说了。

在与客户商谈中，说话的音调抑扬顿挫，无不是在增加语言的内容和效果。如果语调冷漠平板，则给人以拒人千里的感觉。若谈话时音调自然饱含感情，就容易使双方消除紧张情绪，在谈笑风生中从容应答，给对方带来一个完满的结局。另外，音调的不同也能够反映出推销员对该推销的重视程度。

推销员还要注意推销的措辞。措词要恰当、婉转，避免使用生硬的、有情绪的字眼。一个有良好素养的推销员，往往是泰然自若、一言九鼎的，而不是滔滔不绝或咄咄逼人，因为这一切往往是容易招人厌恶的。

良好的风度还包括在举止方面，比如在推销过程中，推销员要有挺拔的站姿。要求肩平、挺胸、两眼平视、嘴唇微闭、面带微笑，双肩自然下垂，双手在背后或体前自然交叉，两腿膝关节与髋关节展直。挺拔的站姿也反映了推销员良好的心理状态，说明推销员充满信心和力量。

推销员的坐姿要端庄。推销中，最适当的坐姿是两脚着地，膝盖成直角，与对方交谈时，身子要适当前倾，切忌一坐下来就靠在椅背上，显得体态松弛没有礼貌，坐沙发时双脚侧放或稍加叠放较为合适。女士就座时切忌翘起二郎腿，更不可将双腿叉开，这样很不雅观，也显得缺乏教养。

推销员还要有洒脱的走姿。走姿的基本要领是，行走时双肩平衡，目光平视，下颌微收，面带微笑。手臂伸直放松、手指自然弯曲、双臂自然摆动，在掌握走姿要领的同时还要区分宾主身份：当作为宾客时，缓步进门，环视一周，确定自己的走向和位置；当作为主人时，若客人等在房间应疾步入门，眼睛搜寻主宾并伸手向主宾致意，以表示歉意、诚意和合作态度。若自己先到房间，可以引客人入席，以示礼貌。

另外，推销员的态度直接影响交谈双方的情绪和推销效果。如果推销员态度过于强硬，往往会使推销陷入僵局。如是推销员态度中肯、亲和，则容易营造融洽的交谈气氛。

总之，形象是推销过程的第一印象，为了给人留下良好的第一印象，推销人应牢记以下几点：如果你不想成为同行的笑柄，你的服装必须合体；如果你不想让同行或客户鄙视，你的服装必须庄重；如果你不想让人看出你的性格或爱好，你的服装必须是保守的、得体的；如果你不想让客户坚持固有的不好想法，你的谈话技巧必须到位、精神面貌必须饱满而富有激情。

用优良的态度换取客户更大的回报

犹太商人推销细节要诀

诚实、自信是一个商人所应具备的重要条件，但还有一种资本也很重要，那就是做生意时的良好态度。良好的态度对于商业的功效，正如润滑油对于机器一样，当润滑油缺乏时，那架机器一定会发出嘈杂的噪声，令人避而远之。

犹太商人非常看重经商态度，认为好的态度能给顾客留下好的印象，相反，如果一个人态度冷漠或态度粗俗，就会令人产生反感，其结果必然导致经商的失败。但一个态度良好的人，即使容貌并不清秀，甚至肢体残缺，仍比那眉目清秀、身强力壮，但态度粗鲁的人更加受人欢迎。

世上不知有多少才能平庸的人，靠着他们良好的态度，而能够处事顺利无阻。

犹太商人格雷厄姆是拥有十几家超市分店的经理人，年轻时穷困异常，当时他勉强凑足了一笔小小的资本，在他家乡开了一家商店。开张后，他对任何顾客都和蔼可亲、彬彬有礼，并且十分关怀他们。有一次，一位老妇人来买东西，但是店里所有的货色她没有一样看得中意，格雷厄姆道歉之后，特地领她到别的店去，帮她把所需要的东西买来。凡是一切可以为顾客服务的事，他无不热心去做，后来他的声誉随之传开，连离这儿很远的人也上门光顾。因此他的经营也就迅速扩展，现在已在附近开设了许多分店。

格雷厄姆的成功之处就在于他对顾客的良好态度，他也利用这个办法去教育他的员工们这样对待顾客。

他的员工渥道夫在超市担任收款员。有一天，他与一位顾客发生了争执。

"小伙子，我已将50美元交给您了。"一位顾客说。

"尊敬的先生，"渥道夫说，"可是我并没收到您给我的50美元呀！"

顾客有点生气了。渥道夫又十分自信地说："我们超市有自动监视设备，我们一起去看一看现场录像吧？这样，是谁的过失就很清楚了。"

顾客跟着他去了。录像表明：当这位顾客把50美元放到桌子上时，前面的一位顾客顺手牵羊给拿走了。而这一情况，他们两个还有超市保安人员都没注意到。

渥道夫说："我们很同情你的遭遇。但是按照法律规定，钱交到收款员手上时，我们才承担责任。现在，请你付款吧。"

这位顾客气愤地说："你们的管理有缺陷，让我受到了屈辱，我不会再到你这个让我倒霉的超市来购买商品了。"说完气冲冲地走了。

格雷厄姆当天就获悉了这一事件，他当即做出了辞退渥道夫的决定。一些部门经理，还有超市员工都找到格雷厄姆为渥道夫说情和鸣不平，但格雷厄姆的意志很坚决。

渥道夫很委屈。格雷厄姆找他谈话："我知道你心里很不好受。因为我要辞退你，一些人还说我不近人情。"

格雷厄姆走过去，和渥道夫坐在一起。他说："我想请你回答几个问题。那位顾客做出此举是故意的吗？他是不是个无赖？"

渥道夫说："不是。"

格雷厄姆说："他被我们超市人员当作一个无赖请到保安监视室里看录

像，是不是让他的自尊心受到了伤害？还有，他内心不快，会不会向他的家人、亲朋诉说。他的亲人、好友听到他的诉说后，会不会对我们超市也产生反感心理？"

面对一系列提问，渥道夫都一一说"是"。

格雷厄姆说："那位顾客会不会再来我们超市购买商品，像我们这样的超市在我们这座城市有很多，凡是知道那位顾客遭遇的他的亲人会不会来我们超市购买商品？"

渥道夫说："不会。"

"问题就在这里，"格雷厄姆递给渥道夫一个计算器，然后说，"咱们来做一个小测验，假如每位顾客的身后大约有250名亲朋好友，而这些人又有同样多的各种关系。商家得罪一名顾客，将会失去几十名、数百名甚至更多的潜在顾客，而善待每一位顾客，则会产生同样大的正效应。假设一个人每周到商店里购买20美元的商品，那么，气走一个顾客，这个商店在一年之中会有多少损失呢？"

几分钟后，渥道夫就计算出了答案，他说："这个商店会失去几万甚至上百万美元的生意。"

格雷厄姆说："这可不是个小数字。虽然只是理论测算，与实际运作有点出入，但任何一个高明的商家都不能不考虑这一问题。那位顾客被我们气走了，至今我们还不知道他的姓名及家庭住址，因此无法向他赔礼道歉，挽回这一损失。为了教育超市营业人员善待每一位顾客，所以作出了辞退你的决定。请你不要以为我的这一决定是对你乱加罪名。"

渥道夫说："我不会这么认为，您的这一决定是对的。通过与您谈心，使我明白了您为什么要辞退我，我会拥护您的决定，可是我还有一个疑问，就是遇到这样的事件，我应该怎么去处理？"

格雷厄姆说："很简单，你只要改变一下说话的态度就可以了。你可以这样说：'尊敬的先生，我忘了把您交给我们的钱放到哪里去了，我们一起去看一下录像好吗？'你把'过错'揽到你的身上，就不会伤害他的自尊心。

在弄清楚事实真相后，你还应该安慰他、帮助他。要知道，我们是依赖顾客生存的商店，不是明辨是非的法庭呀！用良好的态度与顾客相处是我们的重要课题！"

渥道夫说："我从您的谈话中学到了很多，谢谢您对我的教育。"

格雷厄姆说："你是个工作勤恳、悟性很强的员工。若10年后，你会明白我的这一决定不只对超市有好处，而且对你有益处。按照我们超市的规定，辞退一名员工是要多付半年工资作为补偿的。如果半年后，你还没有找到合适的工作，那么你再来我们超市，我们是欢迎你来的。"

渥道夫，这个20多岁的青年，无限感慨地离开格雷厄姆和他领导的这家超市。以后，他没有再回这家超市，他筹集了一些资金，干起了旅馆事业。10年时间过去了，格雷厄姆、渥道夫都成了富商。

一次集会上，渥道夫和格雷厄姆不期而遇。他紧握着格雷厄姆的手说："感谢您传授给我一个宝贵的经营诀窍，它使得我取得今天的成绩。"

格雷厄姆说："你说的话，让我感到迷惑了。我好像没有向你传授什么诀窍呀？"

渥道夫说："10年前那次长谈，您已经间接说出了您的经营要诀，就是用良好的态度对待顾客，让每一个顾客满意地离开商家。"

格雷厄姆说："你真是一位聪慧的人，要知道这可是我的经营秘诀——秘不可传呀！"

格雷厄姆经常用这样一句话教育他的员工："任何人一走进我们的店门，就是一位新的客人，我们必须用好的态度热情地款待，至于他买不买东西，那是他的权利，我们绝对不应加以干涉。我们所应做的，只是代表商店，用好的态度、热情地招待客人。"

有许多商人或推销人员，往往因为没有受过良好的训练，结果都养成了一种骄傲、蛮横、粗鲁、生硬的态度，这种人若再不知改善，他的事业将会一片坎坷，甚至失败。

相信自己的商品是最好的商品

犹太商人推销细节要诀

推销首先要卖给自己，然后才能卖给客户。只有说服了自己，才能最终说服他人。所以，推销人员要坚信自己的产品是最优秀的商品，信心十足地把它介绍给客户，用你的热情与理念去感染客户，得到他的认可。

犹太商人说："在商业经营中，首先自己要信任自己的产品。如果连自己都说服不了，又怎能说服别人购买自己的商品呢？即使对自己所销售的商品不很了解，也要坚信：这是优秀的产品，绝对没有问题。抱着极大的希望，坚信它是最好的商品，并从客户的角度，努力把心目中的优良产品介绍给他人。"

客户本身看到你满怀激情的推销情形，肯定会认为："嗯！这个推销员这么全心全意地推销产品，他一定对它深具信心！"这种态度能给客户以"这必定是优良的东西，没错"的安全感。

有些推销员在出门推销时心中嘀咕：这东西能卖出去吗？之所以有这样的想法，是因为对自己所推销的产品不够自信。

有位推销语言教材的推销员，在电话中向客户出售"在短期内必能说流利英语"的语言磁带。他对客户运用的讲话技巧不很高明，说了半天丝毫也引不起对方的兴趣，但他仍不愿放弃。

客户不耐烦了，冲他说了一句："如果你能用英语把刚才的话重复一遍，我就买了！"

他发了一会儿愣以后，"咔嚓"把电话挂了。因为连他自己都不相信在短期内能够学会流利的英语，所以才勉强地反复陈述商品的特性，说破嘴皮子也表现不出一点激情。

犹太商人根据他们多年的经商经验总结出："客户容易根据推销员对商

品的表现来判断商品好坏。所以，在推销时，推销员表现出对自己商品的充分信任，会影响客户作出正确决定的信心。"

"西蒙"公司是以色列一家提供全套服务的服装公司。他们针对企业与专业人士的需要，亲自到办公室或家里为客户服务。他们亲自拜访客户，为他们提供全套高品质的服装。他们这种服务的一个最大优点是，可以为客户节省时间，让他们不需要外出逛街就可以购买服装。但也面对着一个大缺点，顾客对这种上门推销的产品往往不太信任。

公司创始人西蒙先生针对这个问题，总爱用这样的开场白："贝尔先生，我之所以到这里来，是要成为您的私人服装商。我知道，如果您从我这里买衣服，那是因为您对我、我的公司或我的产品有信心。为此，让我先自我介绍一下：我在这一行已干了很长时间。我研究过服装、式样与质地。因此，我十分自信我可以帮您挑选出合适的衣服，而这项专业服务是完全免费的。"

他继续说道："我的公司在这一行已有12年时间。从开业以来，我们每年以超过15%的比例增长，而且在每个月的销售中，有60%左右的人来自老客户。

"我们公司保证向客户提供所有的服装需求。在这一行里，我们公司一直是最棒的。当然只有您和我们的其他客户才能判定，我们是否是最棒的，我可以很自信地说，只要您试一试，就会发现我们是最棒的。

"在我们的生产线上，有成套西装、运动外套、衬衫、轻便大衣，以及各种场合穿着的服装——可以这么说，您想要穿的衣服，我们都有。我们生产的西装是您所能买到的最好的，每一件衣服都由我们自己的工厂制造，您从别处无法获得相等的价格、品质，以及服务。

"您当然可以从其他厂家买到类似的西装，但是当您以相同的价格买下我们公司的产品时，便是获得了一套超高品质的服装。

"在与其他公司产品相去不远的售价下，不论是西装、运动外套、裤子、衬衫或其他任何产品，我们都有品质保证，因为这正是我们的优势所在。贝尔先生，截至目前为止，您的感觉如何？"

许多年以来，公司的职员便是使用这套话术作为开场白的，而且它总是能触发正面回应。他们坚定地认为，即使他们的客户早就对他们的公司与产品保持信心，他们也必须让他对他们本人产生信心，否则达成这项交易的概率就会很低。

好的推销技巧是要让你的潜在主顾对你、你的公司或你的产品充满信心。如果一名顾客对这三者都保持信心，那么达成交易便易如反掌。

那佛尔的故事可能也会给从事推销的人带来一些启迪。

犹太商人那佛尔在1982年买下了化妆品公司"丽人"，两年后又将其出售，接着创办了自己的"那佛尔公司"。

公司的主要业务是销售中价位的美容护肤产品。在成立这家公司之前，那佛尔的当务之急便是把公司的计划寄给那些潜在的投资人以备他所需要的资金。

在寄出计划两个星期以后，他便打电话给这些潜在投资人，然后设法和他们约定一次私人会晤。其中有一名特别的潜在投资者名叫沃迪森。

那佛尔在电话中向沃迪森做自我介绍时说："之前我寄出过一份商业计划给您，今天给您打电话是想和您谈一谈那份计划。"

"是的，那佛尔先生，我收到了。"

"如果你有兴趣投资这项计划，我很乐意和您见面详谈。"那佛尔对他说。

"那很好。"沃迪森回答，"你感到什么时候见面比较方便呢？"

那佛尔从来没想过，竟然这么容易就和他约定好了时间。一周之后，那佛尔坐在沃迪森的办公室里，准备投出一个完美的推销球。他是做了充分准备的，手上备有各式各样的文件、图表、财务计划，当然还有一份财务报表，上面清楚写着自己与一群投资人如何买进"丽人"公司，两年之后将其卖出而获得了高额的利润的全过程。可是当那佛尔讲述到一半时，沃迪森打断了他的话。

"那佛尔，你现在可以停下来了。"

当时，那佛尔以为他的制止行为是他对这项计划丝毫不感兴趣。忽然间，他像是一只泄了气的皮球，但是他不甘心，不愿在还未大力推销之前就此歇手。

事实上情况并没有那佛尔想象的那样糟糕。沃迪森的脸上露出了一抹微笑，他说："好了，我准备投资你的公司了。"他暂停了一会儿，继续说道："你不需要再找其他投资人了，我将提供给你全部所需的资金。"

那佛尔脸上写满惊异的神色。顿了一会儿，沃迪森又补充说："那佛尔，让我告诉你为何要做这项投资。事实上，我不是在投资你的公司，我是在投资你这个人。"

"两年前，"他继续说，"有一次我走进一家百货公司，正好看到你在那里推销你的'丽人'香水，你在你身边营造出的那种兴奋热烈的情绪让我印象深刻。你的身旁聚集了一大群人，整层楼都被'丽人'香水的氛围笼罩着。你们不断卖出产品，你们也高兴地听到现金不断进入收银机的声音。嗯，那个情景让我毕生难忘。我一直忘不了一个公司老板竟然可以放下架子，以奇特的方式进行推销。你就在那里说着、感觉着、推销着你的产品。很显然，你全身心地信任你的产品，这就是我为什么投资的原因。"

沃迪森接着补充说："我知道，你就是那种会让事情成功的人。你会走出去，做每一件你应该做的事，以确保你的事业成功。"

那佛尔便筹措到了数百万美元的资金，这正是那佛尔要组建新公司的全部所需资金。

把信誉当作自己的一笔重要资产

犹太商人推销细节要诀

信誉是商业交易的基石，信誉之于商人，恰如荣耀之于战士。从长远的观点看，信誉是一笔重要的资产，生意人的成功是靠良好的信誉来保证的。

著名犹太商人沙维尔说："在外人眼里，商人是狡诈的。而明智的商人对于这一点就非常聪明，他们在经商中从不愚弄对方。从长远的观点看，信誉是一笔重要的资产。"

犹太商人认为，推销是一种激烈的竞争，而且竞争的方式方法多种多样，使人防不胜防。但是，不管怎样做生意都要以诚相待。推销这一过程绝不是胁迫的代名词。生意人的成功是靠良好的信誉来保证的。

单从实用主义角度来看，诚实守信对于生意人来说是绝对重要的。如果你的顾客从心底里不信任你，那么他不会从你那里购买任何东西。相反，当对方认为你可信时，也就等于相信了你的产品。

世界上任何商人的经商目的都是为了赚钱，然而他们的做法却大不一样。有些人做着一夜暴富的美梦，根本没有建立良好信誉的耐心和教养，只知快刀宰人，六亲不认。他们遍布大大小小的市场，漫天要价、信口雌黄，坑蒙拐骗，直到暴力威胁。也有些人深信：君子爱财，取之有道。这"道"中，他们认为良好的信誉是至关重要的。

一位女士去犹太商人库克瓦尔的"满意"乐器店里买钢琴，最终选中了一架她认为物美价廉的。她将营业员叫到身边，将自己的选择告诉了他。营业员一看钢琴上的售价标签，愣住了，他向这位女士道歉，请她稍等，他要去向经理库克瓦尔请示一下。一会儿，经理从店堂后快步走出来，老远便向这位女士伸出手，笑着说："祝贺您！您花最少的钱，买了一架最好的钢琴！"原来，也是营业员的疏忽，售价标签上少标了一个"0"，但店主与顾客的交易就这样轻松地完成了。

一个叫博伊尔的讲述了他在以色列目睹的一个小小的场面，其中也可以看出犹太商人的气度。

博伊尔在以色列旅游，住在一个商业区的旅馆里，一天下午，他和一位朋友走进一家专门经营旅游纪念品的商店。商店营业面积不小，但商品的陈列非常粗放，店里没有一个玻璃货柜，铜雕银器、彩瓶挂盘、仿古的大理石雕像，都随意地摆在一张张木台子上。

那里的商店，经常都是冷冷清清的，不像我们的商店，总是摩肩接踵，拥挤不堪。可就是这么巧,有两位白人妇女在就要走出店门时,可能是因为其中的一个大概仍然留恋某件商品吧,转身要再看一眼,就在她转身之际,她腰间的挎包将门口木台子上的一个五彩瓷瓶挂到了地上,当然摔了个粉碎。

若在一些别的商店里出现这个场面,毫无疑问,店主要坚持索赔,顾客要据理力争,指责店主商品摆得不是地方。

这次却不是这样。正当那位白人妇女有些不知所措的时候,店主已经走到她面前,说:"对不起!没有吓着您吧?"

白人妇女也连声道歉,问他:"要我赔吗?"

店主说:"您在告诉我,应该把东西摆在恰当的地方。请吧,欢迎您再来!"

最后的结局是这样的:那位白人妇女买走了一个古希腊的铜像。她的朋友大概也觉得这位店主可以信赖,买走了两个彩色挂盘。

用良好的信誉经商、做推销,对一些人来说,需要一个体味的过程,在这个过程中,顾客是最好的教育者,可以令那些不懂此道的人渐渐上"道"。

面对失败要有重振旗鼓的勇气

犹太商人推销细节要诀

面对失败去争取胜利,这是伟大商人成功的秘诀。一个优秀商人的最明显标志,就是面对失败要有坚韧的意志。不管环境变换到何种地步,初衷与希望仍不会有丝毫的改变,直至克服阻碍,达到所期望的目的。

犹太商人认为:检验一个商人品格的优劣,最好是在他失败的时候。失败了以后,他是怎样一个境况?失败能唤起他更大的勇气吗?失败能使他付出更大的努力吗?失败能使他发现新的力量,焕发出潜在力吗?失败了以后,是决心更加坚强呢,还是就此心灰意懒?越是在这种境地,越可以测试一个推销员人格的大小。

一个人除了自己的生命以外一切都已丧失了,那他还剩余些什么?换一句话说，一个人在屡遭失败以后，他还有多少勇气的余威可以让他重振旗鼓？假使他在失败之后，从此偃卧不起，放手不干，而自甘于永久的屈服，那我们就可以断定，他不是个什么大不了的人物。假使他能雄心不减，迈步向前，不失望，不放弃，别人就能感到他人格的伟大，十足的勇气，是可以超过他的损失、灾祸与失败的。

跌倒后立刻站起来，在面对失败时争取胜利，这是自古以来伟大商人的成功秘诀。犹太商人罗森沃德说："我曾问一个小孩他是怎样学会溜冰的。小孩回答道：'就是在每次跌跤后，立刻爬起来！'我想，促使每个人成功的实质也正是这种精神。跌倒算不上失败，跌倒后站不起来，那才叫失败。"这也是他对面对失败所应具有的品格的理解。

拥有坚韧的意志，是一个想事业有成的推销员所具有的特征。他们或许缺乏其他良好的品质，或许有各种弱点与缺陷，然而他们具备了坚韧的意志。这是所有事业有成的高手所绝不可缺少的涵养。劳苦的奔波不足以使他们灰心，事业中的困难不足以使他们丧志。不管处境如何，他们总能坚持与忍耐。很多人成功的秘诀，就在于他们不怕失败。他心中想要做一件事时，总是用全部的热诚，全力以赴，从来想不到有任何失败的可能。即便他失败了，也会立刻站起来，保持更大的决心，向前奋斗，直至成功为止。

那些普通的推销员，他们在推销中一经失败，就会一败涂地，一蹶不振。而那些有坚韧力的推销员，则能够坚持不懈。那些不知怎样才算受挫的推销员，是不会一败涂地的。他们纵有失败，但他们从不以那个失败作为最终的命运。每次失败之后，他们会以更大的决心，更多的勇气，站起来向前进，直至取得最后的推销胜利！

在《塔木德》中有这样一句话："我们不能以一个人竞赛起步时的速率来评判他得冠军的潜力，而应该在他将达到终点时的速率来评判他。"在推销中，有很多推销员做事不能有始有终，他们开始时还满腔热忱，但在遇到困难后，往往会半途而废。他们之所以会这样，就因为他们没有充分的坚韧力，来使他们达到最终的目的。当一个人满腔热诚、意气豪迈的时候，他做事是何等的容易啊！所以开始做一件事时，是毫不费力的，正因为如此，我们不能在一个人刚开始做事时就估量他的真价值。

一个人在做事时，是否有不达目的不罢休的意志，这是测验一个人品格的一种标准。坚持的力量是最难能可贵的一种品德。许多人都有随众向前的意识，他们在情形顺利时，也肯努力奋斗；但是在大众都选择退出，都已向后转，让他自己觉得是在孤军奋战时，要是仍然能坚持着不放手，这就更难能可贵了。这是需要坚韧力，需要毅力的。

有一个人，他想向他的一位在纽约的商人朋友推荐一个推销员，在他向他的朋友举出了那个推销员的种种优点后，商人这样问道："他有耐性吗？这是最要紧的事。他能坚持吗？特别是在困难的时候。"是的！这是对一个好的推销员终生的问句："你有耐性吗？你有坚韧力吗？你能在失败之后仍然坚持吗？你能不管遇到任何阻碍仍然前进吗？"

罗森沃德是美国最大的百货公司西尔斯－娄巴克公司的最大股东，他也是美国20世纪商界风云人物。当然这个做服装生意起家的富翁却也经历了许多创业时的失败与艰辛。

罗森沃德出生在德国的一个犹太人家庭，少年时随家人移居美国，定居在伊利诺伊州斯普林菲尔德市。罗森沃德的家境不大好，为了维持生活，中学毕业后，他就到纽约的服装店当跑腿，做些杂工。罗森沃德从年幼时就受犹太人的教育影响，确立了艰苦奋斗的精神。他确信凡人皆有出头日，一个人只要选定了目标，然后坚持不懈地往目标迈进，百折不挠，胜利一定会酬报有心人。罗森沃德本着这种精神，十分卖力地赚了几百美元。

"我要当一个服装店老板。"这是罗森沃德的奋斗目标。为了实现这个目标，他除了在工作里留心学习和注意动态外，他把全部的业余时间用于学习商业知识，找有关的书刊阅读。几年后，他认为有些经验和小小本金，决定自己开设服装店。

可是，他的商店门可罗雀，生意极不佳，经营了一年多还把多年辛苦积蓄的一点点血汗钱全部亏光了，商店只好关门，罗森沃德垂头丧气地离开纽约回到了伊利诺伊州。

痛定思痛，罗森沃德反复思考自己失败的原因。最后，他找出了原由：服装是人们的生活必需品，又是一种装饰品，它既要实用，又要新颖，这才能满足各种用户的需求。而自己经营的服装店，没有自己的特色，也没有任何新意，再加上自己的商店还未建立起商誉，那是注定要失败的。针对自己出师不利的原因，罗森沃德决心改进，他毫不气馁继续学习和研究服装的经营办法。他一边到服装设计学校去学习，一边进行服装市场考察，特别是对世界各国时装进行专门研究。二年后，他对服装设计很有心得，对市场行情也看得较为清楚。于是，决定重振旗鼓，向朋友借来几百美元，先在芝加哥开设一间只有10多平方米的服装加工店，他的服装店除了展出他亲自设计的新款服式图样外，还可以根据顾客的需求对已定型的服式进行改进，甚至完全按顾客的口述要求重新设计。因为他的服装设计款式多，新颖精美，再加上灵活经营，很快博得了客户的欣赏，生意十分兴旺。又过了两年，他把自己的服装加工店扩大了数十倍，改为服装公司，大批量生产各种时装。从此以后，他的财源广进，名声鹊起。

回忆以前的经历，罗森沃德说："在人生的游戏中，失败时常发生，每个人都别悲观，因为失败并不意味着没有希望，相反活用失败与错误，是自我教育和提高的有效途径。商场如战场，成功人士的背后可能有更多的失败和辛酸。"

罗森沃德还说："在面对失败时，对失败要持正确健康的心态，不要恐惧失败，要懂得失败乃是成功必经的过程；在面对失败时，焦点不要对着过错与失误！应该对准远大的目标，活用自己的过错或失误；面对失败时，千万不能气馁，要坚忍不拔，矢志不移；在面对失败，发现此路不通时，要设法另谋出路，使自己顺应环境，适应潮流；在失败以后，还要善于伺机，巧于乘势，等待机遇。"

第二章 每一步都清楚自己在做什么

——犹太商人推销细节二：制定明晰有序的行动步骤

制定一个切实可行的推销目标

犹太商人推销细节要诀

目标是方向，是既定的目的地，没有目标只能稀里糊涂地往前走。就好像射箭需要靶子固定目标一样，推销员在行动之前需要一个明确的推销目标，以此来引导自己的行为朝着一个固定方向前进。

《塔木德》上说："明确的目标就好像弓箭需要靶子一样，向空中射出一箭，需要一个靶子固定目标。"在工作中，有的人拥有一个战略性推销视野，有的人却带着"等着瞧，看到底会发生什么"的态度。你认为哪种方式可以使他们成功呢？

在犹太商人看来，优秀的推销员在推销之前不能没有明确的目标，如果没有的话，就好像没有舵的轮船，无论如何奋力航行，乘风破浪，终究无法到达彼岸。

事实上，目标不明、横冲直撞的推销员比比皆是。你若随便问一个人："你做这份工作是为什么？"大概很多人会这么回答："为了生计"或"为了挣钱"。

然后你若是问："你打算5年后有什么成就？"或"你打算5年内挣多少钱？"可能大部分人都答不出来，即使回答，许多人也是异想天开，并未实际考究过，他们的这种情况就是没有明确目标的心态。

犹太人有这样一句话："要想成为一个成功的人，首先必须要有明确的人生目标；要想成为一个成功的商人，要有明确的商业目标。"同样，要想成为一个成功的推销员，必须要有一个明确的销售目标。知道了目标的重要性，那么怎样制定一个切实可行的目标计划呢？

首先让我们了解一下目标的4种类型。

期限为1~30天的即期目标。一般来说，这是最好的目标。它们是我们每天、每周都要确定的目标，在我们为争取成功而做出努力时，它们能不断地给我们带来幸福感和成就感。

期限为1~12个月的短期目标。这些目标好比是马拉松运动员的公里显示标志，它能鼓舞你前进。这些目标提示你，成功和回报就在前方，鼓足干劲，努力争取。

期限为1~5年的中期目标。这些目标是你眼下最想得到的，如挣钱买小汽车、晋升销售主管等等。要注意经常检查和更新这些目标。

期限为5年、10年或15年的长期目标。专业推销员总是知道他的前进方向。长期目标很重要，但不要过于拘泥细节。东西离你越远，就越不重要。这里总的思想是，要有特定的目标追求。

制定目标计划，首先要把目标写出来。这样可以增加明确度，可以经常检查。你以前设定的目标没有实现的原因，是因为当你有一些梦想和目标的时候，只是在头脑里面去想它，然后没多久就忘记了。如果你把它写下来，你就会体会到"白纸黑字"的力量。试试这个方法，你会发现，非常大的转变将会在你身上发生。把你的目标写下来，要具体，而且加上期限，然后把它贴在门上、镜子上、书桌上、梳妆台上、床头柜上。当你白纸黑字写下来的那一刻，你就会发现，这时你的内心感觉，跟只有一个想法是不一样的。

设定目标要注意合理性。一步就能成功的目标没有太大的价值，因为太容易达到，所以激励作用不大，不会激发你的潜力，即使完成了，也没有什么成功的快乐。同样，好高骛远，脱离现实的目标也不好。制定一个"一周内赚100万元"的目标，对一个普通的推销员是根本不可能实现的。正因为它的不可能，如果你以实现这个目标为理想，到后来只会使你有失败感，这很容易挫伤你的自信心。

一般来说，制定远期目标可以大一些，但近期目标应该在"跳一跳，够得到"的程度比较合适。这样达成每一个目标，你都会跳高一点。一步一步地循序渐进，就会达到你最终的目标。比如：你可以将目标首先定为在某个期限内成为小组内前几名高手，进而在营业所内，再进一步到公司内、地区内，以至于全国。如果达到全国第一时，你就已经有了向更高目标挑战的功力了。

还要尽量减少定目标的事项，不要过于贪多，目标太多会分散你的精力，使你不能集中于一项目标。以房屋推销员为例，如果把年度目标设定为：在公司争取第一名的业绩；取得一级建筑师的资格；考取建筑物交易者资格；获得公司内部设计竞赛的奖次；提升高尔夫球的技术，这样多的目标绝对不可能达到。

制定目标要具体。注意，一定要给你的目标定一个期限！"有一天成为销售经理。""若干年后，个人收入达到100万。"这样的目标你会有什么感觉？事实上这只是一种积极的愿望，而不是可行的目标。

可行的目标一定要具体化。比如可以是这样的形式："用3个月的时间提高30%的业绩。""半年内将地区内占有率提高为20%。""本周要拜访50位客户。""今年个人收入要完成10万元。"这里不但要有完成的目标，而且还要有明确的期限。制定目标还要能够验证。把你的目标想清楚，别自己蒙自己。如果是抽象的目标，一开始要以自己的方式加以定义，然后再实施。比如"成为顶尖的推销员"，因为"顶尖推销员"这个名词无法界定，实施起来就会茫然。

再如为了提升业绩而设定"确保100名固定顾客"的目标时，重点就在于自己要先确定所谓"固定顾客"的定义究竟是什么。

为目标制定有效的行动计划

犹太商人推销细节要诀

有一个远大的目标时时激励着自己，固然是成功所必需的条件，但是，如果没有一个如何达到目标的详细计划，那就像是水中捞月，可望而不可即。

在犹太商人看来，目标虽然是让人产生动机的原动力，但成果是无法自动产生的。如果不安排周密的行动计划，目标很难实现。

犹太商人说："推销中的行动计划犹如罗盘，具有引导每日推销活动的作用，推销员可以根据行动计划来核对自己的工作状况，查看每天的销售方向是否有误。"对于那些长远目标，有时看起来好像稍高一点，但只要有健全的行动计划，长远目标也能变成现实。

首先，面对长远目标，要把它细分，细分到每周、每天都做哪些事。比如，你决定今年的销售目标是120万美元，那么，就做你的计划：一年12个月，平均每个月的销售应该达到10万美元。根据你以往的业绩，平均一家的销售额是5000美元，如果要达到目标的话，每月就必须销售20家。再统计一下，你拜访5家才有1家成功的概率，这样一来，你每个月必须拜访100家顾客，平均每周25家，平均每天4家，这4家未必都会接受你的推销，但是肯定会接受你的拜访，还有的由于各种原因，无法拜访，把这个概率也计算进去，因此，你每天的拜访名单上，应该有8家以上的顾客。这样你就知道今天该做什么了。

把一年、一个月、一周、一天的事情安排好，这也是对目标进行有效的计划。这样你可以每时每刻集中精力，处理要做的事情。这可以给自己一个整体的方向感，使自己看到自己的宏图，有助于达到目标。

但要知道，对于推销员来说，一日之计在于昨夜，不是在于今晨，每天晚上就应该写好明天早上要做的事情；一月之计在于上个月底，每个月底你就应该写好下个月你要做的一切事情；一年之计在于去年底，而不是在于今年年初。年底你就应该写好一切明年要做的事情，在明年的时候全部把它完成。这样一来，你在每天清晨，每月的第一天，以及每年的开始，都看到当时所有的任务，然后，把这个任务装在心里，指导当日、当月、当年的工作。

犹太青年巴布大学毕业后，满怀信心地投入了寿险推销工作。为了给自己鼓励，他规定自己每天至少要拜访5个客户。他想如果能坚持下去自己一定会成功的。由于新生活带来的巨大的积极性，巴布决心每天都记日记，把每一天所做的访问详细地记录下来，然后把第二天要做的事情也列出来，以保证每天至少访问5个以上客户。通过每天记录，他发现自己每天实际上可以尝试更多的拜访；并且还发现，每天要拜访5位客户，保持不间断，还真是一件不简单的事。在采取了新的工作方法之后的当月中，巴布卖出了3万美元的保单，这是他3个月的转正任务量。

为了尽量少地浪费时间，拜访更多的客户，巴布决定不再花时间去写日记了。但命运似乎捉弄了他，自从他停止记日记之后，他的业绩开始往下掉，几个月之后，他甚至到了难以想象的地步。巴布只好向公司的资深推销员求教，他向这位资深推销员讲述了自己的苦恼，对方并没有多说，只是向他讲述自己每天的工作计划及步骤。终于他明白了一个道理，业绩回落，这并不是因为他偷懒，而是因为自己没有规律地走出去拜访的结果。此后他又重新记工作日记了。

通过坚持写工作日记，巴布发现他每次出门的价值在不断地提升。在短短的几个月之中，他从每出门29次才能做成一笔生意上升到每出门25次就成交一笔，又以每20次一笔，直至每出门10次，甚至3次就有一笔生意成交。对工作进行了调整、分析之后，巴布感到要使工作效率得到更大的提高，就必须把生活和工作安排得井然有序。他说："安排好下次工作的计划是推销工作开始的必须。我必须花时间做好工作计划，我每次在下一次行动出发之前，找出旧的工作记录，仔细地研究一下以前拜访客户时说过哪些话，做过哪些事，再写下下次要做的拜访中准备说些什么内容，提出什么样的建议，整理出下次的行动计划。"

他发现要使一周的工作计划做到很充分，至少需要四到五个小时的时间去制定一个星期的工作计划。于是巴布将每个星期的星期六上午划出来专门做下周的工作计划，用他的话来说是做"自我规划"。这种做法使他的心态和工作效率有了很大的改观。对此，巴布说："任何事情都可能由别人代劳，唯有两件事情非要自己去做不可。这两件事一是自我思考，二是自我规划。"在接下来的一个星期，巴布严格地按工作计划去工作，每次出门的时候，再也不会因为毫无准备、没有目标而团团转了。他说："我从此可以从容地带着热诚和自信去拜访每一位客户了。因为有了星期六上午的计划，我每天都渴望能见到这些客户，渴望和我们一道研究他们的情况，告诉他们我精心想出来的那些对他们有帮助的建议。在一个星期结束之后，我再也不会觉得筋疲力竭，或者沮丧而没有成就感。相反地，我感到前所未有的兴奋，并且迫不及待地希望下一个星期早些到来，我有信心在下一个星期得到更大的收获。"

推销前详尽地调查客户资料

犹太商人推销细节要诀

推销成功与否与事前准备工作的程度成正比。推销员在与客户见面之前，必须要做一些准备工作。详尽地了解一些客户资料，要尽量熟悉对方的底细，甚至就好像与他有10年的老交情一样。

犹太商人认为，推销员在与客户见面之前，必须要做一些准备工作。虽然这种准备或基础工作很浪费时间，但必须得做。他们有句这样的话："推销成功与否与事前准备工作的程度成正比。"在他们看来，第一次见到客户，一定要熟悉对方的底细，就好像与他有了10年的老交情一样。

在犹太商人看来，在推销前详尽地了解客户的资料，可使推销员在推销中占据主动的地位。推销员对对方情况了解得越透彻，他的工作就越容易开展，甚至可以收到事半功倍的效果，这样成功的概率就很大了。

有一些推销高手，厉害到能把见到的陌生客户从头到脚地描述出二三十条细节出来，再通过细节归纳出他的个性、兴趣、收入、生活方式、家庭状况等一些特征，再来推销。这种观察本领，真令人叹服。当然，这种本事是需要经过不断训练，积累经验才能拥有的。

在推销工作中，优秀的推销员会把每一位客户看成未来开花结果的种子，要想种子结果，就要对其多加照看。所以他们就要善于收集顾客的资料。他们也把这些资料当作治疗客户"病情"的"药方"，以便做到对症下药，当进入推销阶段之后，专业推销员就能点出客户的问题所在，说出他的渴望、他的要求、他的担忧，然后向客户提供解决方案。当他们做了认真的准备后，客户就很容易接受他们提出的解决方案，不需要对客户做很多工作，客户会毫不迟疑地买他们的东西。

威特利寿险公司优秀的保险推销员犹太人凯蒂从她多年的推销经验中说出了事先调查客户资料对推销成功的重要性。她说："一个优秀的推销员，他首先必须是一个优秀的调查员，同时还要像一台高度灵敏的雷达，随时随地注意身边发生的事、身旁走过的人，眼观六路，耳听八方，绝不放过一条有价值的信息，以不断扩大自己的资料库，增加客户资源。"

凯蒂认为，不管是推销员找客户谈生意还是客户主动找推销员谈生意，一开始，最好要事先探知一些有关客户的资料。比如：客户长的是什么样子？他的整体外表、衣着打扮如何？开什么车？对待同事的方式如何？甚至要注意极细微的小地方，如手指甲、头发、鞋、手上戴的戒指和手表等等。

凯蒂是个细心的女人，有一天，她搭乘出租车去办事，车在十字路口遇红灯停了下来。有一部黑色高级轿车和她的出租车并列停在了路口。透过车窗玻璃，凯蒂看到那部豪华轿车的后座上坐着一位很有气派的男士，正在闭目养神。乘坐如此豪华的轿车，一定是一位大富豪，有很大可能会购买保险，凯蒂心想。于是，她乘机记下了那辆豪华轿车的车牌号码。当她办完事后，立即着手调查那辆豪华轿车车主的情况。当她得知该车是卡拉公司的之后，立刻打电话给那家公司。

"您好！是卡拉公司吗？请问贵公司××号码的轿车是哪一位先生搭乘的？"

"请问您是谁？您问这个干什么呢？"

"没什么，只不过今天在街上碰见了这部车，车内的那位先生很面熟，所以冒昧打听。"

"哦！请您等一下……是我们罗杰斯常务董事的车。"

"非常感谢您，请再问一下，他平常大约什么时候下班？"

"不一定，大约在5点至5点半左右。"

"谢谢！打扰您了。"

接着，凯蒂从办公室里找出各种各样的名人录、公司名录、电话号码簿及地图，开始对那位名叫罗杰斯的常务董事做全面调查了。经过调查她得知，那位常务董事毕业于纽约一所著名大学，在这家公司从基层干起，逐渐晋升到了今天的地位。

从资料上，凯蒂得知那位常务董事是一个名叫"美国旅馆招待者"组织的会员，于是她又开始了第三个程序的调查。这次调查是打电话到那个组织。

"请问是'美国旅馆招待者'组织吗？我也是本组织的会员，请问一下，您是否知道下一次集会的举行日期？"

"是在5月8日。"

"谢谢，我一定准时参加。对了，卡拉公司的罗杰斯常务董事也是我们的会员，您认识吗？"

"我和他很熟呢！"

"很久没有看到他了，他最近可好？"

"他看来身体很健康，你知道的，他为人幽默、风趣又热情，每次集会他都参加。"

这个电话又增加了凯蒂对那位常务董事的认识——幽默、风趣、热情。

凯蒂仍不放松，继续对那位常务董事进行更深一步的调查。

第四个程序的调查开始了，凯蒂来到那位常务董事的住处。那位常务董事的住所是一幢二层楼洋房，看起来还很新，突出的阳台，可俯瞰屋外的院子，院子里铺满了青翠的嫩草，并种了一些树木。那真是一幢令人心旷神怡的好房子啊！凯蒂看清了住宅的情况之后，就来到附近的杂货店，再打探情况。

"请问住那幢洋房的罗杰斯先生家，通常是谁来买东西？"

"有时是太太，有时是小姐。"

"哦！他家的小姐年龄有多大了？"

"唔！好像已在上中学。"

……

诸如此类的问题，只要有助于凯蒂深入了解那位常务董事本人及他的家庭的，她都尽量在住宅附近打听、询问，以便获得更详细的资料。调查工作完成之后，凯蒂就开始追踪那位常务董事本人了，这是第五个程序的调查。

因为早已知道对方的下班时间，所以凯蒂便在某天的下午在他公司的大门前等候那位常务董事。下午5点，那个公司下班了，该公司的员工陆续走出大门，每个人都服装整齐，精神抖擞，并愉快地在门口挥手互道再见。凯蒂认为这个公司员工不多，看来规模不大，但纪律严明，而且公司的上上下下都充满了朝气和活力。

5点半整，有一辆黑色的轿车出来了，仔细一看，正是那位常务董事的车。一会儿，常务董事出现了。虽然只见过一面，但凯蒂已经对他非常熟悉了，所以一眼就认出对方来了。看到那位常务董事上了车，凯蒂马上叫了一辆出租车追踪他。在车上，凯蒂想：他是直接回家吗？是不是去应酬喝酒呢？是去跟客户见面吗？为了弄清楚这些问题，凯蒂又锲而不舍地追踪下去了。

你也许会笑，没有那么严重吧，搞得像做间谍一样，但是，凯蒂认为这是很必要的，她说："如果推销员想把东西卖给一个人，他就应该尽自己的力量去收集那个人那儿与自己生意有关的情报，不论他推销的是什么东西，如果推销员每天肯花一点时间来了解自己的客户，做好充足准备，为推销铺平道路，那么，他就不愁没有自己的客户了，当然也不愁推不出产品了。"

必须预先设计好对付竞争对手的方案

犹太商人推销细节要诀

在推销过程中，推销员应当全面了解并掌握竞争对手的一些情况，然后根据竞争对手的情况制定有针对性的推销计划，这样才不至于在推销中落入被动竞争的困境。

在一般情况下，市面上同一类商品往往不止一种品牌，常常是一类商品几十种品牌，甚至上百种、上千种品牌，客户为什么非买你的商品呢？你怎么说服他们买你的而不买别人的商品呢？

在犹太商人看来，不贬低诽谤同行业的产品是推销员的一条铁的纪律。商谈的目的是要达成某种商务目标，而不是评价同行业绩。犹太商人说："不要讲同行业其他企业或公司的坏话。这不仅显示了一个人的修养问题，也反映了一个公司的精神风貌，客户对此十分注意。所以在推销中，必须记住，把别人的产品说得一无是处，绝不会对你自己的产品增加一点好处。"

"各卖各的货，井水不犯河水。"似乎可以说成是今天的销售原则。然而，不幸的是，按这种观点办事往往不是最佳战略。一个竞争厂家的牌子可能早已在准客户的脑子里占据了很大位置，用回避的办法是难以将它驱除的。但是，有些客户并不愿意主动谈论他们内心偏爱的另一种产品，因为他们害怕推销员会指出他们的偏爱有问题。所以，他们常常采用保持沉默的方式以求相安无事。这样一来，如果推销员决定要对付竞争对手，他首先就必须设法让客户把心中向往的另一种商品讲出来，并谈谈看法，以争取客户。

毫无疑问，避免与竞争对手以硬碰硬是明智的。但是，要想绝对回避他们看来也不可能。但如果推销员主动攻击竞争对手，客户开始也许会这样想：他一定是发现竞争对手非常厉害，觉得难以对付。或者：他对另一个公司的敌对情绪之所以这么大，那肯定是因为他在该公司手里吃了大亏。最后客户下的结论就会是：如果这个厂家的生意在竞争对手面前损失惨重，他的竞争对手的货肯定比他的好，我应当先看看别家的货，再决定买不买他的产品。

有时，即使客户先讲其他公司的坏话，也不要随声附和，讨好客户。客户讲其他公司的坏话，无外乎有两个目的：一是通过讲其他公司的坏话来达到吹捧你公司的目的。你如果随声附和，很可能会上当，到最后发现自己落入了对方的圈套之内。二是如果你随声附和，客户可能会因此瞧不起你的公司，认为信誉不佳，因而使商谈半途而废。所以即使客户先讲对手的坏话，推销员也要慎重考虑自己的言行。当客户讲同行坏话时，不妨轻轻为其掩饰，用话一带而过，顾客反而会认为你很有自信，相信你的公司一定会比其他同行更有优势，从而更愿意与你合作。

如果客户称赞同行公司，不要加以否定，这样很容易引起对方反感，倒不如也随之称赞别的同行公司。有时候，客户已经买过了竞争对手的产品，这时推销员在评论其产品时就必须特别小心了，因为批评那种产品就等于是对购买那种产品的人的鉴赏力提出怀疑，这样，客户就会对你产生一种厌恶感。

那么，在推销中，面对竞争对手的产品应怎样对待呢？一个推销办公室档案设备的女推销员做的就很恰当，她设法说服一家客户全部更换了原有的档案系统，重新装起一套价值近2000美元的设备。她没有让客户觉得他安装第一套设备时不够明智，相反，她还为此恭维了他，只是巧妙地证明了由于生意的扩大、条件的变化和新的办公器具的出现，不赶快更新就要落伍了。

另外，当竞争变得异常激烈的时候，也可以采用直接对比试验的方法来确定竞争产品的优劣，比如在销售配件农具、油漆和计算机时就可以这样做。如果你的产品在运行起来之后客户马上可以看到它的优点，采用这种对比试验进行推销就再有效不过了。

以色列有家螺丝厂，生产技术和设备都属一流，产品的质量也远远超过市场上的其他同类产品。但由于生产成本高，产品售价要高出同类产品三成左右，这就给产品的推销带来了一定的难度。这个厂的推销员走了不少弯路，吃了不少苦头，最后还是见效不大。

后来，终于有个名叫尼奥的推销员想出一个办法，尼奥每到用户那里，就客气而又坚决地要求对方将该厂的产品和用户常用的其他厂家生产的螺丝同放在一盆盐水中，浸泡一会儿，然后再一同取出晾在一旁，并向客户说明下周再来看结果。过了一周，尼奥再度登门，经过盐水浸泡的螺丝只有他推销的那种没有生锈，其余的都已锈迹斑斑。这时，尼奥不失时机地将本厂的生产技术和设备的先进之处、产品的优越性，以及产品价格为何高于其他同类产品的原因，向客户做详细的介绍。他又与客户算了笔账：该厂螺丝价格虽然高于同类，但由于质量过硬，折旧率低，还是合算的。特别是该厂的螺丝质量无可挑剔，使用安全可靠，这一优点是其他同类产品无法比拟的。经过实际试验和尼奥的详细说明，几乎所有的用户都心服口服，自愿改用了该厂的螺丝。

总之，在推销过程，推销员应当全面了解并掌握竞争对手的一些情况，推销员外出执行任务时，会不断地听到关于他人产品优点和自己产品弱点的议论，可以把收集到的信息汇集研究，从头至尾重新制定自己产品的推销计划。这样才不至于在推销工作中落入被动竞争的困境。

敢于用较长的时间准备大生意

犹太商人推销细节要诀

要想做成大生意，就要付出更大的努力，敢于用较长的时间去准备。那些善于做大事的推销员，在等待时机来临之前，总能不动声色地运行好计划工作，然后等待时机，伺机而动。

在犹太商人的眼中，绝大部分的推销员总有这样一个特点：第一次在见到客户时就急于销售他们手中的产品；或是面对一宗大买卖，想在最短的时间里就把它拿到手。而结果却往往是令他们遗憾。而另外一小部分有远见的推销员，特别是那些善于做大事的推销员总能不动声色地运行他们的计划，等到万事俱备，又来东风的时候，他们就会抓住时机，一举成功。而此时，那些目光短浅的人还只会叹惜他走运呢！

这也好像我们经常说的"放长线，钓大鱼"一样，要想"钓"到大客户，必须要事先提前做好一切铺垫工作，等到时机成熟，就可以伺机而动。

下面就是一个为长远利益做打算的例子，我们不妨感受一下那种着远于长远目标的广阔胸怀。

美国人泰瑞·威廉姆斯，早年供职于《箴言》杂志，从事推销和公关工作。由于杂志社的支持，他在组建了自己的公司后仍在《箴言》杂志社任职6个月之久。1988年，他组建了自己的公司——泰瑞·威廉姆斯公共关系代理公司。埃迪·墨菲是他的首位客户，此外还有珍妮特·杰克逊、辛伯德等好莱坞大牌明星。

早在1980年，泰瑞就认识了有一定名望的演员迈尔斯·戴维斯。可是当时，他并没有想到这对他的生活会有多么重大的影响。那时，泰瑞在纽约医院进行社会公益活动，而迈尔斯则刚刚在纽约医院做完手术。他引起了泰瑞的好奇，后来泰瑞提出要去拜访他。而他答应后，泰瑞便自我介绍了一番。此后，泰瑞每天都去看他，等到迈尔斯出院时，他们已成为关系非常好的朋友。

他们经常保持联系，一天，泰瑞收到了迈尔斯的妻子西塞莉·泰森的请柬，邀请他去参加迈尔斯的60岁寿宴。这次宴会只邀请了他最好的朋友，这对泰瑞而言真是荣幸之至，宴会将在一艘游艇上举行。

宴会上，泰瑞结识了埃迪·墨菲，他们简短地互相介绍了一下，并没有过多地交谈——仅仅是互相问候一声"你好"。同样也遇到了肯尼迪·福瑞斯和埃迪的堂兄——雷·墨菲，他们都与埃迪一起工作，泰瑞非常高兴地同他们聊天。当游艇开到码头，宴会结束时，他们说："泰瑞，今晚埃迪在卡门迪俱乐部有表演，你愿去吗？"

"好啊，我当然愿意！"泰瑞答应道。

埃迪表演得相当不错。节目过后，泰瑞与肯尼迪和雷一起参加晚会。只是埃迪也许还有别的计划，因为那晚泰瑞就再也没有看见她。对于这次令人难忘的晚会，泰瑞说：

"如果换了别人，他可能只认为那是个很好的晚会、他同两位志趣相投的伙伴在卡门迪俱乐部度过了非常有趣的一晚。但我并没有这么做，我仍然继续与朋友保持联系。回去之后，我立刻给他们去信，对他们在我到西海岸出差时的热情招待表示衷心的感谢。"

泰瑞过去常常订阅近百种杂志，近一打报纸，但他一般只看那些他喜欢看的事。当某位明星或者名人提到他或她对某一特殊领域有独特兴趣时，泰瑞便将它记录下来，然后输入计算机。于是，只要读到认为可能引起那些人的兴趣的东西，泰瑞就将文章寄给他们。泰瑞一直这样做，尽管他没有一个确切的概念，这样做究竟有什么目的，但他感觉到早晚它会派上用场。

泰瑞有埃迪·墨菲的地址，也知道联系电话号码，自然读到认为可能引起埃迪和另两个朋友兴趣的文章时，他也都给他们寄过去。这些文章包括泰瑞看到的各种内容，例如音乐、电影、电视，这正是他与他们保持联系，让他们记得他的一种方式。

两年以后，泰瑞逐渐同埃迪·墨菲和他的同事们建立了一种比较密切的关系，肯尼迪邀请他去参加了一些聚会，他也逐渐为埃迪·墨菲的圈内人士所接受。

有一次泰瑞受邀参加了埃迪的第一次音乐剧的拍摄。影片取得了很大的成功，同时埃迪也随即成为世界最具票房价值的人物。不久，泰瑞又参加了一部影片的首映式。有一位妇女自我介绍了一番话，泰瑞的第一个反应是对方这么做是想知道他为什么会参加影片首映式，事实上，以前他们曾在电话里交谈过一次。在这次见面时她说："我听说埃迪正在寻找一个公关代理人。"谈话进行到这里，泰瑞感觉到机会正向他走来。他说：

"她这话一出口，我就明白我将成为埃迪的代理人。但麻烦的是，我不知道该如何去让它变为现实。事后，有人认为这是一个野心勃勃的目标，但我仍然希望成立一家公关代理公司,而且有世界最具票房价值的埃迪成为我的第一位客户,这就是对我最大的支持。"

泰瑞所做的第一件事就是将尽可能多的背景信息综合起来,主要是那些能够担保他的工作标准和传播能力的人士。在给埃迪的信中,泰瑞写道:"我们交往了几年,但你可能还没机会了解到我的工作是做什么的或者是如何工作的。"他简单地介绍了一下自己的工作,然后列出了自己在《箴言》杂志社所遇到的工商界、政界和娱乐圈的朋友,也就是那些他认为会推荐他的人。泰瑞非常清楚地表示,希望自己能成为埃迪的公关代理人。一旦把自己"包装"好了,泰瑞知道,他还必须让埃迪意识到他是最佳的人选。

一个月过去了,埃迪并没有回信。于是泰瑞决定给她家打电话。是雷·墨菲接的电话,一如既往,他非常热情地跟泰瑞打招呼:"嗨,泰瑞,是你!"

闲聊了一会儿,然后雷说:"埃迪就在旁边,她想和你谈谈。"

埃迪的声音传来,令泰瑞高兴万分:"泰瑞,我收到了你的信,我非常高兴由你代理我的公关宣传。"

真是令人难以想象,就这样简单,泰瑞成功了,这简直有点让他不可思议。但是,泰瑞感觉到一定会有自己的公司了。现在终于有机会代理埃迪·墨菲,她成为泰瑞的第一位客户。

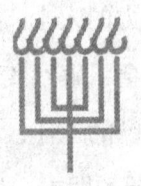

第三章 把东西卖给尽可能多的人

——犹太商人推销细节三：构建强大的客户资源网络

拓展客户群是推销的第一工作

犹太商人推销细节要诀

客户开发是其他销售环节的先决条件。如果你不能有效地开发客户和拓展业务，你也不可能会见潜在客户，向他们推销所需的产品，完成销售并提供优良的售后服务，那你也不可能在其他销售环节中取得成功。

客户是推销员的利益所在，现代化企业经营最终的通路都会在客户的身上显示出成效。如果你不能有效地开发客户，那就不可能在销售中取得成功。倘若缺乏有效的客户开发术，你面对的将是一个半途而废的结局。

犹太商人把客户分为三种：一是老客户，即已经推销成功的客户；准客户，即有待成交的客户；潜在客户，即有待发展成为准客户的人。一个推销员要想事业有所发展，必须处理好这三个方面的关系。推销路上，不忘老朋友。犹太商人说："优秀的商人永远不要做猴子掰玉米那样的蠢事。"

当你检查今天的访问时间表时，你也许会说："我今天不必再浪费时间去看格林先生了——他在以后 5 年中不会再买我们的货品。"如果你还想成为一个顶尖的推销员的话，不要这么想。全世界的推销经验都证明，新生意的来源几乎全来自老顾客，几乎每一种类型的生意都是如此。

犹太商人认为老顾客是一个可以带来新顾客的最佳途径。如果你觉得过于在老顾客身上用时间很累，那好，你的竞争者是不会怕累的。也许不久以后，彼特先生成了他的客户。也许他不会在短期内买你的产品，但是他对你仍然是有影响的。你应该让他成为你人脉链上的一环。他身边可能还有一些潜在顾客，潜在顾客身边还有另外的潜在顾客……鸡生蛋，蛋生鸡……重视老顾客还可以让他成为你的活广告。犹太商人说："几乎没有任何一种广告宣传能够比产品使用者的口头宣传更有效。"

顾客并不是只向推销员买一种产品。如计算机的推销员5月向顾客销售了计算机，10月可能说服顾客买了一套人事档案管理软件系统，12月顾客可能打电话给他，问能否提供一套库存管理软件。企业在发展过程中，会不断推出新产品或换代新产品。这些新产品的推销对象可能没有多大的改变。

日用化妆品的推销员沃尔夫，由于是新手，又摸不清客户的心理，因此推销结果很不理想，一连几天都没有把东西推销出去，他心里焦急万分。一天，他又在一家商店推销，正好碰上了3个月以前推销过的老客户雅黛尔。

他们打过招呼以后，雅黛尔说："沃尔夫，上次你给我推销的那种化妆品快用完了，怎么好长时间不见你了，我正准备再买一些呢？"这个消息令沃尔夫很吃惊。

接下来他们继续谈话，雅黛尔说："最近销售得怎么样？"

沃尔夫说出了他的困境。

"这样吧，我正好认识一个人，他是家百货化妆品部经理，我给你写份推荐信，他一定会要你的产品的。像这样物美价廉的商品，现在市场上已不多见了。"

沃尔夫高兴极了，拿着信去拜访了那位经理。

"现在化妆品比较走俏，市场也很大。"经理看到信后说。

"是呀，但是正是由于这一点，许多厂家纷纷推出一些化妆品，致使市场鱼龙混杂，顾客很难找到好的产品，同时，好的产品由于一些因素，也不为顾客所了解。"

"你说的对，我听雅黛尔说她用了你的化妆品后，感觉很好，我想，她的感觉也是顾客的意见，所以我决定订购一些。"

于是，沃尔夫得到一笔大订单。

以后，沃尔夫又走访了一些老客户，结果又得到了一笔订单。经过这些事后，他激动地说："与朋友和客户保持联络，甚至是只见过一面的人都可以使你获得更多的客户资源。"

那么怎样维护好老顾客呢？在工作中要把一部分精力放在老顾客身上。有很多考虑欠周到的推销员常常失去不该失去的生意，因为他们太忙于兜揽新的生意，而没有采取适当行动处理成交之后的细节问题。当然，这样的推销员最终也会以同样的原因去忽视那些新的交易。

切记，再度拜访老顾客，是很重要的工作，即使不做售后服务，打一个表示友谊的问候电话也可以，养成再度回去探望顾客的习惯，你会拥有无尽的"人脉链"！

也可以打电话或回访客户对商品的感受，看看他们是否有疑难杂症需要帮忙。保持这种习惯，至少每年一次。

顾客生日也可以去庆祝一下，经过客户家门，也可以顺便问候一声。这些都是与老顾客联系的好方法。

有些时候还需要告诉他们各种相关的好、坏消息。如推出新的型号、价格调整等等。

在维护老客户关系的同时，也不要放弃准客户。准客户的数量，肯定远远大于老顾客的数量。你不能忽视他们，与准客户建立良好的关系十分必要。在未成交的顾客中，有一部分确实没有希望，但还有相当一部分，仍然有希望，今后随时可能成为你的客户。没有成交是由多种原因造成的，有的是暂时缺乏足够的购买能力，有的是已有稳定的供货渠道，有的则纯粹是由于观望而犹豫不定，这种情况很多。

情况有时会变化，成交障碍消失，潜在顾客就会采取购买行动。如果你在初次访问失败之后，没有着手建立关系，那么就无法察觉情况的变化。当他有了购买行动时，他就成了别人的顾客。这是你的过失。

推销不是一次访问就能成功的。如果每次访问之后，你不主动与顾客联系，就难以获得更有价值的信息，就不能为下一次访问制定恰当的策略。在顾客拒绝你之后，如果你从此不再与顾客接触，不与之发展关系，也就失去了改变顾客态度的机会。而如果利用第一次访问的契机，发展与顾客的关系，逐步培养个人之间的友谊，就可能改变顾客原来的认识，更有机会说服顾客采取购买行动。

那怎样与未成交顾客建立关系呢？

首先，要有重点。你不可能在每一个未成交顾客身上都花费大量精力和时间，所以你必须选择那些符合条件的未成交顾客，作为发展关系的主要对象。在推销中要剔除那些根本没有需求的顾客，然后根据购买量、购买能力、近期购买的可能性等标准，找出重点建立关系的对象，把主要精力放在他们身上。

其次，必须从最初的成交努力失败那一刻开始建立关系。面对初次努力的失败，你一定要表现正确的态度，感谢顾客给予我们的宝贵的机会，为建立良好关系打个好底子。

再次，不能急功近利。在发展关系的初期，除非顾客主动提出，否则你不应在时机不成熟时试图让顾客采取购买行动。而应把工作重点放在保持联系、建立友谊和搜集信息等方面。

最后，在适当时机向顾客请教，了解上次成交努力失败的原因。顾客从买者的角度所做的分析，对改进成交策略与技巧将有很大帮助。

善于在陌生人当中寻找你的贵人

犹太商人推销细节要诀

向你所遇见的每一个陌生人展示你的商品或服务。有时，顾客对推销员推销的产品缺乏了解，或是推销员推销的是新产品，选择陌生拜访是增加准客户的一个极为重要的途径。

从陌生人那里开发客户是犹太商人的拿手好戏。陌生拜访实际上是一种普遍的方法，推销员要时时刻刻想着去结交陌生人，并取得他们的信任，然后把其中的一部分变成了自己的客户。

进行陌生拜访前，你应打破不必要的心理障碍。人是最高级的情感动物，你为他人献出一个真诚的笑脸，几句和美的关爱话，即使他对你所推销的产品给予拒绝，但他已知道你的产品了，并且认识了你——这比什么都重要。当再有第二个、第三个这方面的推销人员上门时，他首先想到的是你！

挨户推销，虽然辛苦，但是对推销员而言，这是一个磨炼的好办法，也是最有效率的方法。

开始时先固定一定的范围，以街道或行政区域为原则，不分对象采取密集式挨家挨户的访问，搜寻可能接受或者有购买商品能力的客户群。

基勃乐在最初加入保险推销的那一年夏天，参加公司组织的旅游会。他在车站上车时，正好看到一个空位，就坐了下来。当时，那排坐位上已经坐着一位三十四五岁的妇女，带着两个小孩，大的约有6岁，小的约有3岁。他知道这是一位家庭主妇，于是便动了向她推销寿险的念头。

在列车临时停站之际，基勃乐买了一点小礼物，很有礼貌地赠送给她，并同她闲谈起来，一直谈到小孩的学费，还打听到她丈夫的工作内容、范围、收入等。

那位妇人说，她计划在车站住一宿，第二天乘快车回家。基勃乐答应可以帮她在车站找到旅馆。由于此地是避暑胜地，又时逢盛夏，出来旅行的人要想找旅馆是相当困难的。那妇人听后非常高兴,并愉快地接受了。当然,基勃乐也把自己的名片巧妙地给了她——在背面写着介绍住店的内容。

两周之后,为了见到她的丈夫,基勃乐前往她的住所拜访。而就在那天,他的推销获得了成功。

如果你是刚踏入推销行业的推销员,手头上没有几个准顾客,在这个时候,你就采用挨户推销法。下面是一个推销员的做法,可以领会一下其中的精神。

第一天:采取地毯式挨家挨户推销。15户访问完毕后回家休息。

第二天:接着第一天的时间,从第16户开始挨家挨户推销,访问到第30户完毕后再休息。

第三天:继续第二天的访问,从第31户开始挨家挨户推销,访问到第45户完毕后再休息。

第四天:对第一天所访问过的15户,在这一天进行第二次访问,前往催促。

第五天:对第二天所访问过的15户,在这一天进行第二次访问,前往催促。

第六天:对第三天所访问过的15户,在这一天进行第二次访问,前往催促。

至于第七至十二天,所做的工作与第一天到第六天完全相同,只要重复做一次就行了,不过访问的对象要更新。

记住,买或是不买的决定权是操在客户的手中,你事先无法判断,所以你不能任意选择自己喜欢的大门去敲,你要挨家挨户地拜访,不要想:这家不可能会买我的货。

这种逐门逐户的推销方法是大面积作战的无重点推销。如果人为地定下重点,有选择地进行,你就会养成避难就易的毛病,这是陌生推销中的大忌。所以在陌生拜访时,从一开始就养成这个习惯,一家也不要漏!

在陌生拜访中,有些办公楼、住宅楼的大门挂着"谢绝推销"的牌子,

好多推销员见此就放弃了。

可是，聪明的推销员则会认为这类情况推销成功率更高，因为很多推销员一看到这样的牌子就自动打退堂鼓，所以，这类人家一定很少遇见推销员，当然不习惯和推销员打交道，说得更明白些，这类客户比一般人更不懂得如何向推销员说"不"。这类型的客户通常拙于应付推销员，以至于常购买一些不是真正需要的物品。这类型的客户通常都是有钱人家，要不就是出手大方的人家。要是没有钱，死咬着"没有钱"这个理由就可以拒绝推销员了，根本不会特意去订做这个牌子。此外，若是小气的客户也不可能花钱去订做，一定会觉得那是种浪费。

所以基于上述理由，大门挂着"谢绝推销"牌子的客户，反而更值得推销员一试。

年轻的推销员雷兹走进一家商务楼，来到一间办公室门前，虽然门前挂着"谢绝推销"的牌子，但他还是按了这间办公室的门铃。

"请进。"

顾客抬头打量了他一下，问："你找谁？"

"就找您行吗？"雷兹面带真诚的微笑。

"找我有什么事？"

他没有直接回答顾客的提问，而是说："当我进门的时候，看到您一脸和气，但我心里非常紧张，不知道您会不会听我的讲话？"

"没关系，你讲。"

"请问先生，为什么你的门外挂着一块'谢绝推销'的牌子？"

"因为，每天来我们这里的推销员很多，影响我们正常的工作。"

"原来是这么一回事！那挂上此牌后是否推销的人就少了呢？"

"是的，少多了。"

"那请问先生，你们一般在什么时间比较空闲？"

对方像是恍然大悟似的笑了。"我们一般在下午3：30有时间。"

"这样吧，我明天下午3：30再来行吗？"雷兹微笑着等顾客回答。

顾客看着雷兹，被他的微笑感染了，也微笑着回答，"明天我外出，后天吧。"

虽然做陌生拜访很辛苦，但是最重要的是贵在坚持。所以，推销员要在当天有一个明确的目标，要充满信心，一旦走出公司，就不要考虑到"先休息一下，再……"

即使只想休息10分钟，那么由于你的目标不明确，信心不足，10分钟就可能会被延长到20分钟或者半个小时。而这时那些消磨你信心和意志的念头就会不知不觉地出现在你的脑海里。

所以，早晨只要开始工作，就要义无反顾地向目的地前进，拜访客户，聚精会神。

充分利用你的亲友团来帮助你推销

犹太商人推销细节要诀

巧妙动用老朋友、老关系进行推销。运用这种关系可以很容易切入主要话题，减少许多不必要的时间浪费，这些关系由内而外有亲戚、朋友、同事、同学、邻居、同宗等等。运用这些关系可以拉近彼此的距离，只要能够掌握好，准客户就在眼前。

犹太商人中流传着这样一个寓言：有个傻子骑在驴背上数他的驴群，结果总是少了一头，即是他自己骑的那一头。寓言的主旨告诉人们：做生意，搞推销，眼睛往外瞅的同时，千万别忘了你的朋友和家人。如果你是食品推销员，别忘了他们也同样需要吃饭；如果你是日用品推销员，别忘了他们一样也需要洗澡……然而，这却是我们最常犯的错误。到处寻找客户，到处拜访，却忘了自己的邻居、家人和朋友。

许多人不向亲人朋友推销的原因，不是因为他们没有意识到亲人朋友的需要，而是一些有害的观念在作祟。有的人认为，业务员的高超推销技巧、良好的推销素质，应体现在与陌生人、大的团体交往上面。也有的人认为，推销不是一种体面的工作，向亲朋推销，是一件丢面子的事。还有一些人认为，兔子不吃窝边草，不能赚自己人的钱。由于各种原因的作祟，所以他们迟迟不肯对亲人朋友"下手"。

巴甫罗德有一个很要好的朋友，叫艾迪，是一家汽车公司的业务经理。巴甫罗德起初并没有告诉他的朋友他改行做寿险推销了，他觉着如果让艾迪买保险单会很不好意思。可是后来一个偶然的机会，他认为那样想是大错而特错的。因为一次和艾迪在一块儿吃饭时，无意间说起人寿保险时，艾迪说他一直想买一份保险，可没有时间和时机。

巴甫罗德听到这儿，心中一惊一喜。惊的是"有心栽花花不成，无心插柳柳成阴"，喜的是"踏破铁鞋无觅处，得来全不费工夫"。于是，他告诉艾迪，说自己改行干寿险推销已有一阵子，只是觉得不好意思，没有向他拉保。

艾迪哈哈大笑说："这有什么不好意思，寿险如同生活必需品，从哪儿都是买，从朋友处买，还可以更放心。"巴甫罗德就这样顺利地做成了他的生意。

后来，巴甫罗德说："做推销不要拘泥于面子的栅栏内，你的亲朋好友也是潜在客户的一个缩影，要知道他们也需要你的产品，而你也需要他们这样的知心客户。"所以，不要忘记了你的亲朋好友也可以成为你的客户。

在寻找潜在客户时，你可以先画出你日常的朋友圈，面要尽可能的广。列出每一栏中所认识的人的名字，有多少写多少。尽力想，假设每想起一个名字可得100元，看能写出多少。名单列出后，要慎选突破口。找出最容易成交的"朋友客户"。因为你对他们的收入状况，身体状况，工作风险状况，接受新观念的程度大小等各种情况都有一定的了解，所以不难做出决定。然后定好拜访日期，按先易后难的序号逐个拜访。

在犹太商人看来，请你的亲朋好友或买过你商品的人或虽然没有买但是对你或你的商品表示好感的人，不断地介绍他们的熟人给你，这是寻找新客户的又一好的办法。毕竟个人的人际关系和直冲市场的精力都是有限的，要迅速有效地开拓自己的业务，必须要借助别人的力量。这种力量的来源，就是转介绍。让每一个你所认识的人，把你带到你所不相识的人群中去，这就是转介绍法。

转介绍还可以无限地向下发展。通过新结识的朋友再为你介绍，"关系"就可延绵不绝。故此这种方法也可以称之为"连锁反应"法。这种好像化学上的"连锁反应"，一个介绍两个，两个带动四个，从而使客户源源不断，推销日趋扩展。

但是，和他们建立友谊不是件轻而易举的事情。它需要你富有耐心、爱心、信心、真心、执着的热情及诚恳的态度对待他们，感染他们，唯有如此，你才能借助"转介绍"之舟，横穿茫茫人海，寻找最佳准客户。

请求客户或熟人介绍其他人，最大的优点是使被介绍人有信任感，商品推销中客户的信任感正是促使客户购买的第一要素。

一个意气消沉的年轻推销员向他的售销主管请教。他说他搞计算机推销已经一年半了，刚开始做得还不错，但后来就不行了，感觉到没有市场了。销售主管向他提了几个问题，发现年轻人对许多准客户都浅尝辄止，浪费了许多资源。

销售主管告诉他说："你只做到事情的一半，回去找你卖过计算机的客户，由每个客户那里至少得到两个介绍的名单。记住，在你卖给一个人商品之后，再没有比你请求他介绍几个人的名字更重要的事了。此外，不管你和准客户推销结果如何，你都可以请他们替你介绍几个朋友或亲戚。"年轻人高兴地告辞了。

6个月后，他又来到销售主管的办公室，热切地告诉他说："这些日子来，我紧紧把握一个原则：不管面谈结果如何，我一定从每个拜访对象那里至少得到两个介绍名单。现在，我已得到500个人以上的名单，这比我自己四处去闯所得的要多出许多。"

"你的业绩怎么样？"

"我已经卖出了几百台计算机，这是以前任何时候我所没有的成绩。转介绍无限倍增的魔力，改变了我的营销模式。"

不过要注意的是，请求别人介绍，要注意适当的方式，要根据不同的对象，采取不同的说辞。

征询他人转介绍时，不要觉得难为情。其实，请求别人帮助，和向别人推销一样大胆、无畏和保持热情是首要的。为了增进被介绍对象对推销员的信任，推销员让介绍人写一张介绍卡或介绍信也是一个很好的办法。如果可以的话，让介绍人领着你去拜访那位被介绍者，这是再好不过的事了。但如果遭到介绍人拒绝时，你可以说："没关系，我想我了解你的感受，你把你朋友的名字告诉我，我不在他面前提及你就是了。"

当被介绍人问你"你从哪儿知道我的名字"时，你可灵活应对。如果在此之前，介绍人叮嘱你不要告诉是他介绍的话，你可以这样说："先生，我的工作就是与人打交道，我要处理很多保密材料，必须遵守别人的保密要求，只要我的确知道您就行了。反过来，我也可以为您保密，如果您能告诉我您的许多朋友的话。"最后，拜访成功后别忘了向你的介绍人表示感谢。你可以这样说："请您介绍××先生、他的部下或他的朋友给我认识好吗？"

或者："您认识最近要搞装修的家庭吗？"

"您认识像这样的顾客吗？"

"您认为在你的朋友当中，谁还比较需要这种产品？"

"您休闲时做什么呢？提供几位朋友给我认识好吗？或是约个时间一起活动活动。"

"您对我的服务还满意吗？我想请您帮个忙。公司安排我做一个今年医疗花费的调查，您把您认识的人中今年生过病的名单提供给我一些好吗？"

如果客户愿意多讲，就可以继续问下去，比如，他的年龄、收入、家庭状况、爱好、脾气等等，只要对方愿意，问得越详细越好。

尽一切可能通过社交打开局面

犹太商人推销细节要诀

最好的推销方法，就是多认识一些人。当然，你要用热情与坦诚去跟他们问好。要想得到更多的客户，就要多去结识人，就要尽一切可能打开社交局面，并让别人知道自己所从事的职业。

广义地讲，人与人之间打交道便是社交。社会是由人组成的，人与人之间的交往关系，则构成社会关系。可见，社交于人于己乃至社会都是重要的。

缘于社交，社会才充满活力与激情；缘于社交，世界才多了一份爱心与关怀；缘于社交，你我才感觉到生活中的真善美远远强大于假恶丑；缘于社交，你我才懂得帮助别人、爱护他人，才能帮助自己、爱护自己。

社交同时是一种社会的行为艺术，它需要的不是虚假、诈骗、险恶、利用等伎俩，而是坦诚、热情、爱心、优美与帮助。真诚、高尚的社交，有助于你走向成功；阴险、功利的社交则会使你走向毁灭——即便你有所成功也只能是昙花一现。

许多功成名就的大富豪、商业巨子无一不是成功的社交家。美国有名的犹太商人巴罗说："最好的推销方法，就是多认识一些人。当然，你要用热情与坦诚去跟他们问好。"犹太商人认为，要想得到更多的客户，就要多去结识人，要尽一切可能打开社交局面，并让别人知道自己所从事的职业。

当你走进一个典型的商会活动时，你基本上每次都会见到同一个画面：大多数参加者都坐在吧台旁或在冷盘前逡巡，他们喝一点酒，吃上点东西，彼此说着话，而且他们绝对不是在做生意，可能某些方面更像个不错的舞会，但是许多人都把这种活动美其名曰建立准客户网络，他们相信他们正在做生意，因为他们处身于这个活动，做的最有成果的事就是每隔一会儿结识一些不认识的人并且交换名片。

在这里，不管何时，你必须做一名"真诚的政客"。以既真诚又有信心的风采出现；保持开朗，不过别显得异常活跃及伶牙俐齿；做个好人，多对你周围的人报以真诚的笑脸。"一张带笑的脸能让人如沐春风。"别吝啬说"您早""晚安""再见""您好"。

向一些新人做自我介绍。非常重要的一点就是把自己介绍给那些有影响力的中心类型的人。这些人有非常庞大而且颇具威望的影响范围。一般情况下，这种影响力中心类型的人在这个社区待了很长一段时间。人们认识他们，熟悉他们，喜欢他们，而且相信他们。这些影响力中心人物自己不一定在生意上很成功，不过关键在于，他们认识其他许多你想认识的人。

所以设法一对一地结识这个人。如果这个人总是被那些追随他的人团团包围着，那么，你又怎么做到这一点呢？基本办法是当你在房间其他地方时，把你目光始终放在那几个有影响力的中心人物身上。最终他们中的一位会准备离开，也许是去洗手间，去拿一杯鸡尾酒，去冷盘桌，或者，甚至去认识一个新人。等待你的机会，然后走上前向那个人介绍你自己。

在基本介绍完毕后，建议把你谈话时间的大部分用在询问这个有影响力的中心人物的生意上。

所以不要主动谈你自己或你的生意。你所需要的就是在与有影响力中心人物第一次交谈时，给他或她留下一种印象，这种印象可以激发出他或她去认识你、喜欢你和相信你的感觉，而这种感觉在培育一种互惠、双赢的关系中不可或缺。你可通过谈话做到这点，谈正确的话。也可以把你才结识的人介绍给其他人，最好是他们彼此能互惠互利的人。

你在这种活动中应该能认识几个有价值的人，所以不妨让他们彼此认识。这个叫作"有创意地做媒"。把你自己定位成一个有影响力的中心人物，一个认识各行业中领军人物的人。人们会对这个有所触动，你也因而会很快成就你的愿望。给予每个人一个很好的介绍并且解释他们的生意。建议并介绍他们彼此为对方寻找线索的方法。他或她是如此地被震动！这个中心人物会觉得你对他或她确实很关心，你确实在倾听他或她的谈话而且记住了他们。这会显示出你身上的真诚关心，因而他们也更愿意帮助你。

一个好的小手段就是找出一个理由礼貌地半途从交谈中离开，留下他们两个人交谈。猜猜他们一开始会谈什么和哪一个人？一定是你，因为他们对你是如此地印象深刻。另一个保证你结识的人确实和你能互惠互利的办法就是把自己介绍给那些与你目标市场有关的人。比如，你正在不动产市场里创造一个利基市场，显然你希望结识不动产经纪人，特别是有强大影响力范围的经纪人，并且和他们建立准客户网络。你如何在你自我介绍之前知道这个人是一名不动产经纪人呢？拿出你的创意。如果可能的话，你可以查看一下来客名单，查出谁做什么。向其他可能知道谁是不动产经纪领域有影响力的中心人物的人询问。

另一个办法是看姓名标签。当你经过某人时，你可能会在他们姓名标签上瞥见一个不动产公司的名字。或者你可能无意中听到他或她和别人的谈话，从而知道这个人是名不动产经纪人。你会找出一个办法去获得这方面信息的。

当活动结束时，你会发现你已经认识了5个或更多的知名人物。即使是一个或两个也不坏。这是你所需要的全部。得到一个或两个好的关系要比递出一大把名片给那些从头到尾也不会与你做生意的人要好得多。

独木难成林。要想在推销界有所作为，那请你走到你周围的民众中，参加各种活动。

比如：参加亲朋的婚丧喜庆宴会。

亲戚、朋友、结婚、生子、节假日聚会、长辈去世等，在这种场合下可以结识新人，获得有价值的信息。

还可以参加单位的年会、座谈会、联谊会，参加外出考察旅游团和各种社会群众组织。对推销员来说，接近、参加各种社会和民间组织，可以获得更多的与准客户接近的机会。

参加各种产品博览会、展评会、订货会、物资交流会、技术交流会也可以获得有价值的信息。

总之，参加各类活动时要把握一个原则，那就是引起他人注意自己，给别人留下一个好印象。

敢于利用有影响力的客户

犹太商人推销细节要诀

不要惧怕看起来高不可攀的客户，某些具有社会影响力的知名人士或大公司，他们对你产品的认同，会把一批人变成潜在顾客和用户。

在说服这些有影响力的客户时，你一般需要花费较长的时间与精力，可能需要相当的耐心与多样的公关手法才能达到目的，但这是很划算的。而犹太商人却善于走捷径，通过"名人提携"来帮助自己拓展新客户。他们常常会对一个客户说，"某某大公司对我们的产品十分满意""××教授两年来一直在用我的产品"。此时，客户不可能什么想法都没有。

日本推销之神原一平曾很成功地运用了"名人提携"拓展新客户的法则。在原一平33岁那年，他的业绩已是全国第一。有的人也许会就此满足了，但原一平是一个"永不服输"的人，他梦想更大的成功。

有一天，他突然闪出一个念头：让三菱银行的总裁串田万藏给他写封介绍信。他所介绍的客户，一定都是企业巨子！

他为这个想法激动不已，并立即展开行动。首先，他去找公司的业务最高主管。业务主管听了他的伟大计划说："你的计划很好，如果能够成功的话，我也很高兴。我们公司虽然隶属于三菱集团，不过，有些情况是你所不了解的。当初三菱投资我们公司（明治保险公司）时，讲明了绝不介绍保险。所以，如果我代你向串田董事长请求开介绍信的话，可能我明天就被革职了。"

可原一平的犟劲上来了，不达目的，誓不罢休。他决定亲自去找串田。

一天早晨，原一平等了两个小时后，见到了串田先生。

"你找我有什么事？"串田劈头就问。

"我是……我是明治保险公司的原一平。"

"你找我到底有什么事？"

"我要去访问日清纺织公司的总经理宫岛清次郎先生,请董事长帮助我,给我写一张介绍信。"

"什么？保险那玩意儿也是可以介绍的吗？"

原一平一听董事长攻击保险,一下火了,向前大跨一步,大声说道："你这个混账东西！"

串田愣住了,往后退了一步。

原一平继续大声说："你刚才说'保险那玩意儿',公司不是一再告诉我们推销员是神圣的工作吗？你这个老东西还是我们的董事长呢！我要立即回公司,向所有员工宣布……"

原一平冲出大门,可一会儿,他就为自己的粗野懊悔不已。他觉得没脸再在明治待下去了,他决定辞职。可就在这时,串田董事长打来了电话向他道歉说,自己以前对保险有偏见,既然身为明治保险公司的高级主管,对保险不但应该有正确的看法,而且应当积极地推动保险业务的扩展才对,他称赞原一平是一个敬业的、优秀的寿险推销员。

从此以后,三菱银行介绍了许多有身份有地位的企业家给原一平,原一平的名字也在三菱银行迅速传开了。

任何事情只要你坚信是正确的,事前切勿顾虑过多,最重要的是,拿出勇气全力冲过去。过分的谨慎反而成不了大事。

"一个让人放心的人,才会博得他人的同情与支持。"所以,要想获得有影响力的名流的提携,必须加强你的信誉与热情的力度赞美他人。

在人与人的交往中,适当地赞美对方,会增强和谐、温暖和美好的感情。赞美具有一种不可思议的推动力量。对有影响力的名流赞美更是如此,真诚而不是虚伪的赞美,会使对方的行为更增加一种规范。同时,为了不辜负你的赞美,他会在受到赞扬的这些方面全力以赴。

要经常性的拜访。人是情感动物,经常性的拜访,必然增进相互了解。了解他所从事的事业,同时也引导他了解你的工作进展情况。

时常传达一些美好的信息。传播好消息比传播坏消息有价值得多。好的消息于人于己都有益。所以在传播好消息时，要尽量做到只讨论有趣的事，抛开不愉快的事。传播好消息时，首先你自己要精神饱满，喜悦溢于言表。将公司先进的保障制度、成功兑现的事例及时传达给你的朋友或客户。

要有适当的礼品赠送。一个小小的精美的工艺品，或一份地道的土特产，都能打动对方的心。礼轻情义重就是这个道理。你送了他礼物，他必心存感激，要么对你有深刻的印象，要么热情地帮助你。

不妨搞些适当的宴饮、娱乐。不可铺排、夸张。浪费不是什么美德。极度的铺排也许会适得其反。俭朴、有情调即可。

也许有人会说："我身边根本没有什么有影响力的名流，我也不认识他们。"其实，"名流"就在你身边，只不过你把他们的位置定得太高了。你的亲戚、朋友中有实力的人你就可以把他们看作是"名流"。

你目前已掌握的准客户的名单中，他们或为银行家、企业经理、学校行政人员，或为小工头、财务人员，或是有成就的人士的家人，也可以把他们定为有影响力的人。

顾客不分贵贱，切莫以貌取人

犹太商人推销细节要诀

推销员能广结善缘，不以貌取人，就好像播下了成功的种子，不久便会生根发芽，结出意外的果实。

在犹太商人看来，在推销中，不要对任何人轻下判断，优秀的推销员应该懂得，顾客没有高低贵贱之分，不要以貌取人，在推销领域中这点很重要。

犹太商人认为，推销成功与否虽然看似取决于客户，其实在于推销员自己。因为每一个潜在客户都有被重视、被关怀、被肯定的渴望，如果推销员满足了客户的渴望，客户自然会心存感激，并回报以成功的交易。所以，推销员如果能广结善缘，不以貌取人，就好像播下了成功的种子，不久便会生根发芽，结出意外的果实。

在这方面，我们要多多向爱迪蔼里学习。爱迪蔼里是著名的犹太房产经纪人，他早年从事房地产推销工作，之后创办了自己的房地产经纪人公司——爱迪蔼里公司，取得了很好的成绩。

"客户就在你身边。推销人员应当重视每一名潜在顾客，因在这个纷繁复杂的社会里，任何一个企业、一家公司、一个人，都有可能成为某种商品的购买者或某项服务的享受者。"

以上是爱迪蔼里的肺腑之言。在他从事房地产推销的这些年，他懂得了一名推销员绝对不能事先对潜在客户以外貌做出判断的道理。

爱迪蔼里曾经帮助一位建筑商推销房子。当时这位建筑商正在开发"假日花园"房地产工程，他所做的是前人从未做过的事——冒险投资建造价值20万美元一套的房子。但关键的问题在于他还没有一位确定的买家。在那时，没有人敢这么冒险来投资建造这么高级的房子，除非事先有人买。

一天，爱迪蔼里正在等一位顾客，那位建筑商停车跟他打招呼。又过了一会儿，一辆汽车开了过来。从车上下来一对年纪较大、有点不修边幅的夫妇。他们径直朝门口走来。当爱迪蔼里热情地与他们打招呼时，正瞥见那位建筑商摇着头对他打手势，那意思是在说："不要把时间浪费在他们身上。"后来推销成功了，爱迪蔼里曾说：

"我天生对任何人都很讲礼貌，因而我当时热情地接待他们，就像对待其他潜在买家一样彬彬有礼。因为我知道，一名优秀的推销员应该随时随地优化自身的形象，注意自己的言行举止，牢记自己的工作职责，不要对任何人先下判断。老练的推销员应该懂得这一点，不要以貌取人，在推销领域中这点尤为重要。"

那位推销商认为爱迪蔼里在浪费时间，便生气地离开了，既然房子空荡荡的，而且建筑商又走了，爱迪蔼里就领他们参观了一下房子。

房子里豪华的设施，令这对夫妇感到有点不可思议。12英尺的屋顶使他们彻底地叹服。很显然，他们从未见到过这样高级的房子。爱迪蔼里也为自己有机会领这样赏识房子的人参观而表示高兴。

在看完第四浴室后,丈夫对妻子感叹道:"想一想,一幢房子有四个浴室!"然后他转过身对爱迪蔼里说:"这么多年来。我们一直梦想拥有一栋有一个以上浴室的房子。"

这时,妻子眼含泪水看着丈夫,而且爱迪蔼里还注意到她温柔地握着他的手。

他们参观了房子的每一角落后,最后来到卧室。"让我们私下里聊几分钟好吗?"丈夫彬彬有礼地问道。

"当然可以。"爱迪蔼里答道,然后朝厨房走去。

几分钟后,他们出来了,丈夫问道:"爱迪蔼里先生,你说这房子20万美元?"

"没错。"

他脸上露出一丝微笑,然后从衣兜里掏出一个旧的大信封,细数出20万美元现金,并把它们整整齐齐地码成一堆。原来,客户是一家旅店里的服务员领班。许多年来,他们一直过着拮据的生活,为的就是攒钱买一栋豪华的房子。

他们走后不久,那位建筑商回来了。爱迪蔼里给他看了看签的合同,并且把信封交给他。当那位建筑商朝里面看时,惊讶得差点晕过去。爱迪蔼里笑着说:

"我觉得推销过程中要学会重视客户,重视特定推销环境中的每一个人。不以貌取人,哪怕是一个热情的招呼也能收到意想不到的效果。不论是谁,都应同样热情。"

"顾客就是上帝,而上帝是没有高低贵贱之分的,"爱迪蔼里说,"我就是在平等地给予每一个顾客的热情中,赢得了他们的好感和信任,因此才推销得轻松自然且成交率高。我认为,推销员对任何一个潜在客户都不可能完全了解。他是否有购买能力、兴趣何在,不经过面谈你便无从知晓。所以,千万不要以貌取人,因小失大。如果怠慢了一个顾客,你可能失去的是一大批顾客。"

第四章　与客户面对面愉快地交流

——犹太商人推销细节四：保证拜访过程畅通无阻

用漂亮的开场白打开访谈局面

犹太商人推销细节要诀

在面对面的推销访问中，说好第一句话是十分重要的。开场白的好坏，差不多就决定了一次推销的成败，买卖有时不是在推销结束时达成的，精彩的开场白更容易抓住客户的心。

在推销中，最常见的方法莫过于登门拜访，在拜访中当你作为一个陌生人第一次与客户谈话时，你想过怎样说第一句话吗？如果没有认真想过，你一定不是个好推销员。

犹太商人霍伊拉说："买卖有时不是在推销结束时达成的，精彩的开场白更容易抓住客户的心。开场白的好坏，差不多就决定了一次推销的成败。"

在犹太商人看来，在面对面的推销访问中，说好第一句话是十分重要的。可以说，好的开场白就是推销成功的一半。大部分顾客在听推销员第一句话的时候要比听后面的话认真得多，听完第一句问话，很多顾客就自觉或不自觉地决定了尽快打发推销员上路还是准备断续谈下去。因此，推销员要重视做好开场白，才能迅速抓住顾客的注意力，并保证推销访问顺利进行下去。犹太商人沙维尔在研究推销心理时发现，洽谈中的顾客在刚开始的30秒钟获得的刺激信号，一般比以后十分钟里所获得的要深刻得多。

在不少情况下，推销员对自己的第一句话处理得往往不够理想，有时废话太多，根本没有什么作用。比如："先生，您需要……吗？"这是最常见的用于第一句话的方式，也是最错误的说话方式，因为推销时的商谈当然并不是一开始就完全切入正题。如果打一个招呼就开始介绍自己的商品，迫不及待地反复强调自己的商品是如何如何好以及购买该商品有什么好处，然后就请客户购买，这种方式的推销很难有好的结果。

又比如：人们习惯用的一些与推销无关的开场白，"很抱歉，打搅您了，我……""您不买些什么回去吗？""生意好不好？"在聆听第一句话时，顾客集中注意力而获得的只是一些杂乱琐碎的信息刺激，一旦开局失利，以下展开推销活动必然会困难重重。

好的开场白应一开始就抓住顾客的注意力。为了防止顾客走神或考虑其他问题，在推销的开场白上要多动些脑筋，开始几句话必须是十分重要而非讲不可的，表述时必须生动有力、语言简练、声调略高、语速适中。讲话时要目视对方双眼，面带微笑，表现出自信而谦逊、热情而自然的态度，切不可拖泥带水、支支吾吾。

犹太商人认为，一开场就使顾客了解自己的利益所在是吸引对方注意力的一个有效方法。比如：有一位推销图书的女士，平时碰到顾客和读者总是从容不迫、平心静气地向对方提出这样3个问题："如果我们送给您一套关于经济管理的丛书，您打开之后发现十分有趣，您会读一读吗？""如果读后觉得很有收获，您会乐意买下吗？""如果您发现此书并不想看，会把书重新寄还给我吗？"

这位女士的开场白简单明了，连珠炮似的3个问题使对方无法回避，也使一般的顾客几乎找不出说"不"的理由，从而达到了接近顾客的目的。后来，这3个问题被许多出版社的图书推销员所采用，成为典型的接近客户的方法。

比如，还可以这样说："史密斯先生，您认为贵公司目前的产品质量问题是由于什么原因造成的？"

产品质量自然是经理最关心的问题，推销员一提问，无疑将引导对方逐步进入面谈。一位汽车推销员为推销新型节油汽车，找到了某公司老板，这样开头说："约翰先生，请教一个你所熟悉的问题，也就是增加贵店利润的三大原则是什么呢？"

老板对这种话题是十分乐意回答的，他会告推销员："第一，降低进价；第二，提高售价；第三，减少开销。"

推销员立即抓住第三条接下去说："你说得句句是真言。特别是开销，都是无形中的损失。比方汽油费，1天节约20元，你想过1年能节约多少钱吗？如果贵店有3辆车，1天节省60元，1个月就是1800元，发展下去，10年可省21万元。如果能够节约而不节约，就好像把金钱一张张撕掉，一共要撕掉多少张呀！换句话说，这么大的开支无形中从你的金库里被提出了，更何况这21万元不是从营业额开支，而是从盈利额中开支。如果放在银行，以5分利计算，那等于240万元本金存1年的利息。不知老板高见如何，有没有节油的必要呢？你可以精细地计算一下吧，如何？"

上述三个事例中，推销员是直截了当地用问问题的方式来让顾客了解自己的利益所在。在开场白中，推销员也可以开门见山地告诉顾客，揭示你可以使对方获得哪些具体利益，比如：

"总经理先生，安装这部计算机，一年内，将使贵厂节约15万元开支。"

"史密斯先生，我能告诉您贵公司提高产品合格率的具体办法……"

当然，利用适当赞美做开场白，也很好。比如："斯考特先生，您好！""我是戴尔公司的杰夫，今天我到贵府，有两件事专程来请教您这位附近最有名的老板。"

"附近最有名的老板？"

"是啊！据我打听的结果，大伙都说这个问题最好请教您。"

"哦？大伙都这么说？真不敢当！到底什么问题呢？"

"实不相瞒，是……"

"站着不方便，请进来说吧。"

每个人都渴望别人的重视和赞美，只是大多数人把这种需要隐藏在内心深处罢了。因此，在开场白中只要你说"专程来请教您这位附近最有名的老板（专家、学者）"时，几乎可以百试不爽，没人会拒绝的。

优秀的推销员不仅懂得如何用好的开场白来打开话局，他们也可以灵活多变地谈论各个话题。比如一位推销员这样说："温德尔先生，您早，今天的天气太好了！"

"是啊！空气很好，伦敦的冬天像这个样子不多见呀！"

每个推销员对访问时该谈些什么话题作为开场白会感到非常棘手；即使再老练的推销员，也很少有人认为自己对这个问题非常有把握，尤其是和从未见过面的人谈话，会感到更加紧张。

有些推销员，往往会因为过度慎重，而使自己太紧张，因为他们对商谈是否能顺利进行没有把握，而让开场白的话拖得太冗长。

其实，无论是第一次拜访客户还是与客户早已认识，开场白都要做到自然，不要太慎重。例如，走进第一次访问的客户家的大门时，看见女主人的身材非常健美，也可以以此为话题作为开场白："对不起，冒昧地请教你平常都做什么运动呢？你一定是天天都跳韵律操吧！"

虽然这种讲话的口气对初次谋面的人而言稍嫌唐突，但是却可以给客户留下相当深刻的印象。

聪明的推销员懂得如何选用开场白来控制谈话场面，所以可以灵活地运用各种方式。经验比较少的推销员就不同了，比如上例，经验少的推销员一定不敢对初次谋面的客人用那样的谈话方式。

用热情换取客户的信任和好感

犹太商人推销细节要诀

热情是推销中最重要的礼仪和态度，推销员找到自己的热情并燃烧它，把它传给每一个客户，用诚挚的热情去融化客户的冷漠和拒绝。

犹太商人认为，任何事业，要想获得成功，首先需要的就是工作热情。推销事业尤其如此。因为推销人员在推销商品中，必须整日整月甚至整年地到处奔波，非常辛苦，其所遭遇的失败自不必说，就是推销工作所耗费的精力和体力，也不是一般人所能承受得了的，再加上失败甚至连连失败的打击，不难想象，推销人员是多么需要热情和活力。

可以说，没有诚挚的热情和蓬勃的朝气，推销人员将一事无成，所以，推销人不仅要有健康的体魄，更重要的是具有诚挚热情的性格。

热情就是推销成功与否的首要条件，只有诚挚的热情才能融化客户的冷漠拒绝，使推销人员"克敌制胜"，可见，热情的确是推销人员成功的一种天赋神力。

犹太商人说："热情的力量真的很大！当这股力量被释放出来，并不断用自己的信心补充能量时，它就会形成一股不可抗拒的力量，并足以克服一切困难。"

"热情可以传递给别人，当一群人都处在沉闷的气氛中，只需一位热情的人加入，立马就能使每个人笑逐颜开，并且大家能唱起歌，跳起舞，就如神助一般，推销也是一样。在推销中，推销员可以将这股力量传给每一位客户，并可以激发他们的想象力和购买欲。"

无论何种推销人员，小商小贩也好，在高级商场工作的人也好，或者是独自上门推销的人以及企业进行的大规模销售，都离不开热情。只有拥有热情、传递热情才能创造交易。

据犹太商人的一份调查表明，热情在推销中占的分量为95%，而产品知识只占5%。当你看到一名新雇员在不知道成交方法，而只掌握一点最基本的产品知识，却能不断将产品推销出去时，你就会认识到热情是多么的重要。

犹太商人克莉斯说："我们的客户也是有血有肉的人，也是一样有感情的，他也有种种需要，因此，你如果一心只想着增加销售额、赚取销售利润，冷淡地对待你的客户，那很抱歉，成交免谈了。因此，面对客户时，你应该首先用热情去打动客户，唤起客户对你的信任和好感，这样，交易才能顺利完成。"

有一位中年妇女走进了克莉斯的汽车展销室，说她只想在这儿看看车，打发一会儿时间。她说她想买一辆福特，可大街上那位推销员却让她一小时以后再去找他。另外，她告诉她已经打定主意买一辆白色的双门箱式福特汽车，就像她表姐的那辆。她还说："今天是我55岁的生日，这是给自己的生日礼物。"

"祝您生日快乐！夫人。"克莉斯说。然后，她向秘书交待了几句后，又对她热情地说："夫人，既然您有空，请允许我介绍一种我们的双门箱式轿车——也是白色的。"

不多久秘书走了进来，递给克莉斯一束玫瑰花。

"祝您福寿无疆！尊敬的夫人。"克莉斯说。

那位妇女很感动，眼眶都湿润了。"已经很久没有人给我送花了。"她告诉克莉斯。

闲谈中，她对克莉斯讲起她想买的福特。

"那个推销员真是差劲！我猜想他一定是因为看到我开着一辆旧车，就以为我买不起新车。我正在看车的时候，那个推销员却突然说他要出去收一笔欠款，叫我等他回来。所以，我就上你这儿来了。"

结果，当然是克莉斯成功地向她推出了那辆双门箱式白色轿车了。

之后，克莉斯说："在销售中，任何一位顾客都讨厌受到冷遇。推销员把顾客晾在一边，那顾客当然会让他的生意泡汤。所以，在推销中，热情地对待每一位顾客，让顾客感受到这种热情的重视，这样顾客才会接受你。"

在推销中，发挥你的热情还要高度真诚，不要让顾客有媚俗的感觉。你的热情要让客户觉得你是在帮助他，而不是仅仅想赚他的钱。你应该帮助他说出他的真正需要，然后做他的热心参谋，帮他算账，帮他决策，时时让他切身体会到你的热情，从而感到你非常值得信赖，可以与你签约成交。这样，你的销售额便会芝麻开花节节高。

人在灾难面前是脆弱的、感性的。在这种时候，推销员若能给予顾客热情的关爱，客户不仅仅是认可你，而且会感激你，使你获得更广泛的支持。

给客户实质意义上的热情帮助是表达关爱的最佳方式。作为一名推销员，你应当是坚信你的服务的意义，并在此基础上满足顾客，让他成为你忠实的朋友。

犹太人露丝是伊那特保险公司在纽约唯一的女性高级保险理财顾问。她的客户和销售对象大多数是因火灾遭到巨额财产损失的。

每当她做推销拜访时，她的第一个问题是："每一个人都没受伤吧？"这个热心的关怀式问题显示了对火灾户的真正的关切，有助于制造有利于访问的气氛，也容易将话题转到财产损失上。

一旦顾客向她表示没有人受伤，她简单地表示她的宽慰以及她对财产损失的遗憾。在建立友好关系后，她问第二个问题："你过去有过重大的财产损失吗？"（大多数都没有）"你曾要求对汽车损害的赔偿吗？"如果答案是肯定的，她会问道："结果如何？"如果答案是"令人满意"，她会说："通常说来，小的损失受到的待遇多半是公平的。"如果答案是否定的，她会说："那么你已经熟悉保险公司如何使理赔的金额减至最低程度的做法？"接着等候答复。

露丝接着提出许多问题，让顾客了解她必须雇用专业的代表为她索赔，因为保险公司会有专家来调整理赔的金额。这并非暗示保险公司想要欺骗任何人，或会不公平对待索赔者。实际上，房主多半不了解他的权利，事实上也忘不了大火毁的许多东西。

露丝接着以发问方式让顾客了解，她的公司平均可代表火灾户多争取到30％的火险损失赔偿，而她的公司只收取10％的费用，同时保证若得不到足够弥补客户损失的理赔金额，她的服务分文不取。

她接着问："你希望我们今天就开始为你工作，好让你尽早搬回家去，还是另选时间？"

客户："我们没有什么地方，所以我们能越早搬回去越好。"

露丝："你若同意这份合约，我们可以立刻着手，所以尽管对损失难过，你不会再有财务上的负担。这正是你所想要的，是吧？"

客户："是的。"

可见，热情是我们推销中最重要的礼仪和态度，热情能使我们推销成功。在推销中，找到自己的热情并燃烧它，把它传递给每一个客户。一旦你把热情传递给了客户，你便拥有了成功。

所以，要想成为一个成功的推销人员，必须先要具有这种热情的待客态度。

找一个有趣的话题把谈话继续下去

犹太商人推销细节要诀

在访问中选择一个好的话题，借以缩短与客户之间的距离，能使自己逐渐被客户接受，然后把话引向自己的商品，从而开始商谈，这样有利于推销成功。

在犹太商人看来，好的开场白是为了引发客户的继续商谈，但如果推销员说完了开场白，却并没有让客户对他的产品或服务产生好感或是兴趣，而客户仍然告诉推销员没有时间，或是没有兴趣，那就表示推销员的这个开场白是无效的，这时，应该赶快设计另外一个更好的话题来替代。

他们这样看待访问中话题的选择："在访问中选择一个好的话题，借以缩短与客户之间的距离，能使自己逐渐被客户接受，然后把话引向自己的商品，从而开始商谈，这样有利于推销成功。"

一位名叫杰比西的销售员看到一家小吃店生意很好，于是想向老板推销他的绞肉机。杰比西走入店中的时候，老板正在做包子，老板娘跑出来迎接杰比西并向他打了个招呼，但杰比西并没有表示要买什么东西，老板娘也就忙着去干她的活了。

杰比西被晾在那里好一会儿，为了打破这种尴尬的局面，他决定向老板谈谈他的包子。他选购了10个包子并请老板代为包好，又买了两个放在盘子里，一边品尝，一边和老板聊了起来。

"老板，您做的包子很好吃，里面的馅一点都不粘牙！您是怎么做的？用的是什么蒸笼？还有您的豆沙馅甜而不腻，用的是砂糖吗？"这一连串的有关包子的问题将老板的话头勾起来了。

"是啊，先生，您真有眼力。讲起包子，馅最重要，绝不能直接掺糖水，您说这包子皮很好，真是个行家！"

杰比西赶忙说道："哪里，哪里，是您的包子做得好！"

老板接着继续说："我这包子是我一个一个用手工做出来的，而不是用机器压出来的。你知道，机器压的虽然快，但是没有手工的有味道，顾客爱吃手工包子，为了让顾客满意我只有这么做了。"

说到这儿老板突然问道："你刚才对我太太说的什么呀？"

"噢！我是食品加工机械厂的推销员。今天我是专程来买您的包子作为礼物送给朋友的，我看到你那么忙想给你介绍一个好帮手。喔！那里摆的那个盆景也是您的杰作吗？真看不出来，您也喜欢盆景！"

"先生，您刚才说给我介绍好帮手，是什么好帮手啊？"这位老板反而着急起来，想问个究竟了。

最后，杰比西终于如愿以偿，老板也觉得认识了一位知己，很高兴。杰比西面谈的成功，就在于他谈及了对方关心的话题，而且他所提的问题都是客户所最熟悉的事情，最得意的事情，以至于客户想不说都不行了。

在推销过程中，主角永远是买方，是客户。而卖方必须自始至终完全扮演配角才可以。如果推销员本末倒置，在商谈过程中以自己为中心。只是扬扬自得地反复谈论自己的事情，自己的爱好，只是自夸自己的商品，只管发表自己的看法，而不从买方的角度来考虑，这种谈论必定引起客户的反感情绪："这家伙只会谈论自己""谁听你的"！照这种情形，推销的失败是可以预期的了。当推销员终于结束他的高论而向客户说出"请您购买好吗"时，得到的反应恐怕只会是冷冷的两个字："不买。"

谈不下去干脆换个话题

犹太商人推销细节要诀

无论顾客以什么理由拒绝你，如果你能巧妙地适时、适地、适法转换话题，就可以改变这种状况。否则，一条道走到底、一个劲地在那里进攻，结果不是碰一鼻子灰，就是陷入僵局。

《塔木德》上说："生意场上，有时走偏远的迂回道路，实际上是达到目的的最短途径。"

在商务交谈中，如果遇到不太顺畅的情况，就需要随机应变地转移话题。无论顾客以什么理由拒绝我们，如果我们能巧妙地适时、适地、适法转换话题，就可以改变这种状况。否则，一条道走到底、一个劲地在那里进攻，结果不是碰一鼻子灰，就是陷入僵局。

犹太青年吉尔拉大学毕业后去见一位企业家，试图向这位总经理推销他自己，到该企业工作。

这位总经理识多见广，比较固执，根本没把吉尔拉放在眼里，没搭上几句话，总经理便以不容商量的口吻说："不行。"

聪明的吉尔拉眉头一皱计上心来，他决定转移话题来对付总经理的反驳。他若无其事地轻轻问道：

"总经理的意思是，贵公司人才济济，已完全足以使公司得以成功，外人纵有天大本事，似乎也无需加以借用。再说像我这样的庸才能做什么也还是未知之数，与其冒险使用，不如拒之千里之外，是吗？"

吉尔拉说到这里故意突然中断，只是微笑着直视总经理。在一两分钟的时间里，彼此都保持沉默。总经理终于开口了：

"你能将你的经历、想法和计划告诉我吗？"

吉尔拉又将了他一军："噢！抱歉，抱歉，刚才我太冒昧了，请多包涵，不过像我这样的人还值得一谈吗？"说完，吉尔拉又沉默了。

总经理诚恳地对他说："请不要客气。"

于是吉尔拉便将自己的经历、学历及对该企业经营发展规划的看法等系统地告诉了总经理。

总经理听完他的话后，态度立刻就改变了，由严肃转到慈祥。临走时总经理对他说："小伙子，我决定录用你，明天来上班，请保持过去的热情与毅力好好干吧！"

如果吉尔拉在直接推销自己不成功的时候不赶紧转换话题，怎么能转败为胜呢？

吉尔拉得到这份工作后，一天总经理让他去乡村推销电器。当他来到一所富有而整洁的家舍前叫门时，对方只将门打开一条小缝，户主太太从门内伸出头来。当她看见来人是一位推销员时，猛然把门关闭了。吉尔拉再次敲门，敲了很久，她才又将门打开，但仅仅是勉强地开了条小缝，而且，还没有等吉尔拉说话，她就不客气地开始说起难听话来。

虽然一开始十分不顺利，但吉尔拉却不罢休，决心转移话题，碰碰运气。他改变口气说："太太，很对不起，我拜访你并非是来推销产品的，只是想向你买一点鸡蛋。"

听到这里，太太的态度稍微温和了一些，门也开大了一点。吉尔拉接着说："您家的鸡长得真好，看它们的羽毛长得多漂亮。这些鸡大概是多明尼克种吧？能不能卖给我一些鸡蛋？"

这时，门开得更大了。太太问吉尔拉："你怎么知道这是多明尼克种鸡？"吉尔拉知道自己的话已经打动了太太，便接着说："我家也养了一些鸡，可是像您所养的这么好的鸡，我还未见过呢！而且我饲养的来亨鸡，只会生白皮的蛋。太太，你知道吧，做蛋糕时，用黄皮的蛋比白皮的蛋好。我家今天要做蛋糕，所以我便跑到你这里来了……"

老太太一听这话，顿时高兴起来，到屋里去给他取鸡蛋。

吉尔拉利用这短暂的时间，随便看了一下四周的环境，发现她家拥有整套的务农设备，于是见了太太继续说道："太太，我可以这样说法，你养鸡赚的钱一定比你先生养奶牛赚的钱多。"

这句话说得太太心花怒放，因为长期以来，她丈夫虽不承认这件事，而她总想把自己的得意之处告诉别人。

于是她便把吉尔拉当作知己，带他参观鸡舍。参观时，吉尔拉不时感叹，他们还交流着养鸡方面的常识和经验。

这样，两人越来越亲近，可以畅所欲言。最后，太太谈到孵化小鸡的一些麻烦和保存鸡蛋的一些困难，吉尔拉不失时机地向这位太太成功推销了一台孵化器和一台大冰柜。

当然，在使用这种方法时，要注意适时抓住时机，在对方心情舒畅时巧妙地亮出你的回马枪。

多问几个问题寻找成功突破口

犹太商人推销细节要诀

每个客户都有内在的防卫机制，当他们的空间或利益受到干扰时，就会条件反射地加以轻微地拒绝。这种没有深思熟虑，只是为了抵御推销员的进攻而采取的应付手段，推销人员完全可以忽略，在推销的过程中多问几个为什么来化解这些轻微的拒绝。

在犹太商人看来，第一次访问时被拒绝并不是一件值得大惊小怪的事，因为他们认为被客户拒绝的频率以第一次为最高。了解到这一点之后，他们采取了一些应对措施。

在犹太商界有这样一句话："被拒绝并不表示完全没有希望，有时候反而是一种购买的信号。当有人告诉你他不想买某产品时，他是在表达一种意愿，希望知道他为什么应该买。"

在推销时我们应该认识到顾客的拒绝具有两面性：其一，它可能是达成交易的障碍，如果对方没有得到推销员满意的答复，那么他就不会采取购买行动。其二，顾客提出拒绝也为交易成功提供了机会，如果推销员能够恰当地解决顾客提出的问题，使其对推销产品及其交易条件有充分的了解，那么接下来的便是决定购买。这就要求一名推销员，不仅应当尊重来自顾客的各种拒绝理由，积极主动向顾客介绍宣传商品，还必须不断提出"为什么"，以引导顾客公开自己的不同意见，并有针对性地采取措施。

亨瑞·杰克生于美国旧金山城的一个犹太移民家庭，大学期间主修市场营销专业，毕业后即踏入保险推销行业。29岁时正式成为美国百万圆桌协会会员，并是该协会历史上最年轻的推销员之一。在他的推销生涯中，他认为，面对客户拒绝的一个最有效的方法便是提问题。当客户对你提出一系列毫不相干的异议时，他们很可能是在掩饰那些困扰他们的真正原因。如果你懂得"要是不想购买的话，没有人会提出如此之多的真正异义"，那你就可以提一些问题，以便能洞悉对方的内心世界。只要客户能够给你几个理由说明他为什么不想买保险的时候，你便可以用这个办法逐个击破这些理由，但绝对不要强迫推销。

他的这个经验来自于他的一位名叫保罗的机械推销员讲述的自己的经历：保罗在访问中向一位先生推销公司的一台机器，保罗告诉那位先生需2700美元，那位先生回答说太贵了。保罗接着问："为什么？"

"付不起这么多钱。"

"为什么呢？"

"因为本钱太高，赚不回本呀！"

"为什么？"

"难道你认为它值得？"

"为什么不值得？它一直是最划算的投资。"

每次客户拒绝或提出反对意见，保罗就问他为什么，并认真倾听他的回答。他说得愈多，保罗愈发现他的理由并不完全正确，后来那位客户还是决定买下那台机器。这笔交易完成得很快。

事后，保罗对亨瑞·杰克说："如果我已没耐心听他谈论原因，而扯出自己的长稿推销辞的话，这笔生意恐怕就泡汤了，所以，推销员要有锲而不舍的精神，打破砂锅问到底能够找到客户拒绝你的真实理由。推销员应该能从客户的众多推辞中找出真正的阻碍成交的原因。不要被客户的那些不是理由的理由而迷惑。然后再有针对性地去说服客户最后达成交易。"

这件事对亨瑞·杰克的启发很大，在以后的推销生涯中，面对类似的情况，他都试着用保罗教给他的方法去解决问题。

有一天，亨瑞·杰克打电话给某公司的总经理怀特先生，希望约个时间碰面，当亨瑞·杰克在约定的时间来到他的办公室时，怀特先生看了一眼亨瑞·杰克，说："我想你今天来访的主要目的，还是关于那份团体保险的事吧？"亨瑞·杰克以爽快的微笑做了肯定的回答。

"对不起，我们公司不准备买这份保险了。"

"先生，你是否可以告诉我到底为什么不买了呢？"

"因为公司现在赚不到钱，要是买了那份保险，公司一年要花掉 1 万美元，这怎么能受得了呢？"

"差不多是需要那个数目。"

"所以我们决定在情况没有好转以前必须减少支出，除非是一定要花的钱。"

"除了这个理由，还有没有什么其他让您觉得不适合购买的原因呢？可否把您心里的想法都告诉我呢？"

"当然，还有一些其他的原因……"

"我们是老朋友了，您能告诉我到底是什么原因吗？"

怀特先生开始陈述他的原因："你知道我有两个儿子，他们都在工厂里做事。两个小家伙穿着工作服跟工人一起工作，每天从早上 8 点忙到下午 5 点，干得不亦乐乎。要是购买了你们的那种团体保险，如果有人不幸身故，那岂不要把我在公司里的股份都丢掉？那我还留什么给我儿子呢？工厂换了老板，两个小家伙不是要失业了吗？"

直到这时，真正的拒绝理由总算被挖出来了，原来所有的拒绝只不过是一些漂亮的掩饰，真正的原因是受益人的问题。可见，这笔生意还有商谈下去的希望。

亨瑞·杰克告诉怀特先生，因为他儿子的关系，他现在更应该做好计划，让儿子将来更好地生活。亨瑞·杰克把原来的计划做了修改，使他两个儿子变成最大的受益人。这样一来，无论父子谁先发生意外，另一方都可以享受到全部的好处。

形势发生了逆转，怀特先生最终接受了亨瑞·杰克的建议，当场签下了1万美元的保险契约。

后来，亨瑞·杰克多次研究分析了他所做的拜访记录，发现有62%的拒绝是对方开始时所提出的拒绝理由都不是他们真正的理由，只有38%的客户从一开始就老老实实地告诉了他，他们为什么不想购买人寿保险。亨瑞·杰克通过琢磨和实践，总结出推销工作中最美妙的一句话就是"为什么"。

他说："要让客户买下你那份保险，你就要不停地问对方问题。虽然你第一次去拜访客户的时候，他的拒绝听起来理由相当充分。但是，不要跟客户争论人寿保险到底重不重要，你只是问他为什么没有兴趣，等他向你解释了为什么没兴趣时，鼓励他继续讲下去，就这样，多问几个'为什么'，让对方在回答'为什么'时去思考、去说服自己。"

每个客户都有内在的防卫机制，当他们的空间或利益受到干扰时，就会出现条件发射。这种条件反射多数表现为轻微的拒绝，推销人员完全可以忽略。因为这种没有深思熟虑，只是为了抵御推销员的进攻而采取的应付手段。专业推销员应当化解这些轻微的拒绝，在推销的过程中多问几个为什么。

为下一次再访做点铺垫

犹太商人推销细节要诀

推销访问一般来说都不会在第一次就达成交易，推销需要第二次、第三次的接触。但第一次的访问结果是第二次访问的开始，所以，在第一次拜访时就创造出再访的机会十分重要。

犹太商人有一句推销俗语："第一次访问的结果是第二次访问的开始。"

在犹太商人看来，推销访问一般来说都不会在第一次就达成交易，推销需要第二次、第三次接触。因而，他们认为创造再访的机会十分重要。

推销新手往往在遭受拒绝后，没有创造一个再访的机会就打道回府。顶尖推销员则总是会制造一个再次访问的机会，以便日后达成交易。

适当地运用再访问技巧，并不是虚伪矫情的行为，而是现代社会的竞争使然，旧式的推销技巧已经失效，新一代的业绩创造者必须要有新的理念与新的技巧，才能在快速进步的市场中占有一席之地，因此学习各种不同的再访技巧与方法，将有助于自己推销业绩的提高。

比如，下面一个对话：

顾客（孕妇）：我们目前不需要你推销的这种大冷冻室的冰箱，这里有个小的已经够用了。

推销员：没关系！等你们有了孩子，添了人口，需要换成大冷冻室的冰箱时打电话找我，我再来为你们服务。这是我的名片和电话……

如此一番对话，很容易就创造了一个再次访问的机会。

许多推销员在好不容易得到拜访客户的机会后，却没有继续再访的行动，这样，一旦时间拖得太久，客户的需求意念降低，就算产品十分优良，想要再得到客户的认同也不会很容易。所以想要更有效率地达到销售目的，客户再访的技巧就非得好好研究不可，以下有一些不同的再访技巧，若能好好加以运用，相信一定可以增加许多再访的机会，提高销售成绩。

1. 利用名片做铺垫

第一次见面时推销员故意没有留下名片，为日后再见打下一个伏笔。或者故意忘记向客户索取名片，也是一种不错的方法。

客户有时也会借名片已用完或还没有印好为由，而不给名片，这时推销员可以顺水推舟，并将这种事当作是客户给自己的一次再访机会。

推销员还可以印制两种以上不同式样或是不同职称的名片，这就可以借更换名片或升职为理由再度登门造访。但最好是做好记录，免得下次又送了同一种名片，这就穿帮了。

2. 利用资料做铺垫

当客户不太能够接受但又不好意思拒绝时，通常会要求推销员留下资料，等他看完以后再联络。这常常只是一种逐客令的借口，他可能根本不会看，所以你可以婉转地推辞，故意不留下宣传资料，留下个再访的借口。或者也可以当场留下资料，并说明它的重要性，言明下次再见时，必须取回，这样，客户就算不看也不敢把它弄丢。

推销员还可以送给他一份"新"资料，这份资料必须是客户未曾见过的，当作新的给他送去。

如果发现报纸或杂志上刊登着与商品相关的消息或统计资料，并足以引起客户兴趣时，推销员都可以立即带给客户看看，或是请教他的看法。

3. 借口路过此地，看望一下

这种办法很常用：向客户说明自己恰巧在附近找朋友或是拜访客户，甚至是刚完成一笔交易。

但不要说顺道过来拜访，以免让客户觉得不被尊重。如果再加上一份近期的资料，那当然会令客户感觉到你的用心良苦。

4. 在特别的日子送上一份特别的礼物

逢年过节或是客户的生日送上一份礼物，当然，礼物的大小要自己把握，非常有希望成交的客户才能送较重的礼，否则可能赔了夫人又折兵，这是需要事先判断清楚的。

5. 免费赠予资料

某些公司会出一些月刊、周刊或市场消息等。利用免费赠予公司刊物的机会，作为再访的借口。

6. 利用调查问卷

设计几份不同的客户调查资料让客户填写或是有奖调查问卷也行。

7. 利用产品说明会、讲座

如果有可以提供最新商品的资讯说明会，吸引客户对商品的认同，或是提供免费的奖品，相信会吸引很多人前来参加。推销员在送给客户邀请卡时，可以稍微解说讲座的内容，并在临告辞前请其务必光临指导。

8. 不用找借口，直接拜访

与其费尽心思为自己的行为找理由而踌躇不前，不如直截了当地登门拜访更加有效。虽然比较唐突并可能碰壁，但也是训练自己能力与胆量的一个机会。

总而言之，如何运用对客户再访的技巧和方法，要根据每位客户不同的情形而定，做到灵活运用。在销售技巧的领域中，推销方法可以说是变化无穷，没有一定的模式或是规定，只要稍加用心，相信任何人都可以创造出许多独具创意的销售模式。

第五章 用耳朵比用嘴巴得到的好处更多

——犹太商人推销细节五：洗耳恭听比能言善辩更具威力

不仅能言善辩，更要洗耳恭听

犹太商人推销细节要诀

成功的推销员不仅仅是一位口齿伶俐的说者，而且也是一位出色的听众，能够在聆听中感知潜在客户和现有客户所带来的无限商机。善于洗耳恭听的人，不仅到处受人欢迎，而且也会变得越来越聪明。

推销是一种沟通。推销的过程就是沟通的过程，推销的成功就是沟通的成功。犹太商人认为：推销最难的地方不是如何把自己的意见、观念说出来，而是如何听出别人心里最想说的话。

有位经验丰富的推销高手说："推销之道，贵在先学少说话。"犹太商人几千年的经商经验表明：多听少说，做一位好听众，处处表现出聆听、愿意接纳对方的意见和想法的模样，你会慢慢发现对方也比较愿意接纳你，并且提供所需要的答案和信息，甚至把他的真正想法告诉你，让你事事顺心。

成功的犹太商人经常花相当多的时间和他的客户做面对面的沟通，他们最常运用到两项能力：一是洗耳恭听；另一项能力则是能说善道。洗耳恭听是聆听的能力，这是迈向沟通成功的重要一步。能说善道是说服的能力。

当别人来跟你做面对面的沟通，或者你主动与别人进行面对面的会谈，争取别人支持你的计划并说服他们与你通力合作时，你是否善于运用"聆听"与"说话"的艺术来达成你的目的呢？政治家邱吉尔说："站起来发言需要勇气，而坐下来聆听，需要的也是勇气。"因此，做推销工作，不仅要善于说话，更要善于听话，听话有时会比说话获得的信息多。

在犹太商人看来，聆听是一门必须学会的经商技巧，它和与生俱来的听截然不同。聆听是有目的的听觉，这是一个相当积极的过程，人们必须专心聆听说话者所说的内容。

有效的聆听，是对听到的东西进行消化、综合、分析，并理解其中的真实意思，以及哪些东西没有说到。良好的聆听，意味着对说话人所说的内容获得了完整、准确的理解。

在犹太商人看来，聆听的目的不仅在于知道真相，而且在于听众能够自己理解出所有事实，并且评估事实之间的相互联系，进而努力寻找信息所传达的真正含义，这样的聆听才是富有意义的。

威廉·杰夫在《聆听管理》一书中提到：一天到晚我们都在聆听，但我们总是当不好听众。聆听是一项值得开发的技巧，推销人员可以通过聆听技巧获得以下几个方面的好处：

与顾客建立良好的人际关系，增加今后再度见面的机会；

使自己更快、更准确地具备这些技巧；

更好地理解顾客的需求，以及他们对竞争者情况的看法；

减少误会，并以更好的方式解决顾客的问题与个人冲突；

改善推销方式，更好地将推销重点集中在顾客的实际需求上；

以更有效的方式处理顾客对推销产品或服务的抱怨；

察言观色，并细致地解读顾客的购买信号，更快地成交。

犹太商人席耶在谈及有效的聆听时说："推销员从现有顾客和潜在顾客那里获取反馈的成效如何，依赖于他本人对这些反馈信息的接收质量。大多数人都认为自己是合格的听众，然而事实上听也有不同的效果，有用耳听，还有用头脑、用心去听之分。"我们大多数人能依靠耳朵接收外界声音，不过，用心去听不仅需要耳朵的简单参与，还涉及怎样去努力理解讲话者的真实含义，传达你对此的理解，以及如何鼓励对方进一步澄清其语义。无论你用耳朵听得多么认真，如果你不能用心去听，对方也会对你失去兴趣，结果你将什么也听不到。

为了和对方建立和睦友善的关系，你必须向你的潜在顾客表明你在认真地听他们的讲话。如果你是一位优秀听众，那么潜在顾客很可能因此喜欢上你，而且还会认为你也很喜欢他。如果你认真地听潜在顾客讲话，他们经常会告诉你，他们对产品或服务的关注之处是什么，有关潜在顾客需求的信息又提醒你，应在哪些方面予以格外强调。不掌握这些资料，你的推销基本上将是一事无成的，而且也几乎没有希望使你的提供物满足这一需求。在取得了这些资料后，你就可以进一步向潜在顾客表明，你的产品将如何满足其需求。

认真听的另一个好处，是你通常可以由此获得有关潜在顾客的个性特征的资料。人们一般喜欢向别人讲述自己的事，他们发现这种话题是令人感兴趣的。在推销拜访中较为亲善和友好的气氛下，比如共进午餐，或在一次社交聚会上，通过认真倾听，你就可能获知有关一位潜在顾客的大量信息，这些信息在确定该如何向你的潜在顾客进行推销方面是极为有用的。

为什么要认真听的另一个重要原因是，你可以由此揭示出可能存在于潜在顾客心中的疑问。潜在顾客也许会告诉你，他们不买你产品的原因是因为他们不了解产品，或是对有关信息了解得不够全面。另一方面，如果你不认真倾听，你就会面临隐藏疑问的可能。因为你不知道该提供什么信息释疑，这些隐藏不露的疑问就很难得到解决。

一般的人总喜欢让别人听他们自己讲，因此，如果你是一位优秀的听众，可能会有助于潜在顾客实现自我推销。如果你能使潜在顾客发挥主动性，自行评估他们的需求状况，以及按照你为其解决需求的能力来设计自己的方案，那么这种潜在顾客自我推销的情况就非常可能出现。潜在顾客自我推销具有低压力的优点，如果潜在顾客能以这种方式做出购买决定，那将胜过你滔滔不绝的游说。

任何人都希望受人欢迎，也希望别人能了解自己，因此，不少人都想方设法训练自己的口才，让自己能言善道，成为雄辩的顶尖高手。这都是"会说话才能使沟通顺畅圆满"的心理所造成的。会说话是否就能使沟通顺利呢？以开会来说，无论是公司会议或公众会议，纵然主持人擅长说话技巧，但如果从头到尾都是他一人发表意见，那么这会议充其量只是报告会。只有出席者也发言，提出具有建设性的问题或意见，才能达到会议的沟通目的。"说"与"听"是沟通不可或缺的条件，而这两者相互平衡，才会产生理想的沟通。像这种情形也适用于一对一的交谈。由此可见，与其强求成为很会说话的人，不如先成为能倾听的人，如此有助于沟通。

听人说能获得对方的任何信息，这一点可从许多人身上证明。可以肯定，不听人说话的人，不可能受人欢迎。

从你周围的人身上可以发现，懂得说话艺术的人，也都了解听人说话的重要，由于他们不断吸纳别人的话题，于是更丰富了自己的话题。相反的，那些言语乏味的人，大都是从不听人说话的人，不但如此，反会炫耀自己或批评别人。

在犹太商人心中，说话技巧好坏与否并不重要，只要能用心学习听话技巧，就能受人欢迎，做事更容易成功。虽然能言善辩是一位优秀推销员必须具备的重要能力之一，但是，成功的推销员不仅仅是一位口齿伶俐的说客，而且也是一位出色的听众。

真诚聆听顾客心声更能说服顾客

犹太商人推销细节要诀

说服别人的最佳方式是使用自己的耳朵聆听别人的说话。专注地聆听，并对顾客所言做出有利的反应，能够让顾客产生受人尊重之感和对自己的认同感，毫无偏见地与自己合作。

许多推销员简单地认为：说服是一种单方面的程序，通常是推销员讲道理，而顾客听完后也被推销员说服了。在有关推销性演讲与示范的图书中，大多数都设有专门讲述推销员如何说服顾客的内容。因此，人们也就很自然地将说服与推销性演讲等同起来。事实上，这种纯粹的口齿伶俐、能说会道的推销员，已经难以满足当今复杂社会中那些高知识水平的顾客的需要了。

演说可以追溯到古希腊罗马时代，人们刻意营造一种进行辩论的环境，以说服听众赞成他们的言论。直到今天，许多推销员仍然会对顾客说："现在，让我来说明一下贵厂需要安装使用我们公司生产的新喷涂设备的建议。"当然，为了推销产品，实现交易，精心策划举办一场具有说服力的产品展示会是很有必要的。但是，聆听也是非常有说服力的。

说服，既是一门艺术，又是一门技巧。犹太商人认为，对推销员来说，说服主要是用以游说顾客，使他们赞同自己推销的产品是能够帮助他们解决问题的一种工具或能够满足他们的需要。尽管如此，除非自己的顾客具有可接受的心智结构、能够接受新思想和新观念，否则，再有说服力的产品展示演讲，或者能说会道的推销员说破了嘴，也难以对这种顾客产生效果，顾客未必愿意客观地分析推销员提出的建议。有一句犹太谚语说得好："说服并非观点相同。"这也就是为什么推销需要精心设计，按部就班地实施，顾客才会愿意考虑自己的建议，并与自己产生共鸣的缘故。

犹太商人认为，主动而又真诚地聆听顾客的心声，能够表明推销员愿意敞开自己的心扉，并且能够明智地对待顾客所言。如果推销员全神贯注地聆听顾客吐露心声，并适时对顾客所言做出回应，即尽可能地表示赞同，顾客会有受人尊重之感；反之，顾客也会有礼貌地聆听推销员说话，而且还会以心无偏见与合作的方式聆听推销员说话，甚至会对推销员产生认同感。

顾客一般都愿意聆听自己喜欢的推销员说话，并且很可能对专心聆听顾客心声的推销员做出有利的反应。在实际生活中，一般人都喜欢亲近那些自己看着顺眼的人，而尽量疏远那些自己看不顺眼的人。由聆听产生的可接受的心智结构，能够使推销员的说话或产品展示更有说服力。但是，即使是才华横溢的推销员，加上组织完美的产品展示会，如果顾客没有聆听的心情，这时，推销员深思熟虑的建议也会变得毫无意义。同样，如果推销员非常专注地聆听，并且与顾客建立了和谐的关系，那么，顾客便不会吹毛求疵，也不会用批评的眼光去审视推销员的建议。一旦顾客欣赏并尊重某位推销员，那么，他们往往能够接受这位推销员所提建议的小毛病。

聆听顾客的心声，并且给顾客一吐为快的机会，那么，顾客有时也会被说服，并确信推销员所推销的产品或服务非常好。

犹太商人马尔伯勒回忆他的一次愉快推销经历时说："我还记得，曾经同一位很健谈的顾客通电话。我竟然从头到尾一句话都插不上，我觉得他好像是在他说话中间始终没有停顿过。显然，他好像是很喜欢我，因为当时我正在专心练习聆听。但是，我毫无机会向他说明他们公司使用我们公司生产的计算机所能带来的好处，这样一来，我迫不得已，只好打断他的话，我插话说：'先生，你怎么知道使用我们的计算机能够具体帮助贵公司的运作呢？'我发现，我终于切中要害了！当我继续专心聆听时，顾客做了两件了不起的事情：一是他为我提供了大量的信息；二是他告诉我，他们公司安装使用我们公司生产的计算机后所带来的好处。只要顾客越能说服自己，我就越能通过专心聆听而更多地'奖励'他，之后，我就可以在尽可能短的时间内达成交易。"

心理医生、心理学家和心理顾问都是通过聆听来帮助自己找出解决问题的答案的。著名心理学家卡尔·罗杰斯曾经说过："如果我专心聆听顾客的倾诉，如果我能了解整个事件对顾客的意义，如果我能感觉这对顾客有多大的影响，那么，我会帮助释放出顾客内部变化的强大潜力。"

聆听还是一种结束交易过程的很有说服力的方式。顾客经常会为了采取拖延战术而告诉推销员说："这听起来很好，但是，目前在我们公司好像还派不上用场。"或者"我想多参考几家公司的产品后，再做购买决定。"

当顾客采取这种拖延战术或行为不确定时，专心聆听则能够明白地使顾客了解，推销员是不怕挫折的。一位优秀的、具有良好聆听技巧的推销员会表现出自信：只有本公司的产品，才能解决顾客的问题，最能满足顾客的需要。推销员这种坚如磐石的信心将会对顾客产生重大影响，并有可能说服顾客重新考虑购买意向。

犹太著名销售训练大师惠勒在向学员传授销售之道时说："在顾客采取拖延战术期间，推销员不应该立即向顾客多做解释，以试图挽回这笔交易。因为推销员这么一推，顾客也会顺势推回，结果毫无进展。相反，此时，推销员倒是应该做一些旁敲侧击的工作，试探顾客犹豫不决的原因，然后，再仔细聆听顾客到最后一刻还犹豫的缘由。这样一来，推销员隐约而又强烈地表现出非常关心，而且非常了解顾客的态度。最重要的是，推销员表现出丝毫不担心顾客犹豫的自信，因为他知道顾客将会做出购买决定。"推销员在顾客面前表现出紧张的心情，话说得很快，并且试图强迫顾客做出购买决定的话，最后的结果只能适得其反。因为那样会使顾客觉得现在做出购买决定毕竟不是一个最好的时机。

总之，改善自己的聆听技巧，不仅有助于推销员提高推销业绩，使推销生涯获得发展，而且还有助于推销员改善同顾客之间的人际关系和业务往来关系，改善推销员在各种社交场合的人际关系和家庭关系。良好的聆听技巧能够使每个人的生活都变得丰富多彩。

不露痕迹地配合才显出最高明的聆听

犹太商人推销细节要诀

聆听光用耳朵是远远不够的，必须达到心神合一的境界。最高明的技巧就是不露痕迹地配合对方，用身体语言来营造一种轻松愉快和互相信任的气氛以及良好的人际关系。

犹太商人认为，商业交谈好比是趣味竞赛中的同心协力，两位配对的选手在配合中出现一点细小差错，都会造成失误而输掉比赛。同样，在倾听时，我们也应注意配合说话者，哪怕是一些看似不起眼的细节，也不可忽视。

听人说话技巧高明的犹太商人，都能不露痕迹地配合对方的喜怒哀乐。对方说到伤心处就随着哀痛，对方高兴也随着欣喜，整个人的感情都专注于对方身上，几乎抹煞了自己的个性。有位心理医师曾说："我有A、B两种个性，而后者足以凌驾前者。"他由于工作上的关系，更需配合患者的情绪变化而变化，如果只是静静倾听，可能无法获得患者的信任，这会影响治疗工作。

那些有经验的推销员大都懂得"善于倾听"的秘诀。一般商场里有经验的职员在处理投诉时，都会默默不语地倾听顾客的满腹牢骚。在这种时候，顾客会把你的沉默理解为：你尊重我，你认为我的投诉是正确的，这样等顾客把不满倾泻之后，他的火气也就消了，那么问题也就迎刃而解了。

推销员学会倾听，是建立良好的人际关系的重要方法，不会倾听的人是不懂得沟通的。倾听别人的谈话是日常交往中最为常见的沟通方法，但倾听并不是静听，而是积极地把自己投入到角色中，在听的同时去激发说话者的热情。比如点点头、眨眨眼睛的动作，对于说者来说，都是莫大的鼓励。如果听者不会及时地给予说者以恰当的回馈，那么纵使你听的时间再长，也不会被当作知音。说话的人宁愿去对牛弹琴，也不愿面对着这样一个"莫测高深"的人。

犹太商人认为：要想成为一名合格的听者，必须达到心神合一的境界，光用耳朵是远远不够的。当你全身心地投入，满足了说者自我表现的欲望，那你就达到了无声赞美的目的。每个人都是一个独特的世界，都是一道美丽的风景，只是被深深的掩藏在心灵的帷幕之后。当一个人把他成功的喜悦、失败的痛苦、人生的惆怅表白给你的时候，你用你的倾听将阳光播撒于他内心的世界，给予他的是对他失败的同情、成功的赞美和生命能量的激发。

倾听时加入必要的身体语言，是非常有必要的。行动胜于语言，身体的每一部分都可以显示出激情、赞美的信息，可增强、减弱或躲避拒绝信息的传递。精于倾听的人，是不会做一部没有生气的录音机的，他会以一种积极投入的状态，向说话者传递"你的话我很喜欢听"的信息。

优秀的推销员都会使用身体语言来强化其聆听技巧，推销员恰当地使用身体语言的目的，在于营造一种轻松愉快和相互信任的气氛，以及与顾客建立良好的人际关系。这可以促使顾客侃侃而谈，继续与推销员分享信息。除了语言线索之外，推销员还可以利用身体语言来使顾客知道你在用心聆听他说话。

"眼睛是心灵的窗口"，适当的眼神交流可以增强听的效果。这种眼神是专注的，而不是游移不定的；是真诚的，而不是虚伪的。发自灵魂深处的眼神是动人心魄的。与顾客保持强烈的眼神交流，而又不是死死地盯着顾客。推销员在与顾客进行眼神交流时，要像你和朋友谈话一样友好与自然，千万不要脸转一边，而眼睛还看着顾客。在顾客办公室里，切不可东张西望，一会儿看窗户，一会儿又看走廊、看笔记或看其他有趣的地方。

保持眼神交流对于同顾客建立良好的关系来说是极端重要的，因为这样会使人觉得你既有诚意又贴心。如果无法做到这一点，不但会损害推销员与顾客的信任关系，引起相互之间的猜疑，还会导致双方之间的沟通失败。

在聆听时，推销员的脸部表情必须随着顾客谈话的心情和情绪的变化而变化。比如，在顾客开心时，推销员应该跟着顾客微笑；在顾客心情沮丧时，推销员也要表现出关切之情。同时，推销员适当地点头表示赞同顾客所说的话，这样简单的举动就能够促使顾客滔滔不绝地说个不停。当然，在聆听时，千万不要皱眉头或表现出任何批评顾客的表情。还需要注意的是，在抬头看顾客时，推销员不可以45度的角度看人，这样做，会给顾客以自己夸张而又自高自大的感觉，也不可以一味地缩下巴，搞得自己的眼神要向上扬，才能看得见顾客。

在聆听时要端正地坐在椅子上，并且要尽量靠近顾客的桌子。推销员应该坐得端正，但又要保持轻松自然，不可以像懒汉那样瘫坐在椅子上，或者像一根木头一样一动不动。同时，切不可将双手交叉放在胸前，摆出一副有所防备的架势。犹太商人认为：如果推销员摆出这种姿势会令顾客畏惧，从而使顾客再也无心继续谈下去了，或者使顾客无法继续进行评论。经验丰富的推销高手一般会坐姿端正，一条腿架在另一条腿上，手要自然地放在椅子的扶手上。推销员在进行第一次推销访问时，千万不要坐在椅子的边缘上，不要倾身将自己的手肘顶在顾客的桌子上，因为许多顾客在推销员第一次访问时，离得太近会感到不舒服或者会感到这是一种威胁。除此之外，推销员在聆听时，坐在椅子的边缘也使顾客感到不舒服。不过，倾身的姿势有时用在顾客非常看重的事物，或者顾客正在发表个人看法比较敏感的话题时，也是很有效的。向前倾身是一种表现出推销员对话题具有浓厚兴趣的姿势，好像推销员正在努力聆听顾客所说的每一个字。

推销员在聆听时，要尽量避免一些奇特的姿势或动作，比如，玩铅笔或顾客桌子上的物品，转圈圈，咬指甲，用脚在地板上打抽等等。当然，打呵欠也是不合适的。还有一个需要注意的重点是：推销员绝对不可以公开看手表。顾客一般都不喜欢推销员的这种动作，因为这好像是在暗示推销员的时间比顾客更宝贵。推销员不断地看手表（特别是连续多次看手表）的动作，不仅容易分散顾客的注意力，也会损害彼此之间的关系，而且还可能导致讨论的话题因此而终止。如果推销员是为了估计一下还有多少时间可以用来讨论其他重要问题，或者是为了不要错过下一次约会，那么，最好是将戴表的手放在笔记本上，或是把手放在膝上，再巧妙地瞥一眼。这样做，比把手腕抬起来看时间要策略得多。

在聆听中捕捉顾客的购买信息

犹太商人推销细节要诀

如果仔细聆听，顾客自然会告诉你何时购买的信息。要特别关注顾客说的表示感兴趣的话，非常强烈和乐观的陈述，以及下定购买决心时的身体语言信号，有时连他自己都不知道他已经下订单了。

犹太商人认为，如果顾客在交谈时发出了购买信息，仔细聆听的推销员往往能够获得这些关键信息。这是因为，如果推销员能够立即捕捉到这些信息，他就能够迅速做出反应，并尽快促成交易。

犹太商人在经商实践中发现：捕捉购买信息并适时做出反应，实际上能够使推销员提高10%~50%的工作效率和推销业绩。如果推销员错失购买信息，不但会不必要地延长销售时间，而且还会使整个交易过程复杂化，更糟糕的是，可能会使对手捷足先登。

当顾客说话或做事情表现出他对产品、服务或公司有所喜好时，或者顾客表现出渴望继续谈下去，想订购产品时，购买信息也就出现了。犹太商人麦格特认为：“当顾客经历心理决策过程并决定购买时（或者具有强烈的购买欲望时），顾客已经假定'心理拥有'这种产品。"当顾客对某项推销建议很满意时，他会开始有意无意地发出积极的信息，以帮助推销员加快推销过程，迅速达成交易。

犹太商人有一句谚语：如果你仔细聆听，买主自然会告诉你他什么时候下订单，有时，连他自己都不知道他已经下订单了。这句话深层的意思是：购买信息通常因顾客购买欲望的强弱而变化，或者提高提问的兴趣："我在哪里签字？"在推销循环的早期，一些购买信息很微弱；而在接近达成交易时，这种信息通常会越来越强烈，越来越直接，顾客也越有可能下订单。这时，推销员的主要任务就是仔细聆听而且要注意观察这类信息，然后，再进行试探性地下单或真正下单，以达成交易。

犹太商人考德威尔认为，有一种购买信息通常是一系列详细的、具体的关于产品或服务的问题。问题越详细，越涉及到你的产品，顾客购买你的产品的意愿即购买信息就越强烈。这样的信息表明：顾客可能对你的产品非常了解，事先已经做了大量的准备工作，而且始终密切注意你的一举一动。同时也表明：顾客对你的产品或你的公司非常感兴趣。

下面是考德威尔在《成交》书中提到的，如果顾客感兴趣时可能会提出的一些问题：

"你认为，AB32 型号的产品符合我公司的需要吗？为了掌握这种型号机器的操作，本公司需要派多少员工来接受培训呢？"

"如果需要维修的话，能否在一天内维修好？有这种可能性吗？"

"我可不可以具体指定颜色呢？"

"贵公司是否能够提供某种主要市场或促销帮助？"

"你打算怎么运输——是用汽车运输还是用火车运输？什么时候交货呢？交货期能否短一点呢？"

"如果我们购买的这种型号的机器不适用的话，能否在一周内退货？"

"我能否保留一份协议书给我的律师看呢？"

有的顾客虽然已经决定购买，但是，他还是会故意提出一些观点不明朗的问题，让推销员误认为顾客尚未下定决心。这里的主要原因是，顾客这样做的目的在于避免推销员在一旁催个不停，或者是为了留下进一步讨价还价的余地。考德威尔列举出了下面这些"戏弄性"问题，都是顾客通常表明购买意愿的例子：

"如果我们公司决定购买你的产品，我想知道可否……"

"我还有一个不重要的、纯粹是出于好奇的问题想向你请教，不知道是否……"

"哦，顺便说一下，贵公司能否……"

"到目前为止，我们公司尚未做出购买决定，但是，我可不可以向你请教这个……"

考德威尔认为：另外一些观点不明朗的问题需视情况而定，而且这些问题的句子的开头一般都使用"假如""如果""是否""可不可以"等之类的词。下面是他列举出的一些类似的例子：

"如果我们继续谈下去，并且订购贵公司的产品……"

"如果我们待会儿选择贵公司的建议案……"

"可不可以说，我们对贵公司提议的租约感兴趣……"

"假如我们对贵公司的建议书很感兴趣……"

对推销员来说，顾客的一种十分强烈而又非常乐观的陈述，是另一种需要聆听的最重要的购买信息，它表明顾客已经下定了购买决心。因此，推销员需要特别注意这类购买信息。这类信息的准确性高达99%，它的内容主要集中在产品上，并且暗示顾客已经下定了购买的决心，现在只需要注意一些购买程序之类的细节问题。因此，推销员需要注意顾客所表现出来的这类"心理拥有"了这种产品的言语：

"我需要赶快让公司的副总裁审阅这份建议书，他肯定会满意的！"

"我希望在星期五完成这项交易。我会尽快地请你同我们的合约人见面。"

"我肯定需要蓝色的座椅套，因为它们看上去与汽车淡蓝色的外观很般配。"

"这辆车的外观简直棒极了，我很喜欢这种外观，相信驾驶员也会有同样的感觉。"

推销员要切记，如果在推销访问中只出现上述情况中的一种情况，那还不能说明顾客具有强烈购买欲望，换句话说，顾客的购买愿望并不高，但是，当以上几种情况同时出现在推销访问中时，表明顾客的购买兴趣相当高。因此，它们就成为越来越有意义的反映顾客心情和态度变化的预测指标。

善于排除聆听过程中的障碍

犹太商人推销细节要诀

聆听是一种包括身体、心智和情绪在内的经历，因此，多少会有某些听力障碍影响人们的听力。作为推销员，应该知道这些听力障碍是什么，并努力将这些障碍的影响减到最小。

一个人具有良好的聆听技巧能给他带来许多好处，但是，要开发并保持主动的聆听技巧绝非是一件容易的事情。

聆听是一种包括身体、心智和情绪在内的经历，因此，多少会有某些听力障碍影响人们的听力。作为推销员，应该知道这些听力障碍是什么，并努力将这些障碍的影响减到最小。对于推销员来说，无论是从短期看，还是从长期看，努力排除这些听力障碍，能够提高自己的推销业绩，改善自己个人和事业上的人际关系。

著名的销售训练师、犹太人惠勒在训练课上传授了以下消除推销过程中聆听障碍的建议。

1. 抛开自己的好恶情感去听客户说话

如果推销员对客户没有好感，就很难坦诚而又客观地聆听他所说的话。客户所表现出的某些特质也会在某种程度上影响其所说的内容而干扰推销员聆听的注意力。比如说，推销员可能因为过于注意客户的服装、饰物、手势或其外貌、身材等而分散自己的聆听的注意力。还有，客户的说话方式也会影响推销员听的注意力。客户说得太快或太慢，或者语音不悦耳（单调、急促，或者结结巴巴）或口音很重等都会分散推销员听的注意力。推销员也可能会从客户的说话风格来对他做出判断，以至于消极地对待他，认为他情绪过于紧张，用词枯燥乏味，语言具有挑衅性、讽刺人或骄傲自大等。

要想克服这些感觉上的障碍，推销员要在聆听对方说话时，不带个人情感色彩，即使不喜欢对方，也要克制自己，坚持听下去。

2. 客户的话即使枯燥也要耐心听下去

有的顾客话语少，也有的顾客很健谈。如果遇到健谈的顾客说话漫无边际，即使推销员主动而又努力去聆听顾客说话，但由于很难从顾客说的大量无关的信息中找到相关的有用信息，推销员也会感到顾客说的话枯燥乏味。最后，使推销员聆听时遗漏自认为对自己的推销活动不重要的信息。

要想排除这种障碍，推销员必须培养自己的忍耐性，在对方枯燥的话语中发现一些有利的信息，也可以耐心周旋，巧妙地把顾客的"废话"引导到你需要的话题上来。

3. 不受对方不友好的态度左右而影响情绪

客户说的任何含有威胁、恼人、沮丧、失望或挑衅意味的话——故意刁难，都会使推销员的聆听效果降到最低点。推销员自然会对此有所反抗，感到不高兴或因此而生气。所有这些情绪反应，实际上都会影响推销员的聆听效果。推销员的另一种情绪上的聆听障碍就是顾客提出一系列问题非难。这些问题也许是挑剔推销员推销的产品，也许是抱怨推销员所在公司的服务态度很差，或许是顾客根本听都没听推销员的说明就说不要其推销的产品或服务。

当听到某些令人失望，或者感到被人戏弄的事情时，一般人很自然地会反应过度而变得情绪激动，甚至采取一些只会使事情变得更加糟糕的行动。所以，推销员要以良好的心态去对待客户的不友好态度，控制住自己的情绪，冷静地寻找应答的方法，尽量让不愉快的事情过去。

4. 调节好自己的精神状态

推销员的身体、心情和情绪状态都会对其聆听效果产生影响。如果推销员身体相当疲乏——无论是因劳累过度、情感压力、睡眠不足等所引起，还是因时差所致——就会影响自己的听力，并且使自己难以集中精力去聆听。如果推销员身体不适或生病，则会使本来已经糟糕的情况变得更加糟糕。另外，午餐时大吃大喝，加上喝了一些含酒精的饮料，然后，再坐在办公室柔软舒服的椅子上，以至于使人昏昏欲睡而无法专心聆听。

推销员要想排除这种障碍，一定要注意自己的健康状况，平时还要培养自己集中精力做好一件事的习惯，专心致志地做事，不受其他因素的干扰。

5. 不要过于坚持自己的观点

如果听者对于某个主题具有强烈的自我看法，而说话者又正好持有与听者相反的观点（而且他们彼此的信念都很坚定），这会使聆听很快终止。推销员试图说服顾客通过安装自己推销的某种机械设备，以实现公司运作自动化，但是，顾客却觉得自动化在他们的公司行不通。因此，顾客自身的偏见就会使彼此之间的谈话立即结束。

可见，每个人都基于自己坚定的信念，都认为自己的观点、感觉和行事方式才是正确的，所以，他们基本上不考虑对方的看法，更不愿采纳对方的意见，并且认为其他理论都是很幼稚的、错误的、不真实的、短视的、理想化的。要想说服对方，我们就要在推销自己的观念时，求大同存小异，不要过于固守自己的立场，要听取对方的想法。

6. 选择适宜的环境与客户交谈

一种可能会影响聆听效果的环境条件就是室内温度与空气的流动情况。无论是任何人，只要坐在一间很热、很冷、通风不良、很潮湿或很干燥的房间里，特别是长时间坐在这样的房间里，就会感到不舒服。当然，感觉也会很糟糕，所以，很难认真听进别人说的话。

另一种可能影响聆听效果的因素是光线。如果房间里的光线太刺眼，太阳光会透过窗户直射室内，或者是整个房间里的光线暗得使人感到很不舒服的话，都会影响听者的聆听效果。

接下来的问题就是噪声和音响效果了。如果令人分心的噪声和说话者的声音交杂在一起时，也会耗费听者的精力；如果这一类噪声长时间持续下去的话，最后，就可能会使听者无心聆听说话者说的话了。

有些顾客的办公室设在摩天大楼的顶层，人们可以从室内的落地窗俯视窗外的整座城市，可以说整个城市的美景尽收眼底；而有的顾客的办公室则坐落在乡村田野中，人们可以从室内的落地窗眺望窗外美丽的田园风光，看到一片绿色世界。这类视觉诱惑令人难以抗拒，以至于使听者无暇聆听说话者说话了。因此，推销员最好征求客户的意见，让双方在一个适宜的环境中进行商谈。

卷二 犹太人的处世智慧

犹太人的格言说:"山峰永不相遇,而人却时时相逢。"犹太人非常重视人际关系,重视处世的智慧,他们相信:人的专业本领往往只能带来一种机会,而处世智慧则可以带来百种千种机会;专业本领只能利用自身能量,而处世智慧则可使你利用外界的无限能量。

第一章　首先做一个生活的智者

——犹太人处世智慧一：会生活的人才能取得长久的成功

过有节制的生活

犹太人处世智慧要诀

财产越多，好梦越少；妻子越多，安宁越少；女仆越多，贞洁越少；男仆越多，治安越乱。（《塔木德》）

有一艘船在航行途中遇到了强烈的暴风雨，偏离了航向。

到次日早晨，风平浪静了，人们发现前面不远处有一个美丽的岛屿。船便驶进海湾，抛下锚，作短暂的休息。

从甲板上望去，岛上鲜花盛开，树上挂满了令人垂涎的果子，一大片美丽的绿荫，还可以听见小鸟动听的歌声。

于是，船上的旅客分成五组。

第一组旅客，因为担心正好出现顺风而错过起航的时机，便不管岛上如何美丽，静候在船上；

第二组旅客急急忙忙登上小岛，走马观花地浏览了一遍盛景，立刻回来；

第三组旅客也上岛游玩，但由于停留时间过长，在刚好吹起顺风时急忙赶回，丢三落四，好不容易占下座位；

第四组旅客一边游玩，一边观察船帆是否扬起，而且认为船长不会丢下他们把船开走，故而一直停留在岛上，直到起锚时才慌忙爬上船来，许多人为此而受了伤；

第五组旅客留恋于美丽的风光，留在岛上。结果，有的被猛兽吃掉，有的误食毒果生病而死。

犹太人认为，第一组对人生的快乐一点也不体会，人生缺少乐趣；第三组、第四组人由于过于贪恋和匆忙，吃了很大苦头；只有第二组人既享受了少许快乐，又没有忘记自己的使命，这是最贤明的一组。

正是出于这个道理，犹太人认为享受人生乐趣是人类的特权和义务。漂亮的衣物、漂亮的家、贤惠的妻子、聪明的儿子，这会使人心情愉快，工作中也是力量倍增。所以，拉比们把发誓不喝酒的人认为是"罪人"和"傻瓜"。

但拉比们在对酒的态度上也体现了犹太人那种掌握适度的分寸感，故而他们也认为，酒这种东西最忌过度，一喝多了，麻烦就来了。"只要不沉溺于酒杯，就不会犯罪"。想一想生活当中那些因烂醉如泥而丢尽脸面的人，更觉犹太人的态度非常有道理。

所以犹太人认为，当魔鬼要造访某人而又抽不出空的时候，便会派酒做自己的代表。

当然，完全放弃享受，一味地拼命工作也不应提倡。所以，犹太人推崇真实，顺其自然，即使有不好的念头但只要不去做就是高尚的人。这才是真正的、有血有肉的人，而不是不食人间烟火的"神"。

犹太人认为，不但要承受遭遇到的困难，还要让自己享受生活中的快乐。先贤们为幸福而感激的时候从不犹豫，鼓励人们从拥有的一切事物中寻找幸福。

《传道书》中这样赞美美好的生活：

"美丽、力量、财富、荣誉、智慧、年老、成熟和孩子气都是正当的，而且就是世界。去吧，高高兴兴地吃面包，快快乐乐地喝酒，你的行为早已得到了上帝的恩准。把你的衣服洗得干干净净，头上永远不要缺了香油。和你钟情的女人共浴爱河吧，一生中飞驰而过的岁月都是在阳光下赋予你的——你所有飞驰而过的岁月。仅仅为此，凭着你在阳光下所获得的权利，你可以尽力发掘生活。

"不管什么，只要在你权利许可的范围内，你就用最大的力量去做。因为在你即将进入的未来世界里，没有行动，没有思想，没有学问，没有智慧。

"即使一个人已经活了很久，也要让他尽情享受，要记得将来黑暗的日子会多么漫长。那唯一的将来是一片虚空！"

在犹太人看来，世间除了快乐之外，还有罪恶跟在后面，因此人们应防止过度贪婪。

例如，当一个人习惯了高高兴兴地吃喝，一旦吃喝不了，他就会感到失望，他就会为了钱财奔波，只为了保有他已经用惯了的餐桌。这引发了狡诈和贪婪，随之而出的是伪誓和其他一切由之而来的罪恶……然而，如果他不受到快乐的引诱，他就不会堕入这些罪恶的深渊。

正如《塔木德》所示的一样：

"肉越多，蛆越多；财产越多，好梦越少；妻子越多，安宁越少；女仆越多，贞洁越少；男仆越多，治安越乱。"

一个人不过是一个使自己感觉和追求都服从自己的王子，他统治着它们……

他适合做领袖，因为他是国家的王子，他对待肉体和灵魂都一样公平。他征服激情，把它们控制起来，同时也给予它们应得的一份满足，对待食物、饮酒、清洁等都这样……

那时，如果他让每一部分满足（给主要器官所需的休息和睡眠，让肢体苏醒、运动，从事世间的劳作），他召唤自己的集体就像一个受人尊敬的王子召唤自己纪律严明的军队，帮助他一起达到神圣之境。

犹太人这种把自我满足和自我约束给合起来的生活方式正是其伟大高明之处。

舌头是善恶之源

犹太人处世智慧要诀

语言的价值是一个塞拉,沉默的价值是两个塞拉。

沉默对聪明的人有好处,对愚蠢的人则更有好处。(《塔木德》)

犹太人强调,尽管舌头没有骨头,但也应该特别小心。因为话一旦说出口,就像射出的箭,再也不能收回了。

犹太人常常对他们的孩子讲这样一个故事,拉比西蒙·本·噶玛利尔对他的仆人塔拜说:

"到市场去给我买些好东西。"

塔拜去了,带回来一个舌头。

西蒙又对塔拜说:"到市场上给我买些不好的东西。"

塔拜去了,又带回来一个舌头。

拉比对他说:"为什么我说'好东西'你带回来一个舌头;我说'不好的东西',你还是带回来一个舌头?"

塔拜回答说:"舌头是善恶之源。当它好的时候,没有比它再好的了;当它坏的时候,没有比它更坏的了。"

从这则犹太故事中可以看出舌头的重要性。人之所以有两个耳朵、一张嘴巴,是为了让人多听少说。于是,那些懂得听话艺术的人总是让人尊敬,而那些只知喋喋不休地说个不停的人只能让人更厌恶。

犹太人认为,愚者常常暴露出自己的愚昧,贤者却总是隐藏自己的知性。基于这样,犹太人坚信:"假如你想活得更幸福、更快乐的话,就应该从鼻子里充分吸进新鲜空气,而始终关闭你的嘴巴。"

犹太人有一句俗话说:"当傻瓜高声大笑时,聪明人只会微微一笑。"因为善于听话的人,易表露知性;而喜欢表现自我、喋喋不休的人,通常都是些傻瓜。

一个波斯国王快要病死了。他的医生告诉他，喝母狮子的奶是存活的唯一希望。国王转向仆人们，"谁去把母狮子的奶给我拿来？"他问道。

"我愿意去！"有个人回答说，"条件是让我带上 10 只山羊。"

那人带着羊群上路了。他找到一个狮子洞，那儿有一头母狮子正在给幼崽喂奶。第一天，这人远远站着，把一只山羊扔给母狮子，它很快就把山羊吃掉了。第二天，他走近了一些儿，又扔过去一只山羊。这样他一点点往前走着。到第 10 天，他和母狮子成了朋友。最后他取了一些它的奶。这人就返回来了。

走到半路，这个人睡了一觉，梦见自己身体的各个部分吵了起来。他的腿说："要不是我们走近母狮，这个人就没办法取到奶。"

手回答说："要不是我们挤奶，他也没有办法取到奶给国王。"

"但是，"眼睛说，"要不是我们指路，他什么也干不了。"

"我比你们都好！"心喊叫着，"要不是我想到这个办法，你们都没有用。"

"而我呢，"舌头回答说，"是最好的！要不是我，你们还能干什么？"

"你怎么敢和我们比？"身体的各部分一起叫起来，"你整天在那个黑暗的地方待着，你甚至连一根骨头都没有。"

"你们早晚会知道的，"舌头说，"到那时你们就会承认我是统治者。"

这个人醒过来，继续赶路。当他走进国王的宫殿，他宣布："这是我给你带回来的狗奶！"

"狗奶！"国王咆哮道，"我要的是狮子奶。把这人带走吊死。"

在去刑场的路上，这个人身体的各个部分都颤抖起来。这时舌头对它们说："如果我救了你们，你们会不会承认我统治你们？"它们都忙不迭地同意了。

"把我送到国王那里去。"舌头冲着刽子手大喊。这人又被带到国王面前。

"为什么你下令把我绞死？"这人问道，"你不知道有时候母狮子也叫作母狗吗？"

国王的医生从这人手里接过奶，检查后发现真的是母狮子奶。国王喝了以后，病很快就好了。

这个人获得了丰厚的奖赏。现在身体的各部分都转向舌头：

"我们向你致敬，你是我们的统治者。"它们谦恭地说。

从这则犹太故事可知，话应该一字一句地斟酌才对。适量的言语可以一针见血，但是用量过多就会有害。警惕自己的舌头，如同慎重地对待珍宝一样。使自己的舌头保持沉默，人生将会得到很大的好处。

拥有自己的一份强过拥有别人的九份

犹太人处世智慧要诀

拥有一份自己的比拥有九份别人的能让人更高兴。（《塔木德》）

正如犹太传说中的先贤和智者阿卡玛雅·本·玛哈拉雷尔所说：

"人正如来自母亲的子宫，终究还要离开，和来的时候一样赤条条。"

一只狐狸，发现了一座葡萄园，到处围着篱笆，只有一个很小的洞口。

它试图进去，可是进不去。

它3天没有吃东西，变得瘦骨嶙峋，然后从洞里钻了过去。它在葡萄园里大吃起来，变得肥胖了。

想离开的时候，它没法钻出那个洞。所以它又饿了3天，直到又变得瘦骨嶙峋。

然后它出去了。

走的时候，它回头看看这个地方，说：

"唉，葡萄园啊，葡萄园啊，你的一切都值得赞美。可是你给了我什么享受呢？谁进去了，都得离开。"

这个世界，也是这样，就像一个结婚礼堂。

一个男人走到华沙的小酒馆。晚上，他听到音乐和跳舞的声音从隔壁的房子里传来。

"他们一定是在庆祝婚礼。"他自己这样想着。

但是第二天晚上，他又听到了这样的声音。第三天晚上还是这样。

"一户人家怎么能有这么多的婚礼呢？"这个人问酒馆主人。

"那个房子是一个结婚礼堂，"酒馆主人说，"今天有人在那里举行婚礼，明天还会有别人。"

"这个世界也是这样，"一个哈西德派拉比说，"人们总是在享受，不过有时候是这些人，有时候是另外一些人。没有谁是永远快乐的。"

因为生活为一切而存在，为世间的每一种经历而存在。

有颠覆之时，有建设之时；有哭泣之时，有欢笑之时；有哀号之时，有舞蹈之时；有拥抱之时，有分离之时；有收获之时，有失落之时；有保存之时，有丢弃之时；有生之时，有死之时；有播种之时，有收割之时；有杀戮之时，有救助之时；有撕裂之时，有缝合之时；有沉默之时，有言笑之时；有爱恋之时，有憎恨之时；有战争之时，有和平之时。

在生活中，每个人都莫因所获渺小而放弃，要知足常乐。

一条落入网中的小鱼对渔夫说："我太小了，不值得你一吃。你把我放了，让我再长长，满两年以后我一定来让你吃。到那时候，你就会在老地方找到我，发现我大多了，比从前胖了7倍。那时，如果你把我煮在水里，你全家一定像过节一样开心。"

渔夫回答说："与其将一个巨兽让我的邻居们管制一年，还不如有条小鱼就抓在我自己的手中。"

每个人都能说出故事的含义：

别人手里一堆堆的希望也比不上你自己手中把握着的小小满足。

在篱笆上蹦蹦跳跳的两只鸟，还比不上关在笼子里面的一只鸟。

《塔木德》说："抓住好东西，无论它多么微不足道；伸手把它捉住，不要让它溜掉。"

勿盗窃时间

犹太人处世智慧要诀

今天就是最后一天，永远不要等待明天，因为没有人知道明天会是什么样子。(《塔木德》)

在犹太人看来，时间和商品一样，是赚钱的资本，因此盗窃了时间，就等于盗窃了商品，也就是盗窃了金钱。

犹太人把时间看得十分重要，在工作中也往往以秒来计算时间。一旦规定了工作的时间，就严格遵守。下班的铃声一响，打字员即使只有几个字就可以打完，他们也会立即搁下工作回家。因为，他们的理由是"我在工作时间没有随便浪费一秒钟，因此我也不能浪费属于我的时间"。

瞧！这就是犹太人的时间观念。

他们把时间和金钱看得一样重要，无缘无故地浪费时间和盗窃别人金柜里的金钱一样是罪恶的事情。一个犹太富商曾经这样计算过：他每天的工资为8000美元，那么每分钟约合17美元，假如他被打扰而因此浪费了5分钟时间，这样就等于自己被盗窃现款85美元。

犹太人的思想观念里，时间是如此重要，千万不可以随便浪费。即使一些看来是必要的活动，也被他们简单化了。比如客人和主人约定时间谈事情，说好在上午10：00~10：15的，那么时间一到，无论你的事情是否谈完，都请自动离开。犹太人为了把会谈的时间尽量压缩。通常见面后，他们便直奔主题："今天我们来谈谈什么事情……"而不像其他民族，见面就谈一些"今天的天气不错"之类的客套话。在犹太人看来那些是毫无意义的，纯粹是在浪费时间，除非他觉得和你客套能从中得到什么好处，才跟你客套几句。

约定时间，请务必准时到达，即使差一分钟也是不礼貌的；一进办公室，立即进行谈话，这样才是礼貌的商人。在规定的时间把话题说完，如果需要，请你来之前作好谈话的准备，但是既然来了，切勿拖延对方的时间，这就是礼貌。

钱可以再赚，商品可以再造，可是时间是不能重复的。因此，时间远比商品和金钱宝贵。

犹太人把时间看得那么重，是有其道理的。时间是任何一宗交易必不可少的条件，是达到经营目的的前提。与对方签订合同时，要充分估计自己的交货能力，是否能按客户要求的质量、数量和交货期去履行合约。如果可以办到，就与其签约；如果办不到，切不可妄为。

时间的价值还显示在赶季节和抢在竞争对手前获取好价格和占领市场方面。在竞争激烈的市场中，谁能在一个市场上一马当先，把质优款新的产品抢先推出，谁就一定能够获得较好的经济效益。

时间的价值还表现在生意的全过程。一个企业经营效益的高低，是与其经营费用水平的高低息息相关的。如一个企业一年的营业额为10亿美元，其资金年周转率为两次，言下之意，该企业每年占用资金为5亿美元。按通常的银行利息为12%（年息）计算，一年共支付利息达6000万美元。如果该企业能把握一切时间和进行有效管理，使资金周转达到一年4次，那么，其支付的利息就可节省3000万美元，换句话说，该企业就可多盈利3000万美元了。除此之外，加快货物购入和销出，加快货款的清收等，都体现出时间的价值。

时间就像海绵里的水，只要善于挤，就总会找出来。商人的时间更是如此，要想赚钱，首先就得有赚钱的时间。有空闲才能集中精力经商。会赚钱的商人，就应该是一个管理时间的高手。

时间，是这个世界上最宝贵的东西。它不像金钱和宝物，丢失了可以再找到或者赚回来，而时间只要被浪费掉了，就永远不会回来了。

人最不该浪费的东西就是时间，对人而言，时间就是命运；对于商人而言，时间就是金钱。要经商，首先就要保证自己拥有充足的时间。

犹太人喜欢紧迫地工作，一分钟都不可以放弃。因为要经商就要有时间，必须有大量的时间可以让你支配，否则是不会轻易成功的。成功是经过大量艰苦的劳动得到的。他们善于利用和把握时间。

把每一天都当作最后一天吧。犹太人就是这样紧迫地看待时间，时间就是金钱，是绝对不可以随便浪费的。犹太人说"不要盗窃时间"。

一个商人要赚钱，首先就要考虑好如何合理地安排好时间。

正因为对时间有了这样一种认识，犹太商人在做生意也好，工作也好，对时间的使用极为精打细算。

所以，犹太人在商业活动中非常注意时间安排。公司每天上班开始的一小时内，是所谓的"发布命令时间"，将昨天下班后至今天上午上班前所接到的一切业务往来的材料或事务处理或做出具体安排。在这段时间里，不允许任何外人的打扰。而外人即使是商业上的联系，也必须事先约定。"不速之客"在犹太人的商务活动中，几乎等于"不受欢迎的人"。因为不速之客会打乱原先的时间安排，也会浪费大家的时间。

日本某著名百货公司宣传部的一位年轻职员，曾经为了进行市场调查，来到纽约市。当他想到自己应该有效地运用自由时间，就直接跑到纽约某个著名犹太商人的百货店，贸然叩开了该公司宣传部主任办公室的大门，向门房小姐说明来意。

门房小姐问："请问先生您事先预约好时间了吗？"这位青年微微一愣，但马上滔滔不绝地说："我是日本某百货店的职员，这次来纽约考察，特意利用空闲时间，来拜访贵公司的宣传部主任……"

"对不起，先生！"小姐打断了他的话。

就这样，这位职员被拒之于冰冷的大门之外。

这位职员利用闲暇之余，主动地访问同行人，从某个角度看，应该值得表扬。但犹太人不假思索地拒绝了他，为什么呢？这仍然和"盗窃时间"的警言有关。对于贯彻"时间就是金钱"的犹太人来说，在工作时间里，放弃几分钟而跟一个根本没有把握的"不速之客"去谈判，是根本不可想象的。犹太人从来不做没有把握的生意，因此，"不速之客"在犹太人看来是妨碍他们工作的绊脚石。只有拒绝他，才能让自己的工作畅通无阻，直奔"时间就是金钱"的主题。

现在来看看犹太巨商摩根是如何有效利用时间的。

摩根的办公室和其他人的办公室是连接在一起的。摩根这样做就是为了经理们有什么需要请示的事情，他直接就在现场告诉他怎样处理哪个问题。如果工厂出现了什么问题，也可以直接来找他解决问题，他不会让问题随便拖延哪怕一分钟。

摩根和人会面的时候，就是犹太人这种处理方式。他直接地问你有什么事情要处理，他一般简明扼要地交代三两句，就把来人打发了。他的经理们都知道他的这种作风，于是给他汇报工作的时候，都必须干净利落地说明问题，任何含糊和拖泥带水的行为都会遭到他严厉的批评。他也很少和人客套寒暄，除非是某个十分重要的人物来了，他才说几句客套的话。但是他有个原则就是与任何人的聊天时间不超过 5 分钟，即使是总统来了，他也一样对待。

时间足可以使财富"无中生有"。

巴奈·巴纳特是一个旧服装商的儿子，出生于佩蒂扣特港，以后就读于一所专为穷人孩子建立的犹太免费学校。成年后，巴纳特带着 40 箱雪茄烟作为创业资本来到南非。他把这些雪茄抵押给探矿者，获得了一些钻石，从而开始了钻石买卖。巴纳特的赢利呈周期性变化，每个星期六是他获利最多的日子，因为这一天银行较早停止营业，巴纳特可以放心大胆地用支票购买钻石，然后赶在星期一银行重新开门之前将钻石售出，以所得款项支付货款。

说到底，巴纳特其实是钻了银行停止营业一天多这个"时间"空子，然而只要他有能力在每星期一早上给自己的账号上存入足够兑付他星期六所开出的所有支票的钱，那他就永远没有开"空头支票"。所以，巴纳特的这种拖延付款，是在吃透了市场运行的时间表，没有侵犯任何人的合法权利的前提下进行的。

巴纳特靠打"时间差"生财，真可谓精明到了极点。在此，时间成了商人手中的"王牌"，"一寸光阴一寸金"已不再是一个隐性的比喻，而成为了一种现实的陈说。

商业竞争就是时间的竞争。学会合理有效地安排时间，这是商人最大的智慧。

光明总在黑暗后

犹太人处世智慧要诀

人的眼睛是由黑白两部分组成的，但是为什么只让透过黑暗的部分看东西？因为人必须透过黑暗，才能看到光明。（《塔木德》）

有这样一个有趣的故事：

一个女儿对父亲抱怨她的生活，她不知该如何应付生活，想要自暴自弃了。

她的父亲把她带进厨房。父亲往一只锅里放些胡萝卜，第二只锅里放入鸡蛋，最后一只锅里放入碾成粉状的咖啡豆，他将它们浸入开水中煮。

女儿不耐烦地等待着，纳闷父亲在做什么。大约20分钟后，父亲把火闭了，把胡萝卜捞出来放入一个碗内，把鸡蛋捞出来放入另一个碗中，然后又把咖啡舀到一个杯子里。转过身问女儿："亲爱的，你看见什么？""胡萝卜、鸡蛋、咖啡。"她回答。

他让女儿靠近些并让她用手摸摸胡萝卜。她注意到它们变软了。父亲又让女儿拿一只鸡蛋并打破它。将壳剥掉后，她看到的是只煮熟的鸡蛋。最后，他让她啜饮咖啡。她品尝到香浓的咖啡，女儿问道："父亲，这意味着什么？"

父亲解释说，这3样东西面临同样的逆境——煮沸的开水，但其反应各不相同。胡萝卜入锅之前是强壮的，毫不示弱，但进入开水后，它变软了，变弱了。鸡蛋原来是易碎的，它薄薄的外壳保护着它呈液体的内脏，但是经开水一煮，它的内脏变硬了。而粉状咖啡豆则很独特，进入沸水后，它们倒改变了水。"哪个是你呢？"他问女儿，"当逆境找上门时，该如何反应，是选择做胡萝卜、鸡蛋，还是咖啡豆？"

这是一则耐人寻味的小故事。面对逆境，犹太人是如何反应的呢？

犹太教的信念告诉他们："只要不断地保持希望的灯火，就不怕忍受黑暗。"黑暗过去就是光明，这是他们存活下来的希望，因此无论环境多么恶劣，他们都不会绝望。只要还有一息尚存，就要忍耐着生存下去。

"人的眼睛是由黑白两部分组成的，但是为什么只能透过其黑暗的部分看东西？因为人必须通过黑暗，才能看到光明。"人生也是从苦难和黑暗开始，最后才到达幸福和光明的境地。不要害怕痛苦，因为一个人只有痛苦到了极点，才能品尝到甜美的果实。这些都是《塔木德》告诉他们的。

犹太人的意识里面永远充满了痛苦的观念和深深的忧患。

当他们被生下来的时候，大家不是为他的降临人世而高兴，而是为他而哭泣。犹太箴言是这样解释的："孩子出生时我们觉得高兴，有人去世时我们感到悲伤。其实应该反过来才对。因为孩子出生时不知今后的命运如何，而人死之时一切功业已盖棺论定。"犹太的先知们认为人的一生分为6个阶段：

1岁时是国王——家人像扶持国王一样扶持他，对他的关心无微不至；

2岁的时候是头小猪——喜欢在泥巴里面玩耍；

18岁的时候是小羊——无忧无虑地欢笑、跳跃；

结婚时是驴子——背负着家庭的重担，低头缓行；

中年时是狗——为了养家糊口，不得不摇尾奉承，乞求他人；

老迈时是猴——行为和孩童无异，然而再没有人去关心他了。

综观人的一生，犹太人认为困难和不如意占十之七八，而幸福和快乐只占人生命运的十之二三。既然这样，也就不必惧怕痛苦和人生的失意。

来看这样一个真实的故事：

德国纳粹占领东欧的时候，在一个小镇上，有个犹太家庭，全家五口躲在一间仓库的小阁楼上。

每当纳粹巡逻队或不怀好意的市民走进仓库，他们全家人都得屏声敛气，一点声音都不敢弄出来。时间一长，他们学会了比手画脚，完全以动作来交换思想，传达感情。

为了生存，父母和叔叔要轮流外出寻找食物和水。三个月后的一天，母亲外出觅食未归，关心他们的市民说："你们的母亲被德国兵抓住了。"过了两个月，父亲又一去不返。半年后，叔叔刚出门不久，两个孩子就听到一声枪响。

三个大人相继死后，寻找食物的重担就落在了姐姐的肩上。每当仓库附近有风吹草动的声音，姐姐就掩住弟弟的嘴巴。姐弟俩相依为命。一个多月后姐姐又没有回来。从此以后，凡听到异样声响，弟弟只有自己掩住嘴巴。最后，弟弟终于幸存了下来。

彩虹是希望的象征，每经历一场暴风雨后，天空便架起美丽的彩虹。黑暗过后必是光明——这是犹太人存活下来的信念，也是如今世界上仍有许多犹太人留存下来的真正原因。他们永不绝望，只要一息尚存，就要为希望而忍耐。

对犹太商人而言，忍耐就意味着在困境中奋斗，于艰难中勃发。成为大富翁的犹太人，几乎都是由赤贫发家的。投资家乔治·索罗斯从匈牙利到美国时还一文不名，英特尔总裁安迪·泪罗布是从匈牙利空手移民过来的，罗斯柴尔德也是在父母很早过世身无分文的情况下起步的。犹太人中大部分成功人士都是白手起家的，而且都经历了诸多磨难。但他们都隐忍不发，为以后的崛起蓄积了巨大的力量。

有这样一个实验：科学家烧开一锅油，把一只青蛙放在滚热的油锅旁边，那只青蛙在快到油面的时候，竟然跳离了油锅；然而，把这只青蛙放进注满水的锅里，下面放火去煮。这只青蛙开始还觉得温热，后来水越来越热，它却离不开锅里，最后被水煮死。

犹太人就像那只快到油锅的青蛙，他们时刻充满了危机意识，在任何情况下都保持着警惕。许多犹太人的一生经历了许多痛苦和苦难，因此，当他们有了安定的生活的时候，他们是不会忘记曾经受过的苦难的。

犹太人考夫曼能成为股市"神人"，是他顽强忍耐奋斗的结果。他

1937年出生于德国，因遭受纳粹的迫害，1946年随父母逃到美国定居。他刚到美国时不懂英语，但他很有耐性，不怕别人嘲笑，大胆地与美国小朋友交谈，从中学习英语。他还利用课余时间补习英语，吃饭时和走路时也背诵英语词句。半年时间过去了，他能熟练地讲英语了。他家境不佳，却以半工半读形式读完了大学，并获得了学士、硕士和博士学位。在工作中，他不辞劳苦，从银行的最底层做起，直至成为世界闻名的所罗门兄弟证券公司主要合伙人，以至首席经济专家和股票、债券研究部负责人。他对股市料势如神，成为美国证券市场的权威之一。

巴拉尼是生于奥地利维也纳的犹太人，他年幼患了骨结核病，由于家贫无法医治，使他的膝关节永久性僵硬，行走不得。但他没有灰心丧志，反而艰苦奋斗，刻苦攻读，终于在医学上取得了惊人的成就，除了荣获奥地利皇家授予的爵位外，1914年还获得了诺贝尔生理学及医学奖，他一生发表了184篇很有价值的科研论文。

"世上无难事，只怕有心人。"忍耐是成功的信心表现。成功之途是崎岖曲折的。成功者的特长之一，是善于处理前进中的障碍，有坚忍不拔的忍耐性。"成功者是踏着失败而前进的"。

犹太人贝弗里奇说："人们最好的工作往往是在处于逆境的情况下做出的。思想上的压力，甚至肉体上的痛苦都可能成为精神上的兴奋剂。"人们可以把逆境当成动力，激励自己顽强地奋斗，去争取幸福。

犹太人告诫人们，挫折是在所难免的，重要的不是绝对避免挫折，而是要在挫折面前采取积极进取的态度。挫折乃至失败并不可怕。可怕的是因为挫折失败而失望，放弃追求。这时必须采取积极的态度，以应付遇到的意料之中或意想不到的挫折，但绝不能因此而放弃对幸福的追求。聪明的做法应当是，审视自己所受的挫折甚至失败，使挫折成为成功的阶梯。

忍耐是逆商的基本体现，逆境是成功的一种回响。爱迪生成功发明电灯泡，其发明过程失败了起码三千多次。后来记者问他失败了三千多次有何感想。他回答说："我一次也没有失败过，因发明电灯泡总共需要三千多个步骤。

同时我成功地发现了三千多个没有效果的方法。"

爱迪生和许许多多的发明家为什么有超乎常人的忍耐力？对于每一次失败的经验，他们都看成为一种响应，这种响应告诉他们应该怎样尝试不同的方法。在他们的信念系统里，他们坚信通过这样的回馈机制，他们总有一天会成功。

《塔木德》里说："有10个烦恼比仅有1个烦恼好得多。"因为有10个烦恼的人不会再惧怕烦恼，而拥有1个烦恼的人会觉得整天都很烦恼。

这就是犹太人的人生观。痛苦，才是人生之路。人生是痛苦的，没有经历过痛苦的人生是不存在的，人生的大部分时间要经受痛苦。人在这个世界上就是为了人生的某个目标而痛苦、努力地生活的，直到人死了，痛苦的努力才算结束。

苦难和痛苦充满了犹太人的一生。他们经历了最惨绝人寰的屠杀，经历了被驱逐、压迫。他们走到哪里，欺凌和侮辱就跟随他们到哪里。他们四处流浪、衣食没有着落。

经历了这一切之后，他们已经不怕任何苦难了。再大的苦难他们已经丝毫不觉得难以忍受了。因此，只要环境相对稳定下来，他们千百年的忍耐与顽强就像火山一样爆发出来，做出让世人称羡的成就。

犹太民族正是凭借着这种生存意志和聪明才智，在各大洲之间辗转迁移。犹太人对苦难的忍耐力是罕见的，他们就像弹簧一样对压力有着极大的韧性。他们认为只有饱尝苦难和贫穷的人，才能在商场上有所作为，从而摘取生活甜美的果实。

犹太人从《圣经》所讲述的故事的时候开始，就遭受无尽的迫害，一部犹太人的历史简直就是他们遭受迫害的历史，而这也造就了他们坚忍不拔的性格。

笑是风力，哭是水力

犹太人处世智慧要诀

思考时请感情离开，因为你需要的是理智。（《塔木德》）

"笑是风力，哭是水力。"犹太人的父母这样批评他的哭泣的孩子。

一个犹太孩子和他的姐姐争夺玩具，他的姐姐不给他，他于是哭了。他旁边的父母这样笑话他："笑是风力，哭是水力。"这句话是什么意思呢？是说笑就像风刮过去一样消失了，而哭就像水流过去一样没有了痕迹。在他们的父母看来，小孩的哭泣是他自己一种不愉快的感情的宣泄。而小孩子任意宣泄自己的感情只是他不肯动脑筋想办法的一种没有能力的表现而已。犹太人是很不喜欢这样单纯的感情的需求的，他们需要的是事情的圆满解决，而事情的解决只能依靠他动脑筋，想办法。

笑也是一样的。没有根据的笑和不解决问题的哭都是一种短暂的感情宣泄，都是没有多大意义的。犹太人始终认为，在任何时候运用理性的思考，想办法去解决摆在面前的问题，这才是真正有用的。而遇到问题就感情用事，实在是一件很没有意义、让人觉得可笑的事情。

用理性去看待这个世界，绝不要盲目。这是犹太人的思维方式。而理性摒弃了愚昧和偏见，所以，人们应该用理性去恢复这个世界的本来面目。在他们看来，生活中有许多事情，是我们自己的盲目和冲动造成的。我们任意使用自己的感情才造成了对世界的惶恐、惧怕。

犹太人为我们列举了生活中我们由于感情的冲动而造成的偏见，"我一点儿都不像自己的母亲""我忙得实在没有时间锻炼""我根本不需要治疗""我不想结婚"等。再如，大家讨厌"恶"的行为，但是犹太人却说："恶的冲动有善吗？有，如果没有恶的冲动，相信就不会有人盖房子，娶太太，生孩子，或者拼命地赚钱了。"

"没有根据的憎恨，是最大的罪恶。"犹太人这样理智地告诉人们，不要轻易地喜欢和憎恨一个人。

犹太人从来不喜欢感情用事，他们认为感情用事只是犯愚蠢错误的开始。而理性思考的人才是真正明智的人。那么，是不是就不需要感情，不再要热情，只是一味的理性呢？

犹太人把人的热情分为两种：一种是由感情所煽起的热情，另一种则是由理智所支持的热情。

犹太人认为，感情所煽起的热情是很危险的，因为感情不能持久，而理智则可以贯彻终生。

人的热情要靠理性来支持。比如爱因斯坦对"相对论"研究，都充满着热情，并以理智为基础，理智促进热情，使热情向困难挑战，终于建造了伟大的理论金字塔。

同时，在犹太人心中，凡是经不起时间折磨，过了一段时间就会失去价值的东西，都不珍贵，感情便是这种不堪时间折磨的东西。

犹太人认为同情是一种感情煽动起来的热情。

犹太人称同情为"雷赫姆"，"雷赫姆"是"母亲的子宫"之意。

拉比们说母亲怀胎10月时，不管肚子里的孩子是男是女，她都一定会流露出深切的母爱，"同情"的语源就是这么来的。

《圣经》上说：神本来打算让这个世界成为只有正义才可以统治的地方，但是没有成功。在不得已的情况下，他把"同情"给了人，使人能继续生存于世上。

犹太拉比告诫人们：绝不可因过度的热情而引火焚身，毁灭自己。因为这种热情会使人生的齿轮狂转，恋爱就是其中的一项。犹太人很少有激烈的热恋，他们认为，恋爱只不过是为建立家庭预做准备而已。

虽然如此，但并不是所有的犹太人都不重视感情。

《塔木德》中有一句很美的话："心满了的时候，就会从眼睛溢出来。"可见《塔木德》是肯定感情的存在。

作为商人，应该是一个纯粹的理性主义者，需要用理性的态度对待商务上发生的一切事情，而不应该感情用事。

众所周知，犹太人是最注重遵守契约的人，如果有谁违反了这个契约，那他就会被认为是犯了一件绝不可以饶恕的错误，这个错误是所有错误里面最严重的。但是一旦发生这样的事情，犹太人会怎么做呢？

一次有个印度人和犹太人洽谈好了一笔生意，结果最后的时候印度人不能履行合同了。这个印度人和犹太人打过交道，知道犹太人最讲究的就是生意的契约。他忐忑不安地去见犹太人，找出了种种的理由，试图说明不能履行合同的原因，同时他心里还在想对方是不是已经发怒了。可是犹太人简单地听了几句之后，就立即打断他，平静地对他说："哦，你违反了我们的合同，按照协议，你应该赔偿我损失，这个损失是这样计算的……"印度人听了，觉得简直不可思议，犹太人居然没有动怒。

其实，犹太人是聪明的。即便是你再计较契约的严肃性，愤怒地谴责他，也是没有任何的意义的。事情已经发生了，现在只有尽快地弥补自己的损失才是最重要的。生意人应该是彻底的理性主义者。因为金钱和利润是可见的、现实的。而感情是无形的、很快消逝的。

犹太人在经营自己的企业和公司时也是一样，如果自己的公司连续三个月都没有赢利，而且可以判断出三个月后仍然没有获利的可能，便会毫不犹豫地舍弃这个公司。而很多人在为当年开创公司时所流的血汗而感到难过，对自己对公司投入的深厚的感情感到难以割舍的时候，犹太人会轻松地一笑："伙计，公司又不是自己的老婆和情人，有什么好留恋的。"

总之，在处世智慧中，犹太民族是比较偏重理性的。

第二章 重视知识和教育

——犹太人处世智慧二：知识是永远的财富

读书自有妙用

犹太人处世智慧要诀

与一切有知识的人交朋友，也可以从朋友那里学习知识。(《塔木德》)

犹太民族是"书的民族"。犹太人对书的崇拜，对知识的渴望和追求，已经不能用一般的求知好学来概括了。

用他们的话来说，书就是他们一切智慧的根源，也是获取一切财富的根本。他们对书的喜爱达到了嗜书如命的地步。

据联合国教科文组织的调查表明，在人均拥有图书的比例上，以色列为世界之最，超过了世界上任何一个国家。除教科书外，以色列每年出版的图书品种达几千种以上。13岁以上的犹太人平均每月读一本书。

以色列全国公共图书馆和大学图书馆共有几百所，平均不到几千人就有一所公共图书馆。国内办出的借书证有上百万，相当于以色列全国500多万人口的1/5。

以色列城市的最佳风景是咖啡馆和大大小小的书店。以色列人的每一天往往是从一张报纸、一杯咖啡开始的，而大学生则愿意在幽静的书店中度过周末。

以色列每年都要在耶路撒冷举办国际图书博览会。博览会期间，很多世界各地的图书爱好者或商人前来洽谈、参观，选购者都能得到自己想要的书。

当地每年还要举办"希伯来图书周"，这是以色列人自己的图书节。不少犹太人很早就准备一部分钱，像盼望盛会一样等待图书节的来临。

《塔木德》上这样记载：把书本当作你的好友，把书架当作你的庭院，你应该为书本的美丽而骄傲！采其果实，摘其花朵。

在每一个犹太家庭里都会有着世代相传的规定：书橱及学习用具只可放在床头，不可放在床尾。这样的规定就是告诫本民族的人：书是神圣的、不可侵犯的，不能对书本有所不敬。

如果一个人在旅途中，发现了他们未曾见过的书，那么这个犹太人一定会买下这本书，带回去与家乡人共同分享。因为他们认为外来的书籍和知识是别人智慧的结晶，应充分地学习和利用，为自己的未来打下深厚的基础。

犹太人认为，人们之间可以有各种恩怨，然而知识却是没有界限的，它是属于全人类的，不能因为存在偏见而影响智慧和真理的存在及传播。因此，不论在什么情况下，都不能抛弃书本。

为了保护书籍的传承性，1736年拉脱维亚的犹太社区通过了一项法律。

该法律规定：当有人借书时，如果书本的拥有者不把书本借给需要它的人，应罚款；如果有人去世了，要在棺材里放几本他生前喜欢的书，让书伴随他死去的躯体，宽慰他的灵魂。这些都充分地体现了犹太人对知识的态度：学习可以让人获得对生命的期望和更多的奖赏。

有一则这样的故事：

有一个富翁的儿子对学习毫无兴趣，最后，他的父亲放弃了所有努力，只是教他《创世记》一书。

后来，侵略者攻打他们居住的城市时，俘虏了这个男孩，并把他囚禁在一个很远的监狱里。

几年过去了，国王来到了这个城市，视察男孩被囚的那座监狱。在视察时，国王要看一看监狱中的藏书，结果他发现了《创世记》这本书。

"这可能是一本犹太人的书，"国王说，"这里有人会读这种书吗？"

"有！"典狱官答道，"我这就带一个人来见你。"

男孩被典狱官从监狱里提出来，说："如果这次你不能读这本书，国王就会把你的脑袋砍掉。"

"父亲只教我读过这一本书。"男孩答道。

他被带到国王面前。

国王把那本书拿给他。男孩就开始大声朗读，从"起初，上帝创造天地"一直朗读到"这就是天国的历史"。

这显然是《创世记》的第一章和第二章其中的一部分。

国王听完说："这显然是上帝让我打开囚禁他的监狱，把这孩子送回到他父亲身边。"

于是，国王送给男孩一些金银，安排两名士兵护送他回到父亲身边。

这个普通的故事已经在犹太民族中流传很久了。它教给犹太人这样的道理：虽然这孩子的父亲只教会他读一本书，赐福的上帝就奖赏他了。那么，如果一个父亲能不辞辛苦地教他的孩子读会《圣经》《密西拿》和《圣徒传记》，那他该得到上帝多大的赐福呀！

由此可见，读书自有妙用。

万事教育为先

犹太人处世智慧要诀

只因有了活泼可爱的学生，世界才得以万世长存。一定不能使学生耽误了学业，即便是为了修筑庙宇。没有学生的城镇终将毁灭。（《塔木德》）

以色列开国元勋本里安曾说："没有教育，就没有未来。"

在犹太社会中，文化教育占据着举足轻重的地位。犹太人认为，人生的第一义务是教育子女。在犹太典籍中常见到这样的话："父亲给子女的教诲，就是智慧之言""孩子，要听你父亲的教诲，不可背弃你母亲的教导。"

由此可见犹太人把教育儿童作为毕生的事情。犹太人之所以如此强调对子女的教育，是因为他们意识到一个人的成才不在先天，而在后天的教育。

早在中世纪的时候，遍及欧美的犹太社团都极为重视教育与学术研究。为了让孩子成为有知识的人，犹太人对教育怀着极高的热忱。

以色列建国后为了振兴教育事业，很多以色列国家领导人从领导岗位退下来之后，又全身心投入到教育事业当中来。如前总统纳冯教授在卸职以后又勤勤恳恳地当上了教育部长，而且还全身心投入其中。这在其他国家是极为罕见的，但在以色列却是很平常的事，其原因就在于他们真正认识到了"教育是社会发展的先决条件之一"。

1978年，著名科学家卡齐尔在卸任总统职务后，便到魏茨曼科学研究院和特拉维夫大学从事学术研究，而且常常给学生们上课，三尺讲坛成了他工作中的一部分。

尽管以色列历任政府施政纲领不同，但在教育问题上的政策却始终如一。他们都"视教育为以色列社会的一种重要财富，它是开创未来的关键"。他们教育的目标是把一个人造就成对国家、对民族富有责任感的成员。

犹太人对教育的重视不是空喊口号，而是实实在在地投入，政府会千方百计地为教育创造各种优厚的条件。

《塔木德》上曾经指出：如果学习是最高尚的事，那么，创造学习的机会便是仅次于学习的事。所以，许多犹太社团都把教育投资视作一种责任与义务。

犹太人的教育是每一个社团都要提供年轻人去各种学校学习所需要的经费。他们还支持每个年轻人辅导两个小孩，以便他能和孩子们口头讨论他已学过的《革马拉》，从而体验《塔木德》观念的实质。小孩将由社团慈善基金会或公共食堂提供伙食。

如果社团是由 50 个家庭组成的，那么它至少要抚养 200 个青年和儿童。一个家长将被指定抚养一个青年和两个儿童。

在每个社群，学院的院长都享有盛誉。每一个人，不管是富人或穷人都听从他的教诲，每个人都顺从他的吩咐，也没有人对他的权威性表示疑问，当然他的学识很渊博。他手持木棍和鞭子，惩戒和责打越规者，颁布学院法令和禁令。但是，每个人都热爱学院的院长。

由于学习和研究需要花费大量的资金，单靠社团本身来筹措，往往力不从心。因此，犹太人把教育事业与慈善机构结合起来，把"什一税"作为追求学问的经济支柱。

关于"什一税"的用途有一点极为明确，即"什一税"首先要用在"那些把时间都花在研究《圣经》和其他典籍的人身上"。

此外，一些发迹的犹太人也纷纷解囊，为教育和研究提供经费。在他们中间早已达成一种共识：赚钱营利并非最终目的，而是要用赚来的钱"购买知识与经验"。

直至今天，犹太人捐款的第一投向仍是学校建设。在以色列的一些大学里，奖学金、研究基金都由外国犹太商人提供。希伯来大学、特拉维夫大学、以色列理工学院这三所最有名的大学中，至少有一半董事是外国人，尤其是美国犹太人。

20 世纪 70 年代中期以来，以色列教育经费在国民经济中的比重一直很高，甚至超过了许多发达国家。能做到这一点，对于资源贫乏、军费高昂的以色列来说，确实极为不易。

《塔木德》就这样告诫人们："弃绝管教的必致受辱，领受责备的必将尊荣。"由此可见犹太人对教育的态度。犹太人形成了一整套自己的教育思想，这在世界教育史上占有一定的地位。

聪明的犹太人，在流离辗转中，始终念念不忘教育，把教育视作头等大事。以色列建国后，就积极地提出了"教育兴国"的口号，并迅速建立健全了一整套完备而有效的教育制度，发达的教育事业成为这个年轻国家创造奇迹的坚实基础。

一个尊师重教的民族，必然是文化素质很高的民族。犹太民族有尊师重教的优良传统，它使犹太人成为世界上公认的文化水准很高的群体，并为人类社会的进步作出了令人瞩目的贡献。

以色列建国后，始终把教育放在优先地位。

1953年颁布了《国家教育法》，1969年颁布了《学校审查法》等。这一系列法律的制定，确立了教育的地位，形成了以色列特色的教育制度。

以色列是个移民国家，来自四面八方的移民把世界各地的文化带到以色列。其中既有东方文化又有西方文化，既有传统农业文化也有现代工业文化。以色列教育的目的之一就是填平这些不同文化的鸿沟与差距。为此《国家教育法》明确规定："以色列的教育目的，一方面是让学生学习知识和技能，以适应国家发展的要求；另一方面是促进来自世界各地的犹太人之间的融合，清除他们之间的文化差别，以形成一种新的犹太国民文化。"

以色列在教育方面投入了较高的经费。从20世纪70年代始，以色列教育经费始终高于全国国民生产总值的8%，最高的1979~1980年度竟达8.8%。

以色列的教育投资之高，在世界上也是罕见的。

另外，散居在世界各地的犹太人都捐款资助以色列发展教育。犹太人重视教育这一优良传统在以色列的发扬光大，造就了大批高质量的杰出人才。除了依靠发展自己的民族教育，浓厚的学术氛围也给以色列送来了大量优秀的人才。几十年来，来到这个国家的移民中，有不少是欧、美、亚地区第一流的科技文化人才。他们的到来，使以色列的科学和教育从一开始就建立在很高的起点之上。正是因为有了较高的教育投资，以色列的教育才有了迅速发展的坚实基础。

高昂的教育投资使以色列的教育结出了累累果实。

以色列的人口只有500多万，但是在校人数达到138万人之多，还有很多成年人参加各种形式的学习。在以色列人中有1/3是学生，也就是说，每3个人中就有1个学生。

以色列的大学是公认的世界一流的大学。凡是到过以色列的人都必去"游览"以色列的大学。凡是到过这些大学的人无不为校园之优美、建筑之宏伟、设备之先进和藏书之丰富而赞叹不已。以色列的大学的许多研究成果被国际学术界承认为权威性项目。

以色列每4500人中就有一名教授或副教授。由于国内容纳不了这么多专家、学者，以色列已开始"输出"人才。

正是对教育的重视，使以色列在许多方面都处于世界前列，如每10万人口中的在校大学生为2769人，仅比美国和加拿大略低，比欧洲和苏联都高；以色列14岁以上的公民平均受教育达11.4年，与美国和英国相等；目前，以色列已基本扫除了文盲，妇女识字率占93.2%。以色列的历届总理也都有大学学历：本·古里安曾上大学法律系；夏里特在三个国家学习过；梅厄夫人毕业于美国一所师范学院；贝京毕业于华沙大学法律系；沙米尔先后在两所大学学习过；佩雷斯是哈佛大学的毕业生；拉宾也曾到一所军事学院进修过。这在其他国家是极其罕见的。难怪以色列人会自豪地说："我国资源缺乏，有的只是阳光、沙漠和大脑。"

发达的教育和优良的人才素质终于使以色列成为一股不可忽视的政治力量和国际力量。

套用现在的一个观点，犹太人非常重视人力资本的投资，其中又以教育上的投资为第一。犹太人深刻地体会到教育投资不仅仅是经济上的投资，因为知识是特殊形式的资本，它往往起到放大其他资本（土地、货币）的作用。知识，包括脑的知识——学习，手的知识——技能，同时也就是他们投资的浓缩和凝固形式。犹太人在流散四方的过程中或移居新的居住地后能迅速地找到那些他们具有竞争优势的位置，从而站稳脚跟，恢复元气进而兴旺发达起来，这种智力资本起了至关重要的作用。

在国外居住的犹太人同样对教育非常重视。

以美国为例：

在金融、商业、教育等文化行业中，美籍犹太男子占70%以上，女子占 40% 以上，而同期全美国平均仅仅有 28.3% 的男子和 19.7% 的女子占有这样的比例。在收入最高的两大职业：医生和律师中（他们要求文化素质特别高），犹太人位居首位。如 20 世纪 70 年代，美国共有 3 万多名犹太医生，占美国医生总数的 14%；另外，有约 10 万名律师，占美国律师总数的 20% 左右。

对于任何一个时代来说，教育都是通向成功的途径。在今天的社会中，受教育程度和收入水平之间更是存在着直接关联。据统计，一个高中毕业生一生大约要比一个初中毕业生多挣 10 万美元。一个大学毕业生要比一个高中毕业生多赚 25 万美元。一位分析家这样说道："犹太人家庭是学问受到高度评价的地方，在这方面，非犹太人的家庭则相形见绌。就是这个因素构成了其他一切差异的基础。"

早在 11 世纪时，犹太民族就几乎消灭了文盲，人人都能阅读识字。而在当时欧洲的基督教徒中，绝大多数人却是文盲。当历史进入近现代以后，犹太民族乐于学习、善于学习、崇尚知识的巨大优势立刻体现了出来。他们迅速地适应和接受了现代世俗教育，在文化科学领域里迅速地走到了别人的前头。因此，在近现代，犹太民族人才辈出，出现了一大批的科学家、众多的诺贝尔奖获得者和各行各业的杰出人物。一位著名的学者总结得好："犹太人善于赚钱，他们的知识和教育决定了主要方面。"

知识是永远的财富

犹太人处世智慧要诀

生活困苦之余，不得不变卖物品以度日，你应该先卖金子、宝石、房子和土地，到最后一刻，仍然不可以出售任何书本。（《塔木德》）

犹太民族是一个对知识非常重视的民族。虽然他们在很长的一段时期里连最基本的生活来源都无法保证，但是只要有一段时间的安定生活，他们也能创造出惊人的财富。因为他们其实是富有的，这种富有就是他们本身所拥有的丰富知识。

相传，古时候，犹太人的墓园里常常放有书本。他们认为夜深人静时，死人会出来看书。当然这种做法有一种象征的意义：生命有结束的时候，求知却永无止境。

犹太人还有这样的规定：生活困苦之余，不得不变卖物品以度日的时候，你应该先卖金子、宝石、房子和土地，到了最后一刻，仍然不可以出售你的书籍。他们认为，世间的金银珠宝、房屋土地，都是可以变化消逝的东西，而知识则是可以长久流传的财富。

犹太小孩最早期得到的关于书本的教育就是：书是甜的。

在每一个犹太人家里，当小孩稍微懂事时，母亲就会翻开《圣经》，点一滴蜂蜜在上面，然后叫小孩子去吻圣经上的蜂蜜。这个仪式的用意不言而喻，书本是甜的。让孩子从小就养成与书接触的习惯。慢慢地，孩子们开始喜欢看书。小时候是因为蜂蜜，长大了则是从书的内容中体会到书是"甜"的。

犹太人把知识视为财富，认为"知识可以不被抢夺且可以随身带走，知识就是力量"。

在每个犹太人小的时候，他们的母亲就会经常地问他："假如有一天，你的房子被火烧了，你的财产也被抢光了，你会带着什么逃跑呢？"

如果孩子们回答是"钱"或者是"钻石"的话，他们的母亲就会进一步地问："有一种东西比钻石更重要，它没有形状、没有颜色、没有气味，你们知道是什么东西吗？"

如果孩子回答不上来，母亲就会说："孩子，你们带走的东西，不应该是钱，不应该是钻石，而应该是知识。因为知识是任何人也抢不走的，只要你还活着，知识就永远跟着你。"

父母就是这样告诉他们的孩子：知识是一切财富的来源，是唯一可以永久打开财富之门的金钥匙。犹太人的历史也一再验证了知识的价值。与其把那些有限的财富交给他们，不如把可以永远打开财富之门的金钥匙——知识给他。

在这个世界上，财富是可以随着境遇的改变而消失和增加的，而知识却是永恒的，它是不会随着时间和条件的变化而改变的。《塔木德》记载了这样一个故事：

所有的犹太人都知道这个道理，因此，犹太人就特别重视学习。为了让自己的后代注意引导他们的孩子学习，在他们小的时候，就引导他们学习犹太教。犹太教的托拉是这样说的："愈学《塔木德》，生命愈久长……精通《塔木德》的人便在来世获得了永生。"还说，"研习《塔木德》的人值得尊敬。他会被称为一个朋友、一个可敬的人、一个崇敬上帝的人；他将变得温顺谦恭，变得公正、虔诚、正直、富有信仰。他将能远离罪恶、接近美德。通过他，世界就有了智慧、忠告、理性和力量。"这些教义就是鼓励犹太人从小要喜欢学习。把钻研和学习提到信仰的高度来看待，这在世界上的各种宗教中是绝无仅有的。

犹太人热爱知识，因为在他们的眼里，知识是唯一的永远也夺不走的财富。在这个世界上世俗的权威不重要，财富和金钱不重要，只有知识才是最重要的。权威没有了人们的拥戴和支持就不能形成，财富和金钱也会随着时间发生变化，而知识是你生存和发展的可靠保证。

犹太人在历史上不断地遭人驱逐，被迫四处流浪，他们的财富可以被任意地剥夺，然而只要他们拥有了知识，他们依然可以凭借自己良好的教育、杰出的智慧、经商的经验，很快再次变得富有。他们的经典如《圣经》《塔木德》等，是他们保证自己是犹太人的根本，也是他们再度富有的知识和理论的根源。知识是他们在长期的流浪生活中重新振作起来的根本原因。

犹太人在经济运营、商业运作上的非凡成就，是与他们孜孜不倦、不断探索的求索精神分不开的。

犹太人求知精神的基点在于他们对知识有着深刻的，也相当实际的认识，知识就是财富，由此便产生了对知识这种财富近似贪婪的欲望。犹太人四处流浪，没有家园，居无定所，没有生存和发展的权利保障。他们所到之处，唯一的支撑点就是自己头脑中的知识，靠知识创造财富，从而由财富、金钱来为自己争得一条生路,一个生存发展的空间。物质财富随时都可能被偷走,但知识永远在身边,智慧永远相伴,而有智慧有知识,就不怕没有财富。这正是犹太人流浪数千年依然生生不息的原因所在。

也正基于此,犹太人才会认为没有知识的商人不算真正的商人。犹太人绝大部分学识渊博,头脑灵敏。在他们眼里,知识和金钱是成正比的。只有丰富的阅历和广博的知识,在生意场上才能少走弯路少犯错误,这是商人的基本素质。

犹太商人具有令人叹服的经商头脑,正是他们的民族尊重知识、酷爱学习、重视教育的必然结果。以知识武装起来的犹太商人,纵横捭阖,处变不惊,这就是"第一商人"的魅力所在!

以色列是一个小国,资源贫乏,既缺水,又缺能源,且沙漠比重大。但是,它却有丰富的人才。数十年来,世界各地的犹太人纷纷移民到这里,他们带来了资金,也带来了知识、技术和特长,他们将这些知识用于国家建设,以色列迅速崛起。这个国家独创了举世闻名的农业技术,靠贫瘠的土地养活了自己,还大量出口农产品;这个国家拥有世界上一流的工业技术。创造这些奇迹,靠的就是知识。

在世界上任何地方,犹太人凭借着自己拥有的"可以随身带走"的知识,跻身于知识要求高、流动性强的各种行业,特别是金融、商业、教育、科技、律师、娱乐和传媒行业。在华尔街的精英中近一半有犹太血统,律师中30%是犹太人;科技人员中一半以上是犹太人;犹太人执掌着《纽约时报》《华盛顿时报》《新闻周刊》《华尔街日报》和美国三大电视网的帅印,时代华纳公司、米高梅公司、福克斯公司、派克公司也都是犹太人开拓的。在美国前400名巨富中,犹太人占了近三成。我们不得不感叹犹太民族神秘的知识力量。知识在这个古老民族中竟然能焕发出如此巨大的力量,是知识拯救且复兴了这个古老而年轻的民族。

学校在，犹太民族就在

犹太人处世智慧要诀

一个不重视教育的民族是没有前途的民族。（《塔木德》）

犹太民族的智慧与丰富的知识除了具有学习和求知的传统这样的"软"的东西外，在"硬件"上，则表现为他们尊奉着一套完善的教育制度。犹太人四处流浪，他们的"学校"也随着他们迁移，在流动不居的恶劣环境下，犹太人从来没有忽视教育，而是将其列为第一位的事情。

从历史上看，犹太人很早就实行了义务教育，称得上源远流长。

犹太传统规定父亲对儿子有三项应尽的义务，其中之一就是教儿子学习犹太经典。许多犹太儿童在幼儿时期就随父亲一道学习识字，诵读《托拉》。公元前516年，波斯王居鲁士打败新巴比伦尼布甲尼撒二世，允许巴比伦的犹太人返回故乡。一批有识犹太先知为了保持民族精神和文化传统，进行了一系列宗教改革，家庭教育被看成是保持民族传统的一个重要环节，因而受到极大的重视。犹太会堂的出现使人们多了两个学习场所。公元前3世纪，犹太会堂开始开办学校，招收儿童入学。公元前1世纪，出现了一些非犹太会堂办的学校，主要向儿童教授读书写字的基本技能。大一些的儿童则进专门学校，在那里系统学习犹太宗教文献。至此，义务教育体系开始在犹太民族中形成。第一位为创立全民义务教育体系做出重要贡献的是耶路撒冷元老院的大法官西缅·本·蔡奇。他于公元前75年制订了一项教育计划，推行广泛的初级教育。他颁布法令规定犹太社区必须资助公共教育，父母必须送儿子入学。到了公元64年，大祭司约书亚·本·加玛拉拉比重申西缅的法令，并规定每个犹太社团都必须设立学校，供6岁以上的儿童就学，同时规定6岁至10岁的儿童必须入学，在老师的监督下学习。约书亚的这一做法标志着正规学校教育的开始。约书亚的功绩在于，他以法律的形式规定每个社团都必须出资聘用教师，以保障所有的儿童都有受教育的机会，从而在立法上完善了义务教育体制。《塔木德》对班级规模有具体规定：如一名教师最多只能教 25 名学生。如果学生数超过 40 人，则必须聘请两名教师进行教学。儿童 6~10 岁在小学学习，10 岁毕业后进入律法学校。15 岁以后，如父母有能力支付教育费用，还可留校进一步深造。

当时的教学内容主要是犹太教经典。《密西拿》对此作出了这样的规定：6 岁开始学习《圣经》，10 岁起学《密西拿》，13 岁学习犹太戒律，15 岁学习《革马拉》。

在 19 世纪之前，犹太教育体系的典型模式是：一个教师带着一批学生，整日学习宗教课程。这样的学校被称作"和读"（意为"房间"）。所有阿什肯纳兹和塞法迪犹太社团都以这一教育模式对儿童进行教育。虽然学生随着学业的增长，可以从一个教师手中毕业，去跟另一位教师学习，但这样的学校还不是现代意义上的学校。部分社团开设一种称之为律法学校的学堂，有各种班级，但绝大部分课程都与宗教有关。多数学生在这些学校中学上几年，然后便开始做事。很少有人能一学十几年。19 世纪犹太教育的一个重要现象是经学院大量开办，这在东欧尤为突出。犹太民族的传统教育模式由此奠定。

20 世纪以前，犹太教育在很大程度上是为犹太男子服务的。犹太女子受到的主要是伦理道德的教育和对《圣经》的了解，有关口传律法的课程从不为女子开设。这一局面在 20 世纪终于得到改变。自 1917 年美国正统犹太教学校开始系统地为犹太女子开设《塔木德》课程以来，几乎所有的宗教学校都同时为男女开设同样的课程，打破了在教育上男女有别的传统。

20 世纪以来，美国正统犹太教为了鼓励人们学习、研究犹太教教义，开设了一些全日制宗教学校，在主要讲授宗教课程外，也开设部分世俗课程。今天这样的学校数量已从第二次世界大战结束的 100 所增加到了 600 所。此外，传统经学院的数量也开始在以色列和美国迅速增长。这些经学院主要招收高中毕业生入校，有的是专为大学毕业生开办的。第二次世界大战结束以来，世界许多大学纷纷开办犹太学系，向犹太和非犹太青年提供学习希伯来语和其他犹太学方面知识的机会，使犹太学研究真正成为一种科学。

"宁可变卖所有的东西，也要把女儿嫁给学者；为了娶得学者的女儿，就是丧失一切也无所谓。"

"假如父亲与教师两人同时坐牢而又只能保释一个人出来的话，做孩子的应先保释教师。"

这些犹太格言正是犹太人尊师重教传统的真实写照。

从犹太人对教育的重视和对教师的敬重，任何人都不难想象出教育的场所——学校，会在犹太人生活中具有何等重要的地位。

犹太人之所以特别重视学校的建设，除了他们具有那种"以知识为财富"的价值取向之外，还因为在他们看来，学校无异于一口保持犹太民族生命之水的活井。《塔木德》中记载的三位伟大拉比之一，约哈南·本·札凯拉比就认为：学校在，犹太民族就在。

传说公元68年前，耶路撒冷正陷于罗马军队的包围之中，城内的犹太人面临灭绝的危险。

当时，犹太人内部分成相互对立的两派：一派是主张以武力相拼的鹰派，另一派是主张通过和平解决的鸽派。

相互对立的两派形成了剑拔弩张的态势。鸽派斗争失败后，约哈南被鹰派关押在耶路撒冷的监狱中，受到了严格的监控。

这时，约哈南突然想到了一个办法。

之后不久，从监狱中传出了约哈南的死讯，并且很快传遍了耶路撒冷的大街小巷。

信徒们把约哈南的遗体装进棺材，这样约哈南以下葬为名，逃出了鹰派的看守，来到罗马军队驻守的阵地前。

罗马守兵正要用刀刺入棺材来验尸，约哈南的信徒们纷纷跪地求情说："如果罗马的皇帝死了，你们是不是用刀验尸？我们现在已经没有武装，还能作出危害罗马军队的事吗？"

最后他们一行终于来到了罗马统帅部。

这时，约哈南走出棺材，要求见罗马军队的统帅。

约哈南直视着司令官韦斯巴芗的眼睛，说道："一直以来我对将军阁下和罗马皇帝怀着非常高的敬意。"约哈南想的是，韦斯巴芗不久将会成为罗马帝国皇帝。

粗暴的韦斯巴芗对这位长者所给的头衔摸不着头脑，并怀疑约哈南在羞辱他。

约哈南此时看出了韦斯巴芗的不悦，解释道："阁下不久就会成为罗马帝国的皇帝。"

韦斯巴芗看到约哈南十分认真的样子，火气大消，说道："那么，你来拜见我的目的是什么呢？"

约哈南回答说："请您答应我一个请求，给我留下一个能容纳10多个拉比的学校，并且永远不要破坏它。"

韦斯巴芗认真地点了一下头，并说如果他能到耶路撒冷，约哈南保存学校的愿望就会得以实现。

那一年，先是尼禄皇帝突然遇害。不久，执掌大权的三员大将又相继被暗杀。韦斯巴芗作为帝国最有贡献的将军成为帝位继承人中的预选者，这时他自称国家元首。其帝位被元老们认可。

韦斯巴芗登上皇帝宝座之后，也许是为了感谢约哈南拉比对他做出的预言，也许他还没有认识到一所学校对一个正在沦落的民族所起的精神作用。

当罗马军队血洗耶路撒冷时，他发出了一道命令：留一所能容10个拉比学习的学校。这样位于沿海平原小镇亚布内的圣经学院才得以幸存。

实际上，约哈南拉比早就想到罗马军队最终会杀进城来，血洗耶路撒冷。为了保留民族生存的希望，他才冒着生命危险保下了这所学校。

学校留下了，留下了学校里的几十个老年智者，维护了犹太民族的知识、犹太民族的传统。战争结束后，犹太人的生活模式也由于这所学校而得以继续保存下来。

约哈南拉比以保留学校这个犹太民族成员的塑造机构和犹太文化的复制

机制为根本着眼点，无疑是一项极富历史感的远见卓识。

一方面，犹太民族在异族统治者眼里，大多不是作为地理政治上的因素考虑，而是文化上的吞并对象。小小的犹太民族之所以反抗世界帝国罗马而起义，其直接起因首先不是民族的政治统治，而是异族的文化统治，亦即异族的文化支配和主宰：罗马人亵渎圣殿的残暴之举。

另一方面，犹太人区别于其他民族，首先不是在先天的种族特征上，而是在后天的文化内涵上。在一个犹太人的名称下，有白人、黑人和黄种人；至今作为犹太教大国的以色列向一切皈依犹太教的人开放大门，因为接受犹太教就是一个正统的犹太人。

为了达到这一文化目的，犹太人长期追求的，不仅仅是保留一所学校，而是力图把整个犹太人生活的传统和犹太文化的精髓保留下来。从犹太民族2000多年来持之以恒、极少变易的民族节日，到甘愿被幽闭于"隔都"之内以保持最大的文化自由度，到复活希伯来语，所有这一切都典型地反映出了犹太民族的这种独特追求和这种独特追求中生成的独特智慧。

无独有偶。流散时期的犹太人更注重学校教育，当他们在某一处站稳脚跟后就立即创办学校，使学校成为犹太社团存在的标志。

犹太人对学校教育的重视程度从上海犹太难民身上可以窥见一二。

20世纪30年代，在德国实行的灭犹政策下，大约有3万名德、奥犹太人远渡重洋在黄浦江畔登陆，来到了上海滩。

来到上海后，待生活稍有好转些，犹太人便急于为自己的孩子寻找求学的地方。

在著名的犹太财团嘉道理家族的慷慨援助下，1938年和1939年抵达的120名犹太儿童被送进了上海犹太学堂，由嘉道理家族主持的"上海犹太青年协会"代付他们的学费。

当时上海犹太学堂已人满为患，但陆续而来的难民儿童却与日俱增，因此，为了解决实际困难，上海犹太社团又先后办起了几所学校，其中最有名的是"上海犹太青年学校"（即嘉道理学校）。他们聘请了经验丰富的教员，传授数学、美术、历史、语言（包括汉语、英语、法语）等课程。

由于教学严谨、治学有方，1946年，这所学校的学生参加了剑桥学校的考试，并取得很好的成绩。而那些前往美国的学生，也先后进入了名牌大学。

当时一位著名的教育家在参观了嘉道理学校后留言："欢乐的笑声一直回荡在这个已经忘记了怎样笑的世界里。"

一些经历过上海犹太社区生活的犹太人，回忆这段岁月留给他们的感触时说："青少年教育是上海犹太人生活中的一个亮点。"

犹太人非常注重学校建设，一种原因是由于他们的文化传统；另一种原因是由于他们对学校教育各种层面上的不同认识。他们认为，学校的责任不仅是培养人才，更是"维护民族共同体的重要途径"。通过正规的学校教育，才能保证其后代们很好地维护犹太人的民族身份，发扬犹太人的民族精神。

商人也要学识渊博

犹太人处世智慧要诀

深井里的水是抽不完的，浅井却可一抽见底。（《塔木德》）

在任何时代，学识渊博的人都会得到人们的尊敬。

有位犹太人某次应邀出席英国的金融会议。在苏格兰与会期间，一日晚餐后他外出散步，走到一处风景优美的地方，不禁触景生情，乘着酒兴吟诵了英国诗人史考特的诗。英国人听后大为叹服，认为这位先生学识渊博。最后对他另眼相看，在谈判桌上自然赢得了不少的好处。

与犹太人待在一块，你很快就会发现，犹太民族是知识丰富的民族。犹太人很健谈，话题很多，而且涉及各个方面，大到世界政治、人类生存，小到节假日消遣；长到世界历史、民族历史，短到近期的体育新闻。犹太人有如此丰富的知识，实在是令人大为称奇。

犹太商人要求自己懂得的并不仅仅是业务知识。他们对与商业几乎没有什么关系的事物，往往都知道得很详细。犹太商人很健谈，话题涉及各个方面。不管是经济、政治、法律、历史还是生活小细节，他们都能滔滔不绝，谈得头头是道。

例如，他们对大西洋海底的鱼类，汽车构造及植物种类等，都能说出一二，有的甚至具有近似专家的知识。在我们看来，这些知识和商人没有什么关系，不过是为生活增加一些趣味而已。犹太人并不这么认为。他们认为拥有各方面的知识，是商人的基本素质，是在生意场上赚钱的根本保证。因为商人拥有丰富的学识，视野就变得十分开阔，而有一个广阔的视野，对形成正确的判断，作用实在太大了。

正因为用这么丰富的知识武装了经商的头脑，犹太人的经商总是处于不败之地。在他们的眼里，知识和金钱是成正比的。只有掌握了知识，特别是掌握了大量业务知识，在经商中才不会走弯路，才会先于别人到达目的地，也才能更快地赚更多的钱。

只要看看犹太人在全世界拥有的财富，就可以知道，学识渊博给商人带来了什么！

有个日本商人，他对犹太商人的经商办法掌握得很好，并在经营服饰品贸易中立住了脚跟。他想进一步扩大营业范围，就看中了犹太人发财的钻石生意，但他又了解到日本的钻石生意很不景气，为了避免遭受失败的命运，这个日本商人拜访当时有名的世界钻石大王玛索巴氏，问他：

"钻石生意要取得成功必须具备哪些条件？"

玛索巴氏毫不客气地回答他：

"要想成为钻石商人，必须先要拟好一个100年的计划。也就是说，单靠你一生的时间是不够的，最少要赔上你孩子那一代，要两代人的时间才行。同时，经营钻石买卖，最要紧的一点是获得别人的尊敬和信任，被人尊敬和信任是贩卖钻石的必备基础。因此，钻石商人学识要非常渊博。"

玛索巴氏想考一考日本商人的学识，冷不丁地问：

"你知道澳大利亚近海一带有些什么种类的热带鱼吗？"

该日本商人被问得哑口无言。

虽然有些懊恼，但他又不能不由心底里佩服玛索巴氏的学识和经商的经验。事实上要使学识渊博，一代或两代的时间就能解决是远远不可能的。犹太人本身也是在继承几千年祖先留给他们的经验的基础上才拥有了这样丰富的学识。至于怎样才能获得别人，尤其是顾客的尊敬和信任，其途径只有一个，即学识渊博。

最重要的是，学识广博的人就可以放眼世界，他们站在经营大师们的肩膀上俯瞰脚下的财富。知识丰富的人就是把自己放在了世界巨富们那里学习他们最为精髓的赚钱秘诀。

正因为拥有如此渊博的知识，他们才具有高智商的头脑，从而才在生意中永远立于不败之地，成为公认的"世界第一商人"。在犹太人眼里，知识和金钱是成正比的：只有丰富的阅历和广博的业务知识，在生意场上才能少走弯路少犯错误，这是能赚钱的根本保证，也是商人的基本素质。

学识渊博的犹太商人还遵循着另外一条原则，那就是他们绝对不和见闻狭隘、品德卑下的商人来往。因为，与这些人交往不但不会给自己生意带来效益，反而会影响到自己的信誉。结交一些同样学识渊博的商人做生意朋友，则不但可以互相得益，而且可以提高信誉，使自己的事业立于不败之地。

教师是民族的精神领袖

犹太人处世智慧要诀

教师是学生生活中地位最高的人，他比父母享有更高的荣誉。（《塔木德》）

早期的犹太社会中，社会上不存在专职教师这一职业。教育子女的责任主要是由父亲和拉比分别完成的。在家庭内，父亲不仅仅是子女的监护人，还承担着教育子女的重任。他把学识以及为人处世之道和做人准则传授给自己的子女。

其实在希伯来语中，"父亲"一词本身就具有"教师"的含义。如今在西方语言中以"Father"（父亲）来称呼教师，正是希伯来习俗的延续。在社会上，教师的职责由象征着智慧与权威的拉比来完成。因为在希伯来语中，"拉比"一词的第一涵义就是"教师"。

因此，现实中的拉比是各地犹太学校（早期的学校往往与教堂合二为一）的负责人与专职教师。他们被称为智慧的化身，人们有难题的时候，往往也求助于拉比，因此拉比的言语往往被视为金科玉律。

公元6世纪，学校逐渐独立。教师与父亲、教师与拉比的两位一体化也随之慢慢分离，实际意义的专职教师也随之应运而生。

在犹太人看来，教师的职业是一种神圣的职业。因此，"每一个人要像尊重上帝那样尊重教师"。

《密西拿》中把教师（犹太人习惯上把有名望的法学家也称为教师）叫作"塔尔米德哈卡姆"，意思为"圣贤的门徒"。犹太人对待获得"塔尔米德哈卡姆"身份的人非常尊重。犹太教义规定：凡是侮辱了"塔尔米德哈卡姆"的人都要罚以重金，情节如果很严重者就被逐出犹太区。能与"塔尔米德哈卡姆"的女儿结婚被犹太人视作一种高尚且值得夸耀的行为。

在犹太人中曾长期流传着这样一则故事：

有一个孩子，出生于贫困家庭，父亲含辛茹苦地把他拉扯大。一次，出海的时候，父亲和教师都同时落入水中，而这时的条件只允许他救一个人，这位孩子的选择是先救出教师，再救出父亲。

《塔木德》中也记载着这样一个故事：

两位检察员受拉比之命来到一个镇上，要求拜见镇上的守卫之人。镇上的警察局长闻讯后急忙出来迎接，检察员却说："我们要见的是守卫这个市镇的人，不是你。"这时，守备局长又跑出来迎接，检察员仍然摇头。他们说道："我们想见的既不是警察局长，也不是守备局长，而是学校的教师。警官和部队都会破坏市镇，教师才是市镇的真正守护者。"

可见，在犹太人的眼中，教师是整个民族利益的守护者，教师的事业关系到整个民族的未来。

在犹太人心中，拉比是至高无上的圣者，是上帝的代表和使者，是他们的精神领袖。

犹太教中把精通经典律法的学者称为拉比，负责执行教规、律法并主持宗教仪式。

其实，在犹太社会中，拉比身兼数职，传道、教学、咨询、评判等都是他们的职责，是享有崇高地位的精神领袖。

在罗马人统治犹太人时期，为了毁灭犹太民族，他们想尽了各种办法，例如封锁学校、禁止做礼拜、焚烧书籍、禁止犹太人的各项庆典、禁止培育拉比等。

罗马统治者发出布告，如果有人参加拉比的任命仪式，不管是任命的一方还是被任命的一方，都将被判处死刑。举行这种仪式的城市村庄，也将遭到毁灭。

这是罗马统治者采取的各种压迫手段中最极端最残忍的一种。这种手段在一段时间内确实起到了恐吓的作用。

犹太人并没有就此屈服。对犹太人而言，没有拉比，就等于社会宣告瓦解。拉比是犹太民族的领导者，代表犹太人社会中的一切权威。如果没有了精神领袖，犹太民族必会陷入诚惶诚恐的慌乱中。

有位德高望重的拉比看破了罗马统治者的险恶阴谋，于是率领他最可靠的5个弟子溜出城市，来到荒无人烟的两座大山之间。因为在这样的地方，可以避开罗马人的视线，万一被罗马人捉住也只有自己受到刑罚，不会导致整座城市被毁。

在这个距离城镇很远的地方，这位杰出的拉比任命了他的5个弟子为新拉比。

但是，他们的活动还是被罗马人知道了，于是派军队来抓他们。老拉比说："我活了这么大的年纪，死而无憾。你们必须尽快逃走，因为有好多事业等着你们去继承并发扬光大！"

5位新拉比听从老拉比的话，都安全地逃走了，最后只有年迈的老拉比被罗马人抓住了，恼怒的罗马人把老拉比凌迟处死。

老拉比死了，但是5个年轻的新拉比继承了他的事业。老拉比虽死，但是犹太人的精神生活却复活了。

在犹太人的观念里，拉比是整个社区最有智慧的人，所有人都应该听从这位智慧和学识都很高的教师的教导。一个犹太人在为自己的女儿选择夫婿的时候，他会选择一个受过良好教育的青年，而不会选择一个世俗的有钱青年。

犹太人就是这样的民族。尊重知识，追求真理。知识是最伟大的，在它的面前，世俗的一切统治都要让位。

犹太人的杰出就是因为拥有了智慧的拉比们。犹太精神不灭，与拉比们的功劳分不开。犹太人的心灵不死，是拉比精神指引的结果。犹太教最后成为世界性的宗教，正是犹太拉比用上帝之言广为传播的结果。

尽管拉比们经历了犹太社会不同的动荡时期，但他们的精神却超越了各自的时代和历史事件，打造并完成了共同的宗教原则和伦理规范。这对犹太教有着积极、永恒的意义。

无论苦难与快乐，犹太人始终团结在拉比的周围，用真理去战胜谬误，用屈辱去谋求生存。因此犹太人被追杀后能重新聚集，生生不息，不断壮大。

犹太拉比们用自己的智慧启迪着伟大的犹太民族。在拯救宗教、发展宗教的同时，形成了犹太民族特有的生存智慧。

智慧是财富之源

犹太人处世智慧要诀

犹太人唯一的财富是智慧。当别人认为1加1等于2时，你应该想到大于2。（《塔木德》）

犹太人有则笑话，谈的是智慧与财富关系。

两位拉比在交谈：

"智慧与金钱，哪一样更重要？"

"当然是智慧更重要。"

"既然如此，有智慧的人为何要为富人做事呢？而富人却不为有智慧的人做事？大家都看到，学者、哲学家老是在讨好富人，而富人却对有智慧的人摆出狂态。"

"这很简单。有智慧的人知道金钱的价值，而富人却不知道智慧的重要。"

拉比即为犹太教教士，也是犹太人生活等方面的"教师"，经常被作为"智者"的同义词。所以，这则笑话实际上也就是"智者说智"。

拉比的说法不能说没有道理，知道金钱的价值，才会去为富人做事，而不知道智慧的价值，才会在智者面前露出狂态。笑话明显的调侃意味就体现在这个内在悖谬之上。

有智慧的人既然知道金钱的价值，为何不能运用自己的智慧去获得金钱呢？知道金钱的价值，但却只会靠为富人效力而获得一点带"嗟来之食"味道的酬劳，这样的智慧又有什么用，又称得上什么智慧呢？

所以，学者、哲学家的智慧或许也可以称作智慧，但不是真正的智慧。在金钱的狂态面前俯首帖耳的智慧，是不可能比金钱重要的。

相反，富人没有学者之类的智慧，但他却能驾驭金钱，却有聚敛金钱的智慧，却有通过金钱去役使学者智慧的智慧。这才是真正的智慧。

不过，这样一来，金钱又成了智慧的尺度。金钱又变得比智慧更为重要了。其实，两者并不矛盾，活的钱即能不断生利的钱，比死的智慧即不能生钱的智慧重要；但活的智慧即能够生钱的智慧，则比死的钱即单纯的财富——不能生钱的钱——重要。那么，活的智慧与活的钱相比哪一样重要呢？我们都只能得出一个回答：

智慧只有化入金钱之中，才是活的智慧。钱只有化入了智慧之后，才是活的钱；活的智慧和活的钱难分伯仲，因为它们本来就是一回事。它们同样都是智慧与钱的圆满结合。

智慧与金钱的同在与统一，使犹太商人成了最有智慧的商人，使犹太生意经成了智慧的生意经！

真正有智慧的人，懂得金钱的价值，懂得如何用自己的知识来获取金钱，用自己的知识来创造现实社会的财富。

如果知识不应用到实践中去，知识没有转化为金钱也是没有价值的。

犹太人对待那些整天只知道学习的人的看法是："有些人过度钻研学问，以至于无暇了解真相。"他们甚至这样看待死读书的人："学者中也有类似驴马之人，他们只会搬运书本。学者中有人被喻为载运昂贵丝绸的骆驼，但骆驼与昂贵的丝绸是毫不相干的。"如果这样说来，他们只是书籍的搬运工而已，根本算不上是有知识的人。真正有知识的人就应该把自己所学的知识和实践联系起来，在实际的生活中，创造价值。

财富不光是钱，也不光是财产。财富是智慧，财富是力量，财富是智慧和魄力的结晶，财富是物质和精神的统一。

有些人的财富装在脑袋里，有些人的财富装在口袋里，财富装在脑袋里的才是真正的富翁。财富的源头是智慧。有智慧的人，赤手空拳也可以创造财富。

很多年前，一则小消息在人们之间传播：皇宫的大殿需要重新装修，其中的石料因破损需要更换。这时，一位不起眼的珠宝店老板却没有等闲视之，他毅然买下了这些报废的石料。

没有人知道小老板的企图。他一定是疯了，人们都这样想。他关起店门，将那些石料重新打磨切制，变成一小块一小块的石块，然后装饰起来，作为纪念物出售。皇宫大殿的纪念物，还有比这更有价值的纪念品吗？

就这样，他轻松地发迹了。接着，他买下了宫廷中流传的皇后的一枚钻石。人们不禁问：他是自己珍藏还是抬出更高的价位转手？他不慌不忙地筹备了一个首饰展示会，当然是冲着皇后的钻石而来。可想而知，梦想一睹皇后钻石风采的参观者会怎样蜂拥着从世界各地接踵而至。他几乎坐享其成，毫不费力就赚了大笔的钱财。

许多人拥有智慧，但是他们的智慧都没有用来创造价值，所以他们始终是十分贫困的。学者应该运用自己的知识来获得智慧，而且应该学习那些真正的智慧，学那些可以赚钱的智慧。

有位叫阿巴的外科医生非常著名，他给人看病是收费的。当时人们的观念是医生是救死扶伤的天使，收费是不应该的，医生们于是在大街上摆上一个箱子，向路人募捐。人们纷纷指责这位名医，但是阿巴告诉他们："不收费的医生是不值钱的医生。"

在商界，还流传着这么一个故事：

一次，美国福特汽车公司的一台大型电机发生故障，公司的技术人员都束手无策。于是公司请来德国电机专家斯坦门茨，他经过检查分析，用粉笔在电机上画了一条线，并说："在画线处把线圈减去16圈。"公司照此维修，电机果然恢复了正常。在谈到报酬时，斯坦门茨索价1万美元。一根线竟然价值1万美元！很多人表示不解。斯坦门茨则不以为然："画一条线只值1美元，然而，知道在哪里画值9999美元。"

这就是知识的价值。

有智慧的人敢于为自己的知识喊价，这也是他们善于把知识转化为金钱的聪明之处。

世界上各个民族中唯有犹太人是最能够运用智慧的，因为他们知道怎样把自己头脑中的智慧变成他们手中的金钱，这就是犹太人的过人之处。他们对知识的崇拜和敬爱之情达到了疯狂的程度，因为这些知识不仅仅显示他们的博学，最关键的是这些知识教会了他们怎样赚钱。犹太人说："手艺者比宗教家更值得尊敬。"因为宗教家虽然有知识，但是他的知识没有运用出来，这样的知识等于没有知识。而手艺者虽然知识不多，但是他们把自己仅有的一点知识也贡献出来了，这样他的智慧虽然少，但却是有用的，所以更值得尊敬。

第三章 把握自我是成功的起点

——犹太人处世智慧三：世界上你唯一能把握的只有自己

做自己命运的主人

犹太人处世智慧要诀

上帝夺取了我们的一切，剩下的只有我们。（《塔木德》）

从前，一头驴子不小心掉到一口枯井里，它哀怜地叫喊呼救，期待主人把它救出去。驴子的主人召集了数位亲邻出谋划策，却想不出好办法。大家倒是认定反正驴子已经老了，"人道毁灭"也不为过，况且这口枯井迟早也会被填上。

于是，人们拿起铲子开始填井。当第一铲泥土落到枯井中时，驴子叫得更恐怖了，它显然明白了主人的意图。又一铲泥土落到枯井中，驴子出乎意料地安静了。人们发现，此后每一铲泥土打在它背上的时候，驴子都在做一件令人惊奇的事情：它努力抖落背上的泥土，踩在脚下，把自己垫高一点。人们不断把泥土往枯井里铲，驴子也就不停地抖落那些打在背上的泥土，使自己再升高一点。就这样，驴子慢慢地升到了枯井口，在人们惊奇的目光中，从从容容地走出枯井。

这则故事给我们三个启示：其一，假若你现在就身处枯井中，求救的哀鸣也许换来的只是埋葬你的泥土。那么，驴子教会我们走出绝境的秘诀，便是拼命抖落背上的泥土，变本来用来埋葬你的泥土为拯救自己的泥土，即将不利因素转化为有利因素。其二，无论绝望与死亡如何惊天动地，有时候走出"枯井"原来就这么简单。其三，驴子走出枯井时，表现得从从容容，这应该说是从生活或从困境中走出来的人，面向未来，充满活力的一种值得探讨和推崇的理念。

《塔木德》教导人们："要救赎自己"，这种救赎不能靠别人，必须由自己来完成，看看犹太人是如何救赎自己的。

因为犹太人会精心设计自己的人生，所以在发现自己真正想要从事的职业之前，他们会不断地变换工作。美国犹太商人朗司·布拉文就属这一类人。

布拉文是37岁才开始经商的。他的父亲在洛杉矶经营一所拥有100名员工的会计师事务所，他在大学学的是会计学，毕业以后他马上进了父亲的事务所工作。周围人都认为他会顺其自然地成为事务所的第二代继承人继续经营会计师事务所，但是，他总是觉得事务所的工作不适合自己，最后辞职了，开始自己尝试着经商。

他进入商界也就十几年时间，但年交易额已达35亿日元。他主要向日本出口高尔夫用品等与体育有关的用品、服装及辅助设备等。经销地点除了公司本部的拉斯维加斯外，还有日本及瑞士。他设想有朝一日能够建立世界规模的公司。

幸亏布拉文转换了工作，才发现更适合自己发展的道路。但是，当初作出从父亲的事务所辞职的决定肯定是很难的。虽说犹太社会父子关系是各自独立的，但是就这么眼睁着放弃非常成功的父亲的事业，自己出去独立发展是需要很大决心的。但是，遇到该选择父亲还是该选择自己的情况，犹太人会毫不犹豫地选择自己。

看看下面这则很有寓意的故事吧，之后你会有所感悟：

有三个人要被关进监狱三年，监狱长说可以让他们三个一人提一个要求。

美国人爱抽雪茄，要了三箱雪茄。

法国人最浪漫，要一个美丽的女子相伴。

而犹太人说，他要一部与外界沟通的计算机。

三年过后，第一个冲出来的是美国人，嘴里鼻孔里塞满了雪茄，大喊道："给我火，给我火！"原来他忘了要火了。

接着出来的是法国人。只见他手里抱着一个小孩子，美丽女子手里牵着一个小孩子，肚子里还怀着第三个。

最后出来的是犹太人。他紧紧握住监狱长的手说："这三年来我每天与外界联系，我的生意不但没有停顿，反而增长了200%。为了表示感谢，我送你一辆劳施莱斯！"

这个故事告诉我们：什么样的选择决定今后过什么样的生活。今天的生活是由三年前我们的选择决定的，而今天我们的抉择将决定我们若干年后的生活。

犹太人就是这样，什么事情都是靠自己来争取。不能因为环境改变了，就要放弃自己的计划。中国有句俗语：三句话不离本行。犹太人素来以经商为主，不管他在哪里，他都会牢牢记住自己的理想，不会放弃。因为一旦放弃了，那么就等于放弃了自己。在他们的意识里面，生活只能靠自己去选择，去创造。

追求成功，得靠实力，追求财富也离不开自身的拼搏。只要拥有了凡事求己的坚强和自信，人人都能成为自己的财神。其主旨就是要揭示这样一条真理：凡事不要依靠别人施舍，也不要希望财富与成功自天而降。只有将命运之舟紧紧地掌握在自己的手中，才能使它准确地驶向成功的彼岸，驶向财富的绿洲。只有自己才是操纵自己人生的真正主人。

休·赫胡是美国一家著名杂志的老板，他的杂志在国内极受读者欢迎，是美国最热门的杂志之一。

赫胡早年经历极为平凡，只不过是一位记者，这在美国是一个普通得不能再普通的职业。在他当记者的时候经常因为工作而耽误了吃饭休息，甚至连好几个女朋友都先后离他而去，但他仍然勤奋工作，毫不懈怠。

到后来，他才突然发现，自己这样做，并没有得到应该得到的报酬。

于是，他终于鼓起勇气，来到总编办公室，要求总编给他增加 10 美元的工资。

总编对这位年轻的记者丝毫不放在眼里。他轻蔑地对赫胡说："像你这样的年轻人，值得拿这么多的工资吗？况且，要么多钱干什么？"

赫胡听到总编说出这样粗鲁的话，看到总编的态度如此蛮横无理，顿时有被耍弄的感觉，当场提出辞职要求，并且毫不犹豫地离开了报社。

他虽然离开了报社，但报社也曾给他带来很多好处，让他从这份薪俸微薄的记者工作中积累了丰富的生活素材，为他后来成就事业打下了坚实的基础。

赫胡凭着自身具备较为优越的条件，开始筹集资金，发行杂志。这个被迫辞职的记者，不久成了杂志社的编辑，又不久成了杂志社经理。

杂志成功后，赫胡又在芝加哥开设了俱乐部，其俱乐部形式生动活泼，项目新鲜，服务周到，分店很快就遍布了全世界。他也因此成了一个闻名全世界的成功人士，可谓名利双收。

休·赫胡决意掌握自己的命运，不甘于仰人鼻息，为他人卖命。他通过自己的努力，闯出一条成功之路。

唯我可信

犹太人处世智慧要诀

最值得信赖的朋友在镜子里，那就是你自己。（《塔木德》）

犹太民族在长时间的流浪生涯中，有一个深刻的体会就是"唯我可信"。他们不相信任何人，他们坚信自己的生活只能靠自己来创造。

在孩提时代犹太人就被灌输独立自救的意识，以期待在将来未知的坎坷人生路上应付自如。父母们对他们的孩子这样教育着，"只相信自己，不相信别人,任何人都不可靠"。

这种只相信自己的思想,是孩子们独立意识形成的基础,它使犹太小孩从小便有独立生计的意识存在。他们相信,只有自己才能养活自己,靠别人来过活绝对是天真的幻想。因此,他们在任何条件下,都能顽强地生存下去。他们凭靠的是自己的能力。

这种"唯我可信"的做法,也使他们在处理所有事务时,小心谨慎,认真思考后再作出抉择,所以他们很少上当受骗。

这种培养孩子独立意识的做法,在我们看来虽有些残酷,但绝对理智!它正是犹太民族长期流浪而不散不亡的一个重要原因。在长期的流浪生涯和被人排挤中顽强生存下来的犹太民族自然会对他人疑窦丛生。而商业经营者作为独立掌握自己命运的市场经济一分子,首先应具备的便是这种理智的独立意识与生存意识。这种意识还构成了犹太商人自我保护的防护膜,使他们从不陷于别人的商业陷阱。

反之,轻信别人,就很容易落入别人设的商业陷阱。

在19世纪初,德国人梅里特兄弟移居美国定居密沙比。他们无意中发现密沙比是一片含铁丰富的矿区。于是,他们秘密地大量购进土地,并成立了铁矿公司。洛克菲勒后来也知道了,但由于晚到了一步,只好等待时机。

1837年,机会终于来了。由于美国发生了经济危机,市面银根告紧,梅特里兄弟陷入了窘境。

一天,矿上来了一位令人尊敬的本地牧师,梅特里兄弟赶紧把他迎进家中,待作上宾。

聊天中,梅特里兄弟的话题不免谈到了自己的困境,牧师连忙接过话题,热情地说:

"你们怎么不早告诉我呢?我可以助你们一臂之力啊!"

梅特里兄弟大喜过望,忙问:"你有什么办法?"

牧师说:"我的一位朋友是个大财主。看在我的情面上,他肯定会答应借给你们一笔款子。你们需要多少?"

"有42万就行。你真的有把握吗？"

"放心吧，一切由我来办。"

梅特里兄弟问："利息多少？"

梅特里兄弟原本认为肯定是高息，但他们也准备认了。

谁知牧师道："我怎么能要你们的利息呢？"

"不，利息还是要的，你能帮我们借到钱，我们已经非常感谢了，哪能不付利息呢？"

"那好吧，就算低息，比银行的利率低2厘，怎么样？"

两兄弟以为是在梦中，一时呆住了。

于是，牧师让他们拿出笔墨，立了一个借据：

"今有梅特里兄弟借到考尔贷款42万元整，利息3厘，空口无凭，特立此据为证。"

梅特里兄弟又把字据念了一遍，觉得一切无误，就在字据上签了名。

事过半年，牧师再次来到了梅特里兄弟的家里。他就对梅特里兄弟说："我的那个朋友是洛克菲勒，今天早上他来了一封电报，要求马上索回那笔借款。"

梅特里兄弟一时间毫无还债的能力，于是被洛克菲勒无可奈何地送上了法庭。

在法庭上，洛克菲勒的律师说："借据上写得非常清楚，被告借的是考尔贷款。考尔贷款是一种贷款人随时可以索回的贷款，所以它的利息低于一般贷款利息。按照美国的法律，一旦贷款人要求还款，借款人要么立即还款，要么宣布破产。"

于是，梅特里兄弟只好选择宣布破产，将矿产卖给洛克菲勒，作价52万元。

几年之后，美国经济复苏。洛克菲勒以1941万元的价格把密沙比矿卖给了摩根。而摩根还觉得做了一笔便宜生意。

"切忌轻信"实是犹太商人从活生生的商业活动中得出的高级生意经，

而其适用范围竟然已经到达潜意识层次。只有一个发明了精神分析学的民族的商人，才会在这种极其细微、极不容易觉察的地方，有如此清晰的认识，并且驾轻就熟、游刃有余。这真是一条保持内心平衡，不被他人策动的生意经。

《塔木德》上说：朋友就像燃烧的煤炭。如果距离不够接近，很难感觉温暖；然而如果过分接近，就要烫坏身子。

犹太人中还流传着这样的民谚："与其是个暧昧的朋友，毋宁是个明确的敌人。"人最难应付的，就是态度暧昧的朋友。他究竟是不是真的朋友？抑或根本是个敌人？因此，与人交往之时态度暧昧强作友善，毋宁做个明确的敌人。

犹太人虽相信"血浓于水"的教条，但遇到金钱问题永远小心而猜疑，甚至连太太也不相信。有些犹太人为了省去这些麻烦，干脆不结婚。这种情况在犹太富商中很常见。有位当律师的犹太人，特别富有，已到中年，仍旧孑然一身。当有人问他为何不找对象结婚时，他表情严肃地说："我一旦结婚，妻子一定会觊觎我的财产。她还可能会等不及我咽气，便把我给谋杀了，好接收我的全部遗产。你说何必冒失去生命和财产的危险而去结婚呢？"不相信太太，惧怕太太到这种程度，真是有点难以让人置信。

这个犹太律师月收入50万美元，生活十分舒适，一般是休息两个月，工作一个月，别人忙得不可开交时，他总在开着车到处兜风。他宁愿把钱花在酒吧女郎及豪华奢侈的生活上，也不愿娶个太太来约束他，使他整日活得不轻松。

人们常说，亲密的朋友，有时候是最可怕的敌人。犹太人大概是相信了这句话而一同生出惧妻症来了。

经商需要诚信，但拒绝轻信。轻信只会使我们失去判断力，被他人牵着鼻子走，甚至被引入歧途甚至深渊。对于早已把商业作为一种职业的犹太人来说，经过千百次失败的考验，他们早已把"不轻易相信对方"列为经商秘传。

哪怕同再熟的人做生意，犹太商人也不会因为上次的成功合作，而放松对这次生意的各项条件。他们习惯于把每次生意都看作一次独立的生意，把每次接触的商务伙伴都看作第一次合作的伙伴。犹太人和外国人签约时，总是用不信任的态度来对待别人。这是由于他们多年流浪后，为保护自己而形成的一层小心谨慎的屏障。

洛克菲勒的父亲叫威廉，他曾经说过："我希望我的儿子们成为精明的人，所以，一有机会我就欺骗他们。我和儿子们做生意，而且每次只要能诈骗和打败他们，我就绝不留情。"

威廉无疑是想通过这件事告诉儿子：世界是复杂的，不要轻信任何人，每个人，哪怕是最亲近的人，都可能成为你的敌人。

犹太人在经商时，视商场为战场，视他人为假想敌，心理高度警惕，永不放弃戒备心。纵然是自己的妻子或者丈夫，也把他当外人看待，从不轻易信任，这也是犹太人防范交易风险的智慧之举。

超越自我

犹太人处世智慧要诀

超越别人的人，不能算真正的超越；超越从前的自己，才是真正的超越。（《塔木德》）

《塔木德》上记载：超越别人，不能算真正的超越；超越从前的自己，才是真正的超越。在犹太人看来，人有两个生命，一是父母给的，二是自己赋予自己生命的实质。赋予自己生命的实质，只能依靠创造力，而旧有习性却束缚创造力。要获取创造力只能自己凭意志和毅力超越这种旧习性。

犹太人有一则故事教导人们要去超越自己。

有一对父子俩都是拉比。父亲性格温和，考虑周到；而儿子却孤僻、傲慢，所以他一直没有成功。

有一天，儿子对父亲抱怨。老拉比说：

"我的孩子，作为拉比我们之间的区别是：当有人向我请教律法上的问题时，我给他回答。他提的问题以及我的回答，我的提问人和我都满意。但是若有人问你问题，则双方都不满意——你的提问人不满意是因为你说他的问题不是问题；你不满意是因为你不能给他一个答案。所以，你不能怪别人而必须放下架子鼓励自己，才能成功。"

"父亲，你是说我必须超越自己？"

"是的，"父亲回答，"超越从前自我的人，才是真正成功的人。"

道理很简单，如果勤劳自勉，借以超越自己，那么总有一天，就会自然而然地超越别人。人一定要把握住自己的内在动力，超越自己，才能不断地鞭策自己前进。

若想超越自我，就要打破现有的状态，敢于向未知的领域挺进，具有冒险精神，正如犹太科学家爱因斯坦所说："人必经常思考新事物，否则和机器没什么两样。"

犹太人认为，超越自己的事情一天都不能放松，尽量地学不同的事物，将它们组合起来，才会有新的智慧和洞察力，产生这些不同的事物相互影响之后，往往会有许多新的创见。每个人都有与生俱来的创造力，只是有些人通过坚持不懈地学习，把它发挥了出来，更多的人则因为懈怠让这种才能荒废掉了。

美国著名影星保罗·纽曼是一位犹太人。因为善于适应环境，活用自己身上的天赋，不断超越自我，在演员和商人两重身份间出入自如，从而"财""艺"双收。

保罗·纽曼有杰出的演艺才能和先天的强健体魄，在银幕上成为男性美的化身。他拍摄了许多影片，如1956年的《上帝喜欢我》，1958年的《漫长炎热的夏季》《热锌皮屋顶上的猫》，1960年的《阳台上》《成功》等，其中有不少影片获得好评，他曾先后5次被提名为奥斯卡金像奖最佳男主角。在他60岁那年第六次被提名时，终于摘取了奥斯卡金像奖最佳男主角的桂冠。保罗·纽曼除了有高超的演技外，还是一个出色的导演，他曾导演拍摄过5部电影，也执导过电视剧。他导演的《雷切尔》获得了很大的成功。

这位出生于美国俄亥俄州克利夫兰的犹太人，父亲是一家体育用品商店的小老板，小时候喜欢运动，故长得一副好身材。他的母亲是位音乐戏剧爱好者，小保罗受母亲的影响，也喜欢音乐戏剧。当他上大学时，常参加学生的娱乐活动，有时还登台演出自编自演的小剧目。这样，无形中练就了他的表演技能。

1982年，保罗·纽曼向一位作家朋友提出自己想开发一种拌面条用的酱汁，这种酱汁是保罗自己在厨房做菜时调配的。

两人一谈即合，同意各出资50万美元开发这种产品，取名为"保罗·纽曼面汁"，生产这种面汁的企业亦取名为"保罗·纽曼公司"。公司创办之初，使用最便宜的家具和工具，但他们却使用最好的原料和最佳的配方，以确保面汁质量。产品推向市场后，各地超级市场不断要求补充货源，他们不得不雇请工人扩大生产，仅仅经营了一个月，就纯赚4万美元。

第一炮打响以后，"保罗·纽曼面汁"的销量开始月月增加，合伙投资的100万美元本金，在开业的几个月就收回了。到开业一周年时，公司的纯利润达1200万美元，到第六年，该公司已成为一个大企业，被喻为"食品王国"。

保罗·纽曼无论在台前演戏，还是在幕后经商，都显示出了超凡的能力。不断超越自己使他在演艺界和商界齐头并进，成为了一个名利双收的富豪明星。

保罗·纽曼从商人到演员直到天皇巨星，再从天皇巨星到企业家，再到食品大王，他的人生之路告诉人们，只有不断超越自我，不断让自己在新的生活和环境中去迎接挑战，才能保持住不灭的创造力，才能最大限度地发掘自己的潜力。

只拿属于自己的

犹太人处世智慧要诀

我们行事为人凭着信心信念，不是凭着眼见。（《塔木德》）

犹太人虽然爱钱,但他们却只赚属于自己的钱。他们在金钱的诱惑面前,总能保持足够的定力。他们绝不让金钱腐蚀自己的灵魂。犹太人追求财富,靠的是自己的头脑和双手光明正大地赚。在犹太人的眼中,拿不义之财就会受到神的惩罚。

有个犹太妇女购买东西,当她从百货公司回到家里从袋中取出东西时,忽然发现里面有一枚戒指。她并没有买这东西。她把此事告诉了小儿子,并带着孩子一并去找拉比,请教怎样处理此事。

拉比给他们讲了《塔木德》中的一则故事:

有位拉比平日靠砍柴为生,每天要把砍的柴从山里背到城里去卖。拉比为了节省走路的时间,决定买一头驴来代替。

拉比向一位商人买了一头驴牵回家来。徒弟们看到拉比买了头驴回来,非常高兴,就把驴牵到河边去洗澡,结果驴脖子上掉下来一颗光彩夺目的钻石。徒弟们高兴得欢呼雀跃,认为从此可以脱离贫穷的樵夫生活,可是拉比领他们赶快去街上把钻石还给商人。拉比说:"我买的只是驴子,而没有买钻石。我只能拥有我所买的东西,这才是正当行为。"

商人非常惊奇:"你买了这头驴,钻石是在驴身上,你实在没有必要拿来还我。你为什么要这样做呢?"

拉比回答:"这是犹太人的传统。我们只能拿支付过金钱的东西,所以钻石必须归还给你。"

商人听后肃然起敬,说:"你们的神必定是宇宙中最伟大的神。"

听罢这则故事,妇人立即决定回去把戒指还给百货公司。拉比告诉她:"如果对方问到你退还戒指的原因时,你只需说一句话就行:'因为我们是犹太人。'请带着孩子一块儿去,让他亲眼目睹这件事。他一定会对自己母亲的正直与伟大永记不忘。"

从此故事可以得到启示:犹太人对待金钱是很有原则的。正所谓"君子爱财,取之有道"。

如果民族的灵魂变肮脏了，民族就彻底完了。犹太人的生存经历是一面明镜，值得人类学习和借鉴。灵魂的纯洁是最大的美德。经商者应当牢记，抓住属于自己的钱，而不抓不属于自己的钱！

犹太人从来只拿属于自己的东西，这里属于自己的东西就是已经付过钱的。他们把这当成一种传统，是不可以破坏的。

犹太商人最重道义，对于金钱，他们坚持取之有道。从不用手段去骗钱。从意识层面来说对利益的追求应该受到一定的制约，有所节制。

以义制利是给私利的追求提出一个标准，对私利的追求，凡符合义的要求的是正当的，凡不符合义的要求的就是不正当的，这就是所谓的"取之有道"。在对利的追求上，问题不在于是不是追求私利，而在于对私利的追求是否合理。只要符合义的要求，即使如舜从尧那里接受天下，也是合理的；相反，如果所求不符合义的要求，那就是不合理的，即使是一碗饭、一分钱，也是不能要的。

既然对利益的追求要服从和符合义的要求。那么在有利可图时，就要先想一想是否合乎道义，来决定取舍；符合道义的就取，不符合道义的就不取。这就是"见利思义"，从反面讲就是不取不义之财。

犹太小伙子罗斯曼大学毕业后在一家外贸公司工作，由于工作出色，很快被公司提升为负责和法国外贸的主管。一次，罗斯曼和法国一家大公司有个合作项目，经过艰苦的谈判，双方都求得了自己要求的利益，达成了一致协议。为了表示对这个项目的重视，法国公司的市场部主管亲自来以色列签约。在签约之后，双方很快进行了交易。可事后，公司的财务部给罗斯曼传来信息，说是公司账上多了5000万法郎，要求查清楚。罗斯曼非常重视，他很快就发现是和法国公司合作中，对方由于某种原因造成一个失误。罗斯曼当时就打电话联系法国公司，随后亲自携带款项到法国，询问这个问题。法国公司对罗斯曼这一举动非常感动，也看出了罗斯曼不取不义之财，他们公司是值得好好合作的一个伙伴。为表示感谢，法国公司主动把合约条款改宽很多，给罗斯曼公司每年增加200万美元的收入。

罗斯曼不取不义之财之举换来的是公司的长期财富。

谦卑是最高尚的道德

犹太人处世智慧要诀

降低自己的人，上帝抬高他；抬高自己的人，上帝降低他。

在众人面前要谦卑。（《塔木德》）

犹太古谚有一句批评自大的话："没有你，太阳照样东升西下。"

犹太人认为，当人自满自大时，就会失去一个人应有的谦虚以及改过向上的念头。因此，虽不认为自大是一种罪过，却认为它是一种愚昧。有很多人总认为自己是世界中心，但是周围的任何人却绝不可能那么重视自己，因此他厌恶别人的漠不关心，同时更为自己没有达到更高的目标而生气，于是就会产生过度的自我嫌恶。在犹太人看来，这也算是自大的一种。因为这种自我嫌恶和虚荣心是互为表里的。

犹太人说："如果自己的内心已被自己占满时，就再也不会有留给神住的地方了。"

犹太人告诫孩子们不可自大时，常引用《圣经·创世记》做比喻：

在《创世记》中，神首先分别光明与黑暗；再分割天空和地面；并将地面划分为水、陆；然后他开始创造生物；到了最后才创造人——亚当。因此，甚至跳蚤都比人早到这个世界，所以人有什么了不起呢？

谦虚是美德。因此《塔木德》对谦虚有很严格的规定，告诫人们说："即使是一个贤人，只要他炫耀自己的知识，他就不如以无知为耻的愚者。"

犹太人有许多嘲笑不谦虚的人的故事。

有一位从事神圣工作的拉比好像在熟睡。他的旁边的信徒讨论这位神圣的人无与伦比的美德。

"他是多么虔诚！"一个信徒带着陶醉叫了出来，"在整个波兰也找不到第二个像他的人！"

"谁能和他比仁慈？"另一个狂热的呐喊，"他给人宽广无私的施舍。"

"还有多么温和的脾气！"另一个信徒眼睛发光地低语。

"啊，他是多么的博学！"一个信徒用圣歌般的调子说。

信徒们陷入了沉默。这时这位拉比慢慢地睁开眼睛，用一种受伤害的表情看着他们。

"怎么没有人说说我的谦虚？"他责备说。

这则故事的名字就叫《谦虚的拉比》，它嘲讽了一个毫不谦虚的拉比的愚蠢。

犹太拉比希雷尔据说是一位最谦卑的人，他的名言："我的谦卑就是我的高贵，我的高贵就是我的谦卑。"

下面这则轶事体现了他这方面的品质：

有两个年轻人打赌，如果谁能让希雷尔拉比发怒，谁就可以赢400元钱。这天刚好是安息日前夜，希雷尔拉比正在洗头。

这时，有个人来敲门，并大声喊道："希雷尔，希雷尔在家吗？"

希雷尔拉比忙用毛巾包好头问道："孩子，你有什么事吗？"

"我有一个问题不明白。"年轻人说。

"请讲吧，孩子。"希雷尔拉比说。

"为什么巴比伦人的头是圆的？"年轻人问道。

"这的确是一个很重要的问题，原因在于巴比伦人缺乏熟练的产婆。"希雷尔拉比回答道。

那个年轻人听完就走了。没过多久，这个年轻人又来了，大声喊道："希雷尔，希雷尔在家吗？"

希雷尔拉比连忙又包好头，走出门来问道："孩子，你有什么事吗？"

"我有一个问题不明白。"这个年轻人说。

"那就请讲吧，孩子。"希雷尔拉比说。

"为什么帕尔米拉地方的居民都长烂眼睛？"那人问道。

"这的确是一个重要的问题，因为他们生活在沙尘飞扬的地区。"希雷尔拉比回答。

这个年轻人又说道："我还有许多问题要问，但我怕惹您生气。"

希雷尔拉比干脆把身上都裹好，坐下来说："有什么问题，你尽管问吧。"

"你就是那个被人们称为以色列亲王的希雷尔吗？"

"不错。"

"但愿以色列不要有太多像你这样的人。"

"为什么呢？"

"因为为了你，我输掉了400元钱。"

希雷尔问明情况后，对他说："年轻人，希雷尔是值得你为他输掉400元钱的，即使再加400元钱也不算多，不过希雷尔是肯定不会发火的。"

面对年轻人一次又一次的刁难，希雷尔始终以一种谦卑的态度耐心作答。试想，没有很高的修养，是很难做到这一点的。

另外一位拉比美雅也可称得上是一位谦卑的人：

拉比美雅是一位天才演说家。每个周五晚上，他都要在礼拜堂里宣讲教义，听者数以百计。其中有一位妇女为之着迷不已。

通常周五晚上，犹太妇女都要在厨房准备安息日的饭菜，但是这位崇拜美雅的妇女，每次都到教堂听讲而耽误了家里的事。

美雅讲道时间很长，但听众却觉不出来。有一天，这位妇女听完讲道回到家时，发现丈夫怒气冲冲地在门口等她，看到她就暴跳如雷地骂道：

"明天就是安息日了，饭菜还没有准备好，你到哪里野去了？"

妇女回答道：

"我到教堂去听拉比美雅讲道了。"

丈夫气急败坏地说：

"除非你往拉比的脸上吐一口痰，否则你休想再进这个家。"

这位妇女只得暂时借住在朋友家中。

消息传到拉比美雅的耳朵里，他深感不安。自责的同时，他邀请这位妇女到自己家中，对她说：

"我的眼睛很痛，用水洗一洗也许会好一些。请你替我洗一洗。"

这位妇人以为美雅是在调戏她，就朝美雅的眼睛吐了一口痰。

这位妇女回家了。

弟子们问美雅：

"您是一位尊贵的受人尊敬的拉比，怎能甘受侮辱而不声不响呢？"

美雅说："只要能挽回一个家庭的和睦，任何牺牲都是值得的。"

这就是高贵人的谦卑之处。《塔木德》以此教导世人。

做幽默的人

犹太人处世智慧要诀

幽默的人是拥有智慧的人。（《塔木德》）

笑话和金钱，是犹太处世时的敲门砖。犹太民族，有着天生的幽默细胞。在他们看来，笑话不仅可以改善人际关系，还可以博得人心，其积极效果不见得比给予物质利益来得差。在犹太人几千年的流亡中，尽管几经血与火的洗礼，但他们乐观幽默的本性不改，他们时常利用笑话来舒缓身心，让一切不愉快的事情随着放声大笑而烟消云散，这种超乎寻常的精神，也是犹太人之所以能创造奇迹的重要原因。犹太人有很多关于"笑"的谚语：

"生物中只有人会笑，而越贤明的人越会笑。"

"人不能哭着过完一生。"

"要逗天地发笑，先逗孤儿笑吧！"

犹太人的幽默表现他们豁达的人生态度，是他们对待苦难的乐观，是他们蔑视敌人的高傲。

犹太人把幽默当作一种重要的精神食粮。在希伯来语中，智慧被称为"赫夫玛"，幽默也被称为"赫夫玛"，而幽默正好成为了犹太民族苦中作乐的生存和处世的智慧。

他们用幽默来嘲笑和面对残酷的人生，他们用幽默来表达对自己和对敌

人的讥讽,有这样一个故事:

希特勒这个杀害了600万犹太人的刽子手,是犹太民族的仇敌,但是他居然也非常害怕别人杀他。

有一天,他请了一位犹太占星师来占卜,算一算他什么时候会被暗杀。听到这个问题,占星师回答说:"你会在犹太人庆典的那一天被暗杀。"

希特勒赶忙把卫队长召来,下令以后凡是有犹太人庆典的日子,就要特别地警备。

这位犹太占星师冷冷地说:"没有用的,因为你被暗杀的日子,就是犹太人民的庆典。"

即使是在犹太人遭受极大创伤的时候,也要对敌人幽默一下。在犹太人眼中,幽默是只有强者才能拥有的特权。

犹太人常说:"笑是百药中最佳的良药之一。"因为"笑"能在痛苦时安慰他们的心,可是,犹太人认为笑所隐藏的力量绝不仅如此。笑是人类所有与生俱来的能力中,最强有力的一种武器。犹太人认为幽默就是要使人笑起来。

犹太人讲笑话,更是信手拈来。在大多数犹太教堂里,每天下午的祷告仪式和傍晚的祷告仪式通常会合在一起举行。在两个仪式之间,有几分钟的休息时间。做祷告的人们常聚在一起谈论一些轻松的话题,或开几句玩笑。

在费城的一个教堂里,两个老朋友聚在一起聊天。一个说:"看那个家伙——他是当地的小富。30年前他只穿着一条磨破的裤子来到了这里,可是如今,他拥有了100万!""什么!他是不是疯了?他要100万条破裤子干吗?"

这套说笑话的天赋,也被杰出的犹太商人所利用,现在商界里还流传着"尼桑借笑话广结人缘"的故事呢。

犹太商业巨头罗斯柴尔德有5个儿子。他们成年后,每一位都成为了商业奇才。在五兄弟当中,罗斯柴尔德的三儿子尼桑相貌平平,但他的外交能力是最强的,其中一个重要的原因就是他特别喜欢说笑话。为了这一爱好,他甚至专门建立了一套"笑话快递"制度。尼桑刚到伦敦时，英语能力并不强，于是，他决定用笑话来弥补这个缺陷。所以，尼桑专门建立了一个通信网，其任务就是帮助他尽快收集和传递欧洲最新的笑话，以便他能够利用这些笑话在伦敦社交界广结人缘。这个笑话网不断扩大，各国的外交官，甚至用报告的形式，将各种笑话传递给尼桑。直到今天，伦敦罗斯柴尔德银行的博物馆里，还保存着当年欧洲各地送来的笑话邮件。

幽默不只是孩童的把戏，开心的笑脸，它和提高生产效率应该是相辅相成的。运用幽默进行经商管理，往往可以取得很好的效果。

因此，每逢尴尬的场面，犹太人总喜欢借助笑话、幽默来活跃气氛。尽管有些幽默反而会使局面更加难堪。但最后犹太人看重的是个人的心态，而不计较效果。因此，犹太人说："只有幽默才能使人放松心情，而唯有贤者才能在任何情况下，都永远保持着放松的心情。"

犹太人在做生意的时候也特别讲究幽默。

有这样一个故事：

劳布做生意的时候缺少资金，于是他打算找他的一个朋友格林借点钱暂渡难关。

"格林先生，我的手头拮据，能先借我1万美元吗？"

"啊，不必客气，您要借多少？"

"您先告诉我，我要支付您的利息是多少？"

"9%的利息。"

"什么？你发疯了，你怎么可以向你的教友要这么高的利息呢？对教友应该只有6%的利息，你这样的行为让上帝看到了，他会有什么想法呢？"

"上帝不会有什么想法的，因为上帝从天上看下来的时候，9像个6。"

犹太人一向非常重视笑和幽默。犹太人长久以来，遭遇无数次的迫害而仍能坚强地生存下来，就是因为他们能够了解笑的功用，并能充分运用它。所以，无论被逼到何种地步，犹太人都能笑着面对自己的痛苦，借以中和自己苦闷的心情。他们很了解笑的意义——快乐的时候固然要笑，但是痛苦时更需要笑。

在其他民族的心目中，认为笑话只能改变心情于一时，所以只把它当作是调味品之类的副食，但犹太人却认为笑话是主食，它是人类生活中最为重要的一种精神食粮。

尽管犹太人有着苦难的经历。但他们对生活一直充满坚定的信念，否则他们的民族就不可能经受住那么多折磨而存活下来。事实上正是苦难造就了犹太人不可动摇的乐观精神。

欢乐和笑声是犹太人生活中必备的良药，这使他们总能保持一种乐观的生活态度。迫害、痛苦和他们在潮湿的"贫民监狱"里的贫困生活都不能阻止他们的欢笑。但是，犹太人的笑声不是一般的无聊取乐，也不仅仅是消遣，而是对残酷生活的一种顽强而又反抗的回答。因而在犹太人的幽默里存在着一种独特的智慧。

第四章 与人交往是人生价值的体现

——犹太人处世智慧四：以待己之心待人

爱人如爱己

犹太人处世智慧要诀

谁是最强大的人？化敌为友的人。（《塔木德》）

为什么神在开始的时候，不一下子就造出许多人，却只造出一个人来，让全人类自一个人而繁衍成许多人呢？

拉比们的答案是："这是神为了告诉我们，谁夺取了一个人的生命，就等于杀害全人类。"

相对的，如果谁能救一个人的生命，那么他就等于拯救了全世界人的生命；同样地，爱一个人时，也就等于爱整个世界的人。因为人类都是一个祖先繁衍下来的，所以同源同根。因此犹太人认为人要去爱整个人类。

《塔木德》的解释是：

"神在开始时，为什么仅仅创造一个人呢？这是为了防止任何人说他自己的血统优于别人的血统。因为如果当初只造出一个人，那么溯源而上，每个人都会发觉大家都是来自同一个祖先，所以，也就不会有这一个民族比那一个民族更优越的说法了,因为实际上,大家都是从同一个亚当繁衍下来的。"其中,亚当的头,是出自乐园的泥土;他的身体,是来自巴比伦的泥土;至于他的双腿,则是网罗了全世界的泥土所造成的。

"亚当"这两个字,在犹太人心中,就是人的存在是世界性的,即四海之内皆兄弟。

因为有这样一个大人类的观念,在历史的长河中,尽管犹太人受尽迫害,历尽坎坷,但是,一旦犹太人有能力主宰异族命运的时候,他们却并不会迫害侮辱其他民族。相反,他们能够以平常的心对待其他人,甚至用爱心去帮助他们。

为此,犹太人有句名言说:"谁是最强大的人?化敌为友的人。"

犹太人认为,谅解和接受曾经伤害过你的人,才是最好的待人之道,这样就能得到希望中的回报。为此犹太拉比高度赞美那些"受到侮辱却不侮辱别人,听到诽谤却不反击"的人。

在犹太人看来,对他人的爱源于家庭之内的爱,即对兄弟姐妹的爱。

有两个农民兄弟,一个和妻儿一起住在山的一边,另一个还没结婚,住在山的另一边的一个小草屋里。

有一年兄弟俩收成都特别好。已经结婚的哥哥想:

"上帝对我真好。我有妻子和孩子,庄稼多得超出我的需要。我比我的兄弟好多了,他一个人孤零零地过。今天晚上,趁我兄弟睡着的时候,我要把我的庄稼背几捆放到他地里。当他明天早上发现的时候,怎么也想不到是我放的。"

在山的另一边,没有结婚的弟弟看着自己的收获想:

"上帝对我很仁慈。但是我哥哥的需要比我大多了。他必须养活妻子和孩子,可是我的果实和谷物与他一样多。今天晚上,当哥哥一家睡着的时候,我要背一些粮食放到我哥哥的地里。明天,他怎么也不会知道我的少了,他的多了。"

所以兄弟俩都耐心地等到了半夜。然后各自肩上背着粮食,向山顶走去。

正好在午夜的时候，兄弟俩在山顶相遇了，意识到他们都想到了帮助对方，兄弟俩拥抱在一起，高兴地哭了。

犹太人历来主张把罪恶本身与犯罪之人加以区分。

从前，有几个拉比碰上了一伙十恶不赦的坏人。其中有一个拉比在忍无可忍的情况下，诅咒他们都死了算了。

可是，在他们中有一个伟大的拉比却说：

"不，身为犹太人不应该这么想。虽然有人认为这些人还是死了比较好，但不能祈祷这样的事发生。与其祈求坏人灭亡，不如祈求坏人改邪归正。"

《塔木德》的结论是：处罚坏人对谁都没有什么益处。不能使他们改悔，那才是人类的一种损失。

因此，犹太人对罪人没有那种深恶痛绝、必欲置之死地而后快的过激情绪。相反，他们认为，犹太人犯了罪，一旦改悔，就不许再把他们看作罪人。

第二次世界大战期间，有两万左右的犹太人避难于上海。在此期间，有不少人曾受到占领上海的日本当局的虐待。有些人直到战后很久，还念念不忘日本人的暴行。但拉比却给他们讲了一个《塔木德》上的故事：

有一只狮子的喉咙被骨头鲠住了。狮子便向百兽百鸟宣布，谁能把他喉咙里的骨头拿出来，就给他优厚的奖品。

于是，来了一只白鹤，他让狮子张开嘴，把自己的头伸进去，用长长的尖喙，把骨头衔了出来。

白鹤干完后，便向狮子说："狮子先生，你要赏我什么礼物啊？"

狮子一听，恼怒地说：

"把头伸到我的嘴里而能够活着出来，这还不算奖品吗？你经历了这样的危险都活着回来了，没有比这更好的奖赏了。"

拉比的结论是：既然现在还能诉苦，就说明至今还活着，而至今还活着，就没有必要诉苦。不要为曾经历过的不幸而抱怨。当然，更没有必要憎恨了。

这个故事在犹太人中广为流传，这充分说明，犹太民族一直在尽力避免憎恨。

无论人们对犹太人的这种做法是怎么看的，犹太人自己的历史则确凿无疑地证明了，这种反躬自责而不是一味憎恨的心态对民族生存具有重大的价值。

今天的犹太人是十分团结的，东欧一些国家的犹太社团成员为了消除相互之间存在或可能存在的隔阂，在赎罪日前夕做礼拜时，往往真诚地向相遇者打招呼，说声"请宽恕我"。这个时候，那个人肯定会全神贯注地听完他的话，然后立即回答："我宽恕你。"他也要向对方寻求宽恕。这种方式成为犹太人中一条不成文的法律，就是社团的首领和德高望重的长者也不例外。

如果两个犹太人误会太深，见了面都视而不见，那么，与他们都很熟的老人就会主动上前，使其中一方首先开口，这样做，至少会使他们平息怒气，甚至握手言和。

在《塔木德》中有一则约瑟夫接纳他哥哥的故事：

约瑟夫是雅各的儿子，在年少时被他的兄长卖往埃及为奴，后来做了宰相。

有一年因为饥荒，他的哥哥们到埃及来寻求食物，约瑟夫见到了兄长。当约瑟夫发现自己的哥哥们时，他大声叫起来："所有的人都走吧！"

众仆人都离开了，这时约瑟夫对哥哥们说："我是约瑟夫，我的父亲还好吗？"

可是，他的哥哥们一个个都目瞪口呆了。

接着，约瑟夫又对哥哥们说："走近些。"

当他们走近时，他说："我是你们的兄弟约瑟夫，你们曾经把我卖到埃及。"

当他的兄长们明白一切都是真的时，他们更是吓得说不出话来了。

但是，这时他们听到约瑟夫说：

"现在，你们不要因为把我卖到这里而感到难过，那是上帝为了救我的命才把我送到这里来的。老家发生饥荒已经两年了，接下来还有五年时间，所有的土地将颗粒无收。上帝把我早些送来，是为了让你们继续存活，所以是上帝而不是你们把我送到这儿来的；他使我成为了法老的父亲，所有财产的主人，整个埃及的统治者。"

在约瑟夫的话语中，他把自己少年的苦难看成是上帝拯救自己的行为，其实是一种宽以待人、化敌为友的为人处世之道。

对整个人类社会充满爱心而去真诚爱护每一个人，这就是千百年来犹太人杰出的处世智慧。

千百年来，犹太人备受迫害和欺辱，但是他们能够从硬币的另一面看待福祸的关系，一切的错是明天的好，一切的好是因为曾经的错，所以犹太人对待敌人能用爱心去宽恕，对待朋友能用真诚去回报。

这是犹太民族的伟大和高尚之处。

不要嫌贫爱富

犹太人处世智慧要诀

不要鄙视任何人——任何人都有自己的位置，都可以在有钱和有时间的条件下创造奇迹。（《塔木德》）

有这样一则犹太故事：

拉比约书亚是一个博学而朴实的学者。

一天，罗马皇帝哈德良的女儿对约书亚说道："在你这么丑陋的人的脑袋里，怎么可能有了不起的智慧呢？"

约书亚非但没有恼怒，反而笑容满面地问道："在你父亲的宫殿里，葡萄酒装在什么样的容器里？"

公主答道："装在陶罐里。"

"陶罐！普通老百姓才把葡萄酒装在陶罐中。"约书亚说，"你应该把葡萄酒放在金银器皿里。"

于是，公主便令佣人把葡萄酒装到了金罐和银罐中。不久，所有的葡萄酒都变得淡而无味。

公主于是就怒气冲冲地去找约书亚算账:"你为什么让我这样做?"

约书亚温和地说:"我只是要让你明白,珍贵的东西有时候必须装在简陋而普通的容器中才能保存其价值。"

"难道没有既出身好又博学的人吗?"

"有,"约书亚回答道,"但如果出身艰苦一些的话,他们的学问会更大!"

犹太人中的穷人遇到富家子弟时不会自卑,更不会觉得有什么可怕,因为出身富贵之家的人并不一定有学问。但是遇到有知识的人时,无论是穷人还是富人都对他非常的敬重。这是因为犹太人只重视个人的才华,而不会去看他的家庭和出身。

事实上,有很多著名的犹太拉比,出身都很卑微,其中最具代表性的希雷尔是木匠,雅基巴是牧羊人。他们之所以能够成为犹太人中的杰出人物,就是因为他们自身的能力所致。

正是因为犹太人重个人才华而不重门庭出身,才使犹太民族产生了许多杰出的人物。犹太民族则在日常生活中很少有门第观念,在人与人交往中,犹太人少有趋炎附势之举,出身好的人也难以依靠出身攫取社会地位或者取得什么其他优势,人们都是依靠勤劳和智慧获得个人地位。

个人才华重于门第出身是犹太人处世的重要观念,它激励了许多出身不好的人去积极进取,也体现了社会公平的原则。

在一些犹太人居住区里,每一个镇上或村子里,都会有几个乞丐,他们被称为"修诺雷尔"。

犹太人并不歧视这些乞丐,照犹太人的宗教习惯,乞丐也是一种正当职业,是获得了神的允许的,他们是人们施舍的对象。

在犹太民族中,一些"修诺雷尔"是非常喜欢读书的,其中还有不少人通晓《塔木德》,他们也是犹太教堂中的常客,经常以同仁的身份参加《塔木德》的讨论。犹太民族中流传着这样两句话:"不要看不起穷人,因为有很多穷人是非常有学问的。""不要轻视穷人，他们的衬衫里面埋藏着智慧的珍珠。"

犹太人素有尊学、重学的传统，对于贫穷犹太人的智慧，他们也同样表现出尊重。

犹太人有一个这样的民间故事，教导人们不要看不起穷人：

一个虔诚的人继承了一笔财富。在安息日前夜，他就开始为安息日日落前的食物做准备。

由于急着办事，他在安息日前必须暂时离开家一段时间。在回家的路上，一个穷人向他乞讨买安息日所需食物的钱。

这位虔诚的人生气地斥责穷人："你怎么能一直等到最后一刻才买你的安息日食物呢？你肯定是企图骗钱！"

他回到家后，给妻子讲了遇到穷人的事。

"我得告诉你，是你错了，"他的妻子说，"在你的一生中，你从未体味到贫穷的滋味。我在穷苦人家长大。我经常回忆过去，那时天几乎全黑了，而我的父亲仍然为家人四处寻找哪怕一点点的面包。你对那个穷人有罪！"

虔诚的人听到这一席话，赶紧到街上寻找那个乞丐。乞丐仍然在寻找安息日食物。于是，这位富人给了穷人安息日所需的面包、鱼、肉，并请他宽恕自己。

在犹太社会里，尽管穷人和富人的差距十分大。但是，一直以来，犹太人是尊重穷人的。他们认为富人并不一定快乐，穷人也并不一定是必然绝望。

这就是犹太人对于穷人的态度。

不嫌贫爱富，并且把尊重穷人，对穷人进行施舍作为自己的义务，这是犹太人团结友爱的处世智慧之一。

从乞丐变成亿万富翁的约瑟夫·贺希哈在这方面树立了良好的榜样。

在约瑟夫·贺希哈第一次赚到16.8万美元时，他首先想到的不是急于把这笔金钱全部投资于他迷恋的股市交易，而是拿出了绝大部分为相依为命的母亲购置了一幢房子，让母亲早日走出了低矮潮湿的贫民窟。约瑟夫也从不忘记与自己长期合作、患难与共的伙伴。他让合作伙伴朱宾全盘负责开掘铀矿，事先就给予了朱宾 1/10 的股票优先权，使朱宾在用自己的智慧掘出铀矿的一刹那便成为百万富翁。而且约瑟夫延用 1/10 股票的优先权法，给以后同他合作的重要伙伴都提供这个优厚的条件。约瑟夫不仅对与他有重要经济合作的伙伴是这样，对他公司的下属职员也十分关心，甚至对一个开电梯的孩子也是如此。这个可怜的孩子有一个多病的母亲，微薄的薪水难以支撑母亲的医药费，约瑟夫便长期地承担起对这个家庭进行接济的责任。

在约瑟夫从乞丐到亿万富翁的一生中，他对被别人骂作"穷鬼"的乞丐生活有着刻骨铭心的记忆。在成为富翁以后，他一直把捐助像他童年时一样贫穷的人作为自己义不容辞的责任：他向学校捐款，为的是使贫穷人家的孩子能得到更多的教育以开掘他们的天赋；他向盲人医院、孤儿院捐款，为的是使残疾人和无依无靠的孤儿得到救助。由于自己对艺术的浓厚兴趣，他特别喜欢资助贫穷而又富有艺术才华的学生们，使他们能够全身心地投入到艺术的王国之中。他经常驾驶一辆黑色的超豪华林肯牌轿车，不断地驶入哥伦比亚大学、曼哈顿大学、加州图书馆、孤儿院、盲人医院、教会等处，不辞辛劳地把一笔笔捐款送给那些需要帮助的人们和组织。

这就是充满传奇色彩的约瑟夫·贺希哈，他通过在充满风险的股市不断搏杀，改变了自己的命运；他通过普度众生的慈善事业，彰显着人生的价值。

借钱，就是为自己树敌

犹太人处世智慧要诀

借钱给朋友，将以失去友情作为利息。（《塔木德》）

莎士比亚有句名言："不要把钱借给别人，借出会使你人财两空；也不要向别人借钱，借进来会使你忘了勤俭。"这句话有一定道理。

你可以用其他友善的方式接济你的朋友，但不要借钱给他。借钱给他人就是掏钱为自己买了一个敌人。

犹太人朋友之间很少涉及金钱，他们之间朋友是朋友，金钱是金钱，分得十分清楚。他们一般不把友情掺入金钱。

犹太人之间的朋友，大家彼此都很不错，就在一起吃饭喝酒。这样就表示你是他喜欢的朋友，他愿意和你经常来往。但是你要是借钱，他们很少答应。

这不是因为大家彼此之间不信任，而是他们处事的一种精明。

犹太人是十分自尊的，他们一般是决不肯向人求助的。即使遇到了困难，他们也是依靠自己的力量来解决，而很少向别人请求帮助。假如一个人向自己的朋友去借钱，那说明这个人已经处于生活比较困难的时候了。有人借钱给他，他就总是感到忐忑不安，心里总是想着把钱尽快还给自己的朋友，见了朋友就感觉很不好意思。虽然朋友浑然不觉借钱人的尴尬。而借钱人为了避免这种愧疚的心情一般就会回避自己的朋友，希望自己尽快地还钱，那样自己才觉得在朋友面前会坦然。有了这种心理，这样的朋友就会因为金钱变得很不自在。

而朋友呢，如果也恰好需要这笔资金，但是已经将钱借给别人，而且为了让别人放心，自己一般不会说还钱的时间。朋友什么时间有了钱，就什么时间来还，而自己许多事情却急切需要资金办理，但是话已经出口，就很不好意思去要钱。所以，犹太人之间就心照不宣地达成默契：不借钱给自己的朋友。

犹太人喜欢放高利贷收取利息，这是他们几百年的传统了，他们如果自己有闲余的资金，就会把这些钱放出去收取利息，而有人需要钱自然就可以去借贷了。所以，犹太人没有钱的时候，喜欢去借贷来渡过难关。向他人借贷是一种商业行为，这与向朋友借钱的行为是不一样的。

有个故事是这样说的：

雅可夫借给亚瑟 500 美元，明天就要到期了，但是亚瑟根本没有钱可以还。雅可夫三天前就已经提醒亚瑟，还有三天就该还钱了。"到明天雅可夫一定会来要钱的"，想到这里，亚瑟坐卧不宁，烦躁地在房子里走来走去。

"你为什么还不睡觉？"他的妻子问他。"我向雅可夫借了钱，明天早上非还他不可。""你现在有钱了吗？""我连一个子儿也没有呢！"

"既然这样，你就睡觉吧。着急的应该是雅可夫而不是你。"

亚瑟妻子的话代表了我们处理债务的一般态度，既然没有钱就干脆放心休息，反正着急也没有用。而事实上，雅可夫也确实没有办法，如果逼朋友还钱，那与朋友长久培养起来的感情就会因此而崩溃了。打官司更是浪费自己的钱财，对朋友的感情也更是致命的打击。

还有一个故事是这样说的：

梅西克向罗扬借了1200马克，但是梅西克一直没有钱还。每当遇到罗扬，梅西克都会避而不见。可罗扬又束手无策。

这时，他的另一个朋友对他说："你不妨写信给梅西克，叫他尽快归还1800马克的债，瞧瞧他的反应。"

罗扬也十分需要这笔钱，就给梅西克去了一封信。

两天后，梅西克就回信了，信中说："罗扬，我记得很清楚我借了你1200马克，你怎么说我欠了你1800马克，随信附上1200马克。如果你要打官司的话，你准输。"

罗扬虽然成功地要回了自己的钱，但通过这次事件，两人的关系就可想而知了。

因此，洞悉人情的犹太人说：借钱，即是掏钱给自己买了个敌人。

无朋友，毋宁死

犹太人处世智慧要诀

两个人总比一个人好。

人应交友以便能跟他一起读《圣经》，一起研习《密西拿》，一块儿吃饭，一同饮酒，并向他吐露心曲。（《塔木德》）

犹太人认为，人需要有朋友一起吃饭，一起喝酒，一起学习《圣经》，一起学习《塔木德》……给自己找个朋友，对他倾诉心底所有的秘密——

关于《圣经》和世俗生活的秘密。

《塔木德》里有这样一个故事：画圈者豪厄生活于公元前 5 世纪的罗马帝国早期。他不但是位著名的学者，还被认为是魔法师，尤其擅长求雨。他的绰号"画圈者"大概来自他求雨时最壮观的技艺表演：他在地上画一个圈，和他的祈祷者一起站进去，雨不多不少正好满足庄稼的需要。当雨下够了，他就再祈祷，雨就停了。

有一天画圈者豪厄看到有个老人在栽豆荚树。他问那人需要多长时间这棵树才能结果子，那人回答说要 70 年。

豪厄坐下来吃东西，觉得昏昏欲睡，他躺下睡着了。他周围的石头升起把他遮在里面，他一口气睡了 70 年。

醒来的时候，他看见有个人正在摘树上的果子。

"你是栽这棵树的人吗？"豪厄问。

"不，我是他的孙子。"那人说。

"那么我睡了 70 年！"豪厄惊讶地叫起来。

豪厄回到原本自己生活的地方。

"画圈者豪厄的儿子还活着吗？"他问那个地方的人。

"他的儿子不在了，"人们说，"不过他的孙子还活着呢！"

"我是画圈者豪厄。"他说，但是没人相信他。

豪厄不得不离开家，来到他学习的地方，他看到很多学者正在一起学习。

"法律对于我们就像在画圈者豪厄的时代一样清楚，"他听见学者说，"因为不论什么时候豪厄来到学习的地方，他总能澄清学者们阅读文本时遇到的问题。"

"我是豪厄。"他兴奋地对他们大声说。

但是学者们不相信他。

豪厄受到深深的伤害，他祈求死去。他的祈祷得到回应，他死了。

于是便有了谚语："要么结成伙伴，要么死去。"从这个悲剧可知，友谊犹如生命的阳光，缺少友谊，不如死去。犹太先贤对此认为，要么和朋友在一起，要么去死。

《塔木德》中还记载了这样一则故事：

有个富翁生了10个儿子，他计划自己去世的时候给他们每人100第纳。

可是，随着时光流逝，他只剩下950第纳。所以他给前9个儿子每人100第纳，对最小的儿子说：

"我只剩下50第纳了，我还得留出30第纳作丧葬费。我只能给你20第纳。不过，我有10个朋友，准备都给你，他们比100个第纳好多了。"

他把最小的儿子介绍给朋友们，不久就死去了。

那9个儿子各自谋生，最小的儿子也慢慢地花父亲留给他的那点钱。当他只剩下最后一个第纳的时候，他决定用它请父亲的10个朋友美餐一顿。

他们一起吃啊喝啊，纷纷说："在这么多兄弟中他是唯一还记得我们的人。让我们报答他对我们的好意。"

于是，他们每个人给了他一只怀了牛犊的母牛和一些钱。母牛产下小牛，他卖了牛犊，开始用换回来的钱做生意。最后他比自己的父亲还富有。

然后他说："我父亲说朋友比世上所有的钱都珍贵，这话一点都不假。"

朋友的可贵之处在于，他总在你最需要帮助的时候出现，救你于水火。中国有句俗语说"患难见真情"，就是这个道理。

在犹太人看来，朋友比世上所有的金钱都珍贵，为了朋友，甚至可以牺牲生命。

有两个亲密的朋友，由于战争受阻，被分隔在两个敌对的国家。

有一次，其中的一个去看望另一个，结果被当作间谍囚禁起来，判了死刑。

他乞求国王发一次善心。

"陛下，"他说，"您让我回自己的国家用一个月时间料理好后事，月底我就回来接受死刑。"

"我怎么能相信你还会回来？"国王说，"你给我什么保证？"

"我的朋友可以保证，"这个人说，"如果我不回来，他可以替我死。"

国王把这个人的朋友找来，他的朋友对这个条件表示同意。

到了一个月最后一天，太阳已经落下去了，那人还没有回来。国王下令把他的朋友处死。就在刀即将落下的时候，那个人飞快地赶回来了，把刀搁在了自己的脖子上。可是他的朋友阻止了他。

"让我替你死吧。"他请求道。

国王被深深地感动了。他下令把刀拿开。

"既然你们有这么深的爱和友谊，"他说，"我恳求你们让我也加入进来吧。"从那一天起，他们都成了国王的朋友。

忠诚的朋友是可靠的避难所。中国名言说得更妙："人生得一知己，足矣！"

犹太人相信一种东西和另一种东西接触时，一定会互相影响、互相渗透。

同样道理，当一个人和另一个人接触时，一定也会产生出同一种现象——甲的一部分进入乙的心中，乙的一部分进入甲的心中，但两个都毫无感觉。丑恶和善良都可能潜移默化地进入人的内心深处。

犹太人对于交友是非常慎重的。每当他们遇到一个人时，他们都会思索一个问题：应该花多少时间接触那个人？又该沾上多少他的习性呢？

但是，犹太人又认为没有朋友的人就如同失去手臂一样。因此，他们把朋友分成三种：第一种是像面包的朋友，这种朋友是经常需要的；第二种是像菜的朋友，这种朋友是偶尔需要的；最后一种是像病的朋友，这种朋友应尽量避开。

没有一个人能独自成长或独自堕落，所以在犹太人看来，寻求一个适合自己的朋友是人生中一件很重要的事。

正如犹太格言所说："走进香水店，就是什么都不买，也会沾上芳香的气味。"

卷三 犹太人的教育智慧

犹太人对家庭教育的高度重视，是犹太人获得如此巨大成就的根本原因。重视亲子教育，是犹太民族最为突出的优良传统。犹太人的教育不但使犹太人精明、富有，而且还使犹太人不管流落于世界任何一个地方，都能如鱼得水般地开创他们的事业。独到的家庭教育造就了无数精英，熔铸了民族之魂，托起了美好希望。

第一章 生存教育：没了生命，一切免谈

迦太基博物馆的魔鬼下棋图——品，才能懂得苦难的甜

犹太人教育智慧要诀

在犹太人看来，苦难可以转化为生命的财富，人类正是在同魔鬼的战斗中锻炼了自己。

对于苦难，每个人都会有一种不由自主想要逃避的心理，殊不知，经历了苦难之后的生活才能更甜。所以，交给孩子品的本领，他才能够明白究竟什么才是真的甜。

在所有的成就面前，犹太人的苦难也是值得骄傲的。生活的磨难，身体的疾病，生存的险恶，到处被排挤，流离失所，人格歧视……这些苦难早已变成一种力量，随着历史的脚步，从容不迫地传递给每个人。

在迦太基一家著名博物馆里面有一幅画，名为《将军》，画面上是一个人正在和魔鬼下棋，而且危在旦夕，魔鬼正在将军。这一盘棋正是人类命运的象征，而苦难就是那个正在将军的魔鬼。犹太人总是对自己的孩子进行"磨难教育"，在犹太人看来，苦难可以转化为生命的财富，人类正是在同魔鬼的战斗中锻炼了自己。

曾经有这么一则关于"磨难教育"的小故事：

一个研究《塔木德》的犹太学者，刚刚结束他的学习生涯，就到艾黎扎拉比那里，请求给他写封推荐信。

"我的孩子，"拉比对他说，"你必须面对严酷的现实。如果你想写作充满知识的书，你就必须像小贩那样，带着坛坛罐罐，挨门挨户地兜售，忍饥挨饿直到40岁。"

"那我到40岁以后会怎么样？"年轻的学者满怀希望地问。

艾黎扎拉比鼓励地笑了："到了40岁以后，你就会很习惯这一切了。"

犹太人的"磨难教育"由来已久，"逾越节"就是其中一个最重要的节日。

"逾越节"是为了纪念摩西带领犹太人出逃埃及而设立的，通过讲述祖先的艰难历程和吃特殊的食品，进行忆苦思甜和认识生命的艰难。在逾越节的时候，每家每户的桌上都会摆着三块无酵饼、一盘食品、五种食物和四杯酒，当然，这些食物都具有各自不同的寓意。

先说三块无酵饼，当年犹太人逃离埃及时，来不及准备路上的干粮，只能吃不发酵的饼，三块的说法是为了纪念犹太人的三位祖先。

一盘食品、五种食物，五种食物是：烤羊腿、烤鸡蛋、哈罗塞斯、一碟苦菜、一碟盐渍芹菜。烤羊腿是"逾越节"的祭品，犹太人失去圣殿后，无处献祭，于是就在宴席上用烤羊腿（或烤肉）代替。烤鸡蛋，逾越节的鸡蛋是烤的，烤的蛋很坚韧，很难咬碎，犹太民族就像烤的蛋，受的苦难时间越长越坚强，就像烤蛋烤得越久越坚硬一样。哈罗塞斯，这是一种水果、香料和酒混合的食品，呈泥状。以色列人在出埃及前，法老为难他们，命他们做砖，又不给草料，借此责打他们，哈罗塞斯让人想起做砖的泥。一碟苦菜，是纪念犹太人在埃及受的苦。一碟盐渍芹菜，犹太人出埃及时，喝过红海带苦涩味的海水，盐渍芹菜，意思是要犹太人永远记住出埃及之苦难。

再说四杯酒，逾越节家宴的程序由四杯酒串联，中间会讲一些有关犹太人出埃及的故事，这些故事不仅说明逾越节上所有食品的含义，还讲述了犹太人在埃及所受的主要苦难和出埃及的艰辛旅程。

著名哲学家斯宾诺莎从小就受到这样的教育，父亲讲述犹太人苦难的历史，这在斯宾诺莎幼小的心灵中留下了深刻的印象。童年的斯宾诺莎常常一个人站在犹太怀疑论先驱阿古斯塔的坟墓前凝神冥想，一种为真理而献身的热望油然而生，这种热望也紧紧地伴随了他一生。

事实上，几乎每个犹太人的成功都离不开苦难，比如为了逃避迫害，门德尔松被迫迁居柏林，基辛格一家被迫移居美国……

苦难教育对一个人的一生影响深远，很多人总是逃避苦难，不愿意去品尝，但要知道，只有经历苦难，才能从苦难中汲取动力和能量，只有真正懂得苦难的含义，才能品出苦难赋予它的甜。

然而，现在的很多家庭，家长不舍得孩子吃苦，他们动辄"宝贝宝贝"地叫着，恨不得为孩子做一切。在这样的教育下，孩子好吃懒做、娇气任性，还缺乏责任心、感恩心。站在孩子的角度想一想：很多事情没有经历过，不知道生活还有不如意的一面，很多东西从来都是像天上掉下来的一样容易，不需要费一点心力，这个时候，他怎么有机会、有能力去承担生活给他的各种考验呢？

给他苦难教育，才能让他真正强大。

告诉他世界是不公平的——要懂得自救

犹太人教育智慧要诀

世界是不公平的，对此，每个犹太人都有着强烈的体验，可贵的是他们能够坦然地面对，并积极地寻求办法自救。他们深深地懂得自救的道理，这也是犹太人生生不息的秘密，也为犹太民族的壮大和奋起提供了保证。

如果犹太人总是哀怨地说："世界太不公平了，我太不幸了！"那么，显然犹太人不会创造出今天的诸多奇迹。命运再不公，如果不接受就意味着放弃，而自救，忍一时之气，却可以为崛起提供可能。换一种方式，换一种心态，等待你的将会是成功！

有人讥笑刺猬和乌龟胆小，遇到一点事就缩头缩脑，不知道这样的人是否羡慕螃蟹，总是横冲直撞，一副要与人决一死战的模样？

单看结果就知道了，刺猬和乌龟躲过危机，而螃蟹落了个入锅的下场。

生活中难免会遇到各种各样的不幸，很多不幸是自己无法把握的，比如贫穷的命运，比如突如其来的灾难，比如不被尊重和认同，工作发展受挫，别人总是用有色眼镜看自己……这时是像螃蟹一样冲上去与人一争高下，还是像刺猬和乌龟一样忍一时之气，通过努力来想办法拯救自己呢？

钢铁大王安德鲁·卡内基出身贫困。他的父亲威尔·卡内基以手工纺织亚麻格子布为生，母亲玛琪则以缝鞋为副业。1848年，由于父亲失业，卡内基全家迁往美国，居住在匹兹堡附近。为了养家糊口，父亲不得不挨家挨户去推销自己织的桌布；而母亲则为一家鞋店辛苦地刷洗缝补鞋子，经常每天都要工作16~18小时。卡内基则白天做童工，晚上读夜校。据卡内基回忆，那时，他只有一件衬衫，因此，每天晚上，他的母亲总是要等到他睡下之后，赶紧把它洗净、晾干、熨平，以便第二天他能接着穿。

比起那些一出生就富有的人来说，命运对他是很不公平，但卡内基没有抱怨，没有沉沦，相反，他奋发进取，想通过自己的努力来为自己争取幸福的生活。他曾说过："我从小就力求上进与发奋，决心到长大之后要亲手击败穷困。"

世界不公平，但卡内基懂得曲线自救，忍了一时的贫穷，通过努力，得到了大成功：到19世纪末、20世纪初，卡内基钢铁公司已成为世界上最大的钢铁企业，它拥有2万多员工以及世界上最先进的设备，它的年产量超过了英国全国的钢铁产量，它的年收益额达4000万美元。

比尔·盖茨曾告诫年轻人：社会确实不公平，这种不公平遍布每个人个人发展的每一个阶段。在这一现实面前，任何急躁、抱怨都毫无益处，只有坦然地接受这一现实并忍受眼前的痛苦，才能扭转这种不公平，使自己的事业有进一步发展的可能。

世界是不公平的，对此，每个犹太人都有着强烈的体验，可贵的是他们能够坦然地面对，并积极地寻求办法自救。他们深深地懂得曲线自救的道理，这也是犹太人生生不息的秘密，也为犹太民族的壮大和奋起提供了保证。

此外，韩信受胯下之辱，越王勾践卧薪尝胆，不都是"自救"么？

这也就提醒我们，在教育孩子的时候，不妨学习犹太人，告诉孩子"世界是不公平的"，一个愿意接受这种事实的人要比与世界奋力抗争的人明智得多，因为只有接受了世界的不公平，才能将更多的精力集中在如何改变自己的境遇上，才能为成功提供可能。

"第一商人"的抗8级地震式管理模式——根植危机意识

犹太人教育智慧要诀

人们曾这样评价犹太人的危机感及忧患意识："每当幸运来临的时候，犹太人总是最后感知；而每到灾难来临的时候，犹太人总是最先感知。"

犹太人的危机意识像是深深地潜在了生命里，比起动辄喊着"天下太平"的人来说，他们更懂得这个社会的生存法则：社会看起来明亮耀眼，但实际上危机暗藏，任何时候都不要以为是安全的，生活随时会给你这样那样的"意外惊喜"，为了避免措手不及，必须根植危机意识。

都知道犹太人有钱，几百年来，犹太民族是全世界最富有的民族，却很少有人知道，犹太人能达到这一目标，它的核心竞争力是什么？答案就是：犹太人一年365天都处于高度警觉和奋进的状态。

由于历史原因，犹太人总是充满着危机感，这使得他们掌握了许多抵御风险的方式。其中，最典型的就是：犹太人在刚从事商业时就会定下目标，去建立一个"商业帝国"。"犹太人对'商业帝国'管理架构的铺设无与伦比，因为这种架构能使其抵抗来自政治、经济、法律甚至自然灾害的种种风险，因此也被戏称为'抗8级地震'的管理模式。"犹太人的看家本领就是擅长于公司结构的治理，他们通常把企业作为通盘考虑，就像一盘棋，有帅、有车马炮、有卒子，各代表不同的功能，在不同情境下，这些功能有不同的行事方式，这样才能避险，才能立于不败之地。举个例子，最早在避税岛国进行公司注册就是犹太人的发明，同时，由于避税岛国可以申请豁免申报真正的股东，从而起到了很好的保护商业隐私的作用。

当然，犹太人会选择多国多地进行注册，涉及几乎所有行业，有效地进行各类资产、资源的整合。

犹太人不光在商业上具有极强的危机意识，在日常的生活中亦是如此。比如犹太人经常教育自己的孩子"黑暗着开始，明亮着结束"，意图就在于提醒孩子时刻牢记困难，从而时刻怀有危机意识。

人们曾这样评价犹太人的危机感及忧患意识："每当幸运来临的时候，犹太人总是最后感知；而每到灾难来临的时候，犹太人总是最先感知。"充满危机意识，才能有计划、有目的地制定各种目标和对策，这样即使困难、危机出现，也可以从容应对。

犹太人以各种形式让自己充满危机意识，自然，表现在教育上也是代代相传。因为危机意识决不是杞人忧天。

有这样一个实验：科学家把一只青蛙放在滚热的油锅里，在快到油面的时候，那只青蛙竟然跳离了油锅；可是，当把这只青蛙放进盛满水的锅里时，下面再放火煮，水越来越热，青蛙却已离不开锅，最后被煮死了。

青蛙的命运不就是人类命运的映照么？只有像那只快到油锅的青蛙一样，时刻充满危机意识，在任何情况下都保持高度的警惕，才能更好地掌控自己的命运。教育也是同样的道理。所以，充满危机感吧！

洛克菲勒：我不是你永远的船长，要靠自己的双脚走路

犹太人教育智慧要诀

整个犹太群体都非常推崇个人的独立精神，在他们看来，独立精神是一个人拥有一切优秀品质的基础。

"你希望我能永远同你一起出航,这听起来很不错,但我不是你永远的船长,上帝为我们创造双脚,是要让我们靠自己的双脚走路。"洛克菲勒这样告诉儿子。

洛克菲勒家族从发迹至今已经绵延6代,仍未出现颓废或没落的迹象。洛克菲特家族的节俭是出了名的,除此之外,还有很重要的一点,那就是洛克菲勒家族非常重视对子女独立精神的教育。

洛克菲勒家族告诉孩子不要过分依附别人,甚至包括父母。洛克菲勒家族教育孩子不要希望得到别人的保护,还会有意让他们亲身去经历、发现和体验生活中的困难和挫折,尝试可能涉及的危险。

不仅是洛克菲勒,整个犹太群体都非常推崇个人的独立精神,在他们看来,独立精神是一个人拥有一切优秀品质的基础。所以,在犹太人的家庭教育中,培养孩子的独立精神是重中之重。

巴拉尼年小时患了一种骨结核病。因为家庭贫困,没有医治好,他的膝关节永久性僵硬了。一般情况下,父母都会格外地疼爱这样的孩子,可是巴拉尼的父母却很"冷酷"。凡是巴拉尼自己可以做的事情,父母绝对是"袖手旁观",偶尔表扬他一两句。18岁时,巴拉尼的父母就不再给巴拉尼经济上的支持。后来,巴拉尼的人生充满了坎坷,父母也从来都只是在背后默默地支持。巴拉尼立志学医,在遭遇了无数次失败后,终于在1914年获得了诺贝尔生理学和医学奖。

也许很多人觉得巴拉尼父母的做法过于残酷,但客观地说,这样的做法是理智的,就像在巴拉尼15岁生日那天,父亲说的:"孩子,我们从不把你当成一个残疾的孩子看待,我们不会给你特殊的呵护,因为我们知道没有人能呵护你一辈子,除了你自己。只有当你养成自理的习惯,你才有自立的能力,才能在未来掌握自己的命运。孩子,我们希望你能明白,我们也是爱你的。"正是"残酷"的教育,让巴拉尼独立自强,走上了自己的成功之路。

像巴尼拉这样的例子,在犹太人中不在少数。

犹太人的做法值得我们借鉴,给孩子万贯财富,不如培养他的独立精神,财富可以流失，而独立精神是永存的财富！

策略性竞争——让胜利不费吹灰之力

犹太人教育智慧要诀

家长一定要从小给孩子灌输一种竞争意识，这也是为孩子的将来负责。

"那么点儿孩子，就教他们你争我抢的不好！"

"让他们知道有竞争这么回事就行了，那么费劲做什么？"

这是现在社会上很多父母的心理，带有普遍性。竞争是现代社会的主旋律，如果想让孩子不被社会淘汰，就得告诉他要竞争！而且，竞争还要懂得策略，否则，傻乎乎地冲上去，竞争也难有什么实质性意义。

"孩子只要想着学习就行了，不需要什么竞争！"很多家长心里这样想。非也！

国外一家森林公园曾养殖了几百只梅花鹿，令人奇怪的是，尽管环境幽静、水草丰美，又没有天敌，可是几年以后，鹿群非但没有发展壮大，反而病的病、死的死，最后竟然出现了负增长。为了改变这种糟糕的局面，后来他们买回几只狼放在公园里，在狼的追赶捕食下，鹿群只得紧张地四处奔跑以逃命。谁也没想到，最后，除了那些老弱病残者被狼捕食外，其他的鹿体质日益增强，数量也迅速增长。

这里告诉我们的就是竞争的故事。

很多人不喜欢竞争，认为竞争就是优胜劣汰，过于残忍，让孩子置身于这样的环境中有碍孩子的身心成长。有人认为竞争显得赤裸裸，使人与人之间毫无温情，担心对孩子产生负面影响，使孩子变得工具化、变得冷漠。

诚然，竞争带有一定的紧迫性，但竞争也带来了更新和发展。社会需要竞争，公司需要竞争，个人更需要竞争。退一步说，人总是具有惰性的，如果没有竞争，势必固步自封，长久下去，将得不到发展，终会被社会所淘汰！

所以，家长一定要从小给孩子灌输一种竞争意识，这也是为孩子的将来负责。

但是，懂得了竞争的重要性，并不意味着家长的任务就完成了，还有很重要的一点，家长还要教会孩子学习怎样竞争。

竞争不是傻乎乎的冲杀，竞争要讲究策略，犹太人就非常善于此道。

早些年，有个犹太商人叫沙米尔，他移民到澳大利亚经商。一到墨尔本，他就轻车熟路地干起了老本行，开了一家食品店。而他的店对面，此时已经有了一家食品店，店主是一个叫作安东尼的意大利人。可想而知，两家食品店展开了激烈的竞争。

两家不动声色，一直暗暗较劲。为了战胜竞争对手，安东尼想了一个计策，他准备削价。

他在自家门前立了一块木板，上面写着："火腿，1磅只卖5毛钱。"谁知，沙米尔见了，也立即在自家门前立起木板，上写："火腿，1磅4毛钱。"见沙米尔如此，安东尼一赌气，随即在木板上又写着："火腿，1磅只卖3毛5分钱。"此时，价格已降到了成本以下。没想到，沙米尔又写着："1磅只卖3毛钱。"几天过去了，安东尼撑不住了，他生气地跑去找沙米尔，朝他大吼道："小子，有你这样卖火腿的吗？这样疯狂降价，知道会是什么结果吗？咱俩都得破产！"

沙米尔笑着说："什么'咱俩'呀！我看只有你会破产。我的食品店压根儿就没有什么火腿呀，板子上写的三毛钱一磅，连我都不知道是指什么东西哩！"听完，安东尼不禁叫苦连天，他知道这回他是遇上了真正的竞争对手。

沙米尔不费吹灰之力，就打赢了竞争对手，其中就体现了竞争策略。

每一个孩子最终都会走入社会，不妨告诉他真实的社会形态，并模拟社会的竞争模式在孩子求学时就向他灌输并训练，由此让他尽早适应，最大限度地掌握竞争之术，这才能为孩子的发展提供实质性的帮助！

世上无难事，只怕有心人——犹太人制胜术

犹太人教育智慧要诀

自强不息的精神是催人奋进和获取成功的法宝，是犹太人的一种制胜术。

成功不是水中的月亮，看得见、摸不着；成功也不是雾中的小花，美丽却闻不见芬芳。成功并不难，难的只是你不愿意成功。

犹太人的成功让世人震惊。

从罗马帝国时起，犹太民族家园被侵占，大部分犹太人被迫离开故土，流散天涯。在漫长的流亡漂泊岁月中，犹太民族虽然灾难迭起，几乎遭到灭族之灾，可是，为什么经历了那么多的不幸，犹太人还能保持犹太民族的特性？他们的宗教、语言、文化、文学、传统、历法、习俗和勤劳智慧的资质从没有因这1900多年的悲惨民族史而分崩离析，他们至今仍保持着自己的特色和民族凝聚力，他们甚至在动荡不安的日子中还做出种种惊天动地的伟业。千百年来，犹太民族人才辈出，精英遍布世界。

处境如此恶劣，成就却如此突出，究竟是什么原因形成了这种强烈的反差？归根结底，是因为犹太民族具有自强不息的进取精神。

马克思为了共产主义事业贡献了毕生的精力。一生中，他屡受挫折，屡遭驱逐，为了写《资本论》，他花费了整整40年的时间，如果没有自强不息的信念，他又如何坚持？在逝世前，马克思仍然说："我已经把我的全部财产献给了革命斗争，我对此一点也不感到懊悔。要是我重新开始生命的历程，我仍然会这样做。"

著名的罗斯柴尔德也是犹太人自强不息的代表。在发财前，罗斯柴尔德曾效命于一位公爵，并且做了20年。在这20年中，他一直忍受着公爵对他犹太人身份的鄙视，孜孜不倦地工作着，最后终于成为控制欧洲经济命脉的金融巨擘。

还有世界连锁店先驱卢宾，他也是犹太人。1849年他出生于俄国，后来随父母生活在俄国，因为受到歧视，不得不迁居到英国，在那里由于温饱无保，不又不得迁居到美国纽约。由于没有条件读书，16岁那年，他去淘金。淘金失败迫使他另谋生路，于是他从摆卖小日用品开始，逐步发展成大商店，最后创造出连锁商店经营模式，成为大富豪。

还有很多人，如诺贝尔生理学及医学奖得主巴拉尼、"世界语之父"柴门霍夫、著名犹太诗人海涅、音乐家帕尔曼、文学家戈迪默、影星达斯汀·霍夫曼等著名犹太人，他们无不是在艰难和厄运中自强不息，最终取得了成功。

犹太人并不是什么天生的幸运儿，但都以顽强的毅力取得了成功。以色列为什么能在短短的时间之内跻身于世界经济先进行列？这一切无不得益于自强不息的精神。

由此可以看出，自强不息的精神是催人奋进和获取成功的法宝，是犹太人的一种制胜术。

自强不息能让人产生信心，有了成功的信心，就能设法发挥自己潜在的力量，这种力量用于自己的奋斗目标，就可以排除万难，勇敢地面对现实，坚持不懈，并最终获得成功。相反，没有自强不息精神的人，就会轻易地自我否定，并压抑自我发展的想法和潜力，成功也必然对其敬而远之。

在教育中，我们不妨给孩子讲一讲犹太人的故事，讲一讲这个民族自强不息的精神，借此来鼓励他们勇敢面对生活中的挫折和困难，给他们增添独立面对的信心和勇气！一个懂得自强不息的孩子也最能享受成功带来的幸福感觉！

搜索机会——美国无线电工业巨头的提示

犹太人教育智慧要诀

犹太人坚信，在这个世界上，只要你有意搜索，只要你用心努力，到处都存在机会。自叹找不到脚下金矿的人，是既可怜又可悲的盲人。

很多人总是习惯于等待机会，可是，机会是要用心去搜索的，只要努力，机会就潜伏在你的四周，随时成为你成功的催化剂！告诉孩子，等待机会不如搜索机会！

该就业了！有的大学生坐在家里干等着，说是等机会；有的大学生走马观花，还没真刀真枪地战斗就纷纷落马；还有的躲起来喝酒，哀叹时光流逝，大学光阴虚度……当然，优秀的人才早已被一些大企业预先抢订了，为什么？答案就一个，成功的学生善于搜索机会。从小，这些人就注意自我修炼，因此在找工作的时候，机会就像雨后的小笋芽一样，乐滋滋地冒出来了。当然，这归功于良好的教育。

犹太人就非常善于搜索机会！犹太父母常常讲述故事来教育孩子们，让他们懂得搜索机会。

犹太人萨尔诺夫，9岁时随父母移居美国，家庭的贫困让他没有太多机会读书。读小学时，他不得不利用放学时间及假期做工以挣钱贴补家用。在他小学快毕业时，父亲去世了，他只好辍学去当童工。

他并没有抱怨父母，也从不哀叹自己的命运，相反，他一直积极地充实自己，为自己寻找各种各样的机会。他工作很勤恳，在供给家用之后，他还省下钱买书自学。后来，他终于在一家邮电局找到一份送电报的工作。

他十分珍惜这个机会，他发誓要掌握电报技术，以后当电报业的老板。

20世纪初，电报刚问世，还属于先进科技，萨尔诺夫暗下决心，一定要好好学习和工作。10多年里，他把收入最大限度地节省下来，白天他卖力工作，晚上读夜校，他渐渐地获得了老板的赏识并得到提升。

1921年，为了发展业务，他的老板分设了"美国无线电公司"，萨尔诺夫被委任为总经理。他终于可以大显身手了！最后，他如愿以偿地成为美国无线电工业巨头。

犹太人始终相信，只要肯努力，就一定有机会。而现实生活中，很多孩子不愿意付出，只想白白地得到机会，这样在无形中，比起那些一直努力付出的人，他的机会显然就少了很多。人的一生，要想成功，就必须主动地为自己寻求机会，家长从小就应该这样教育孩子。

世界最大的制片中心好莱坞的老板高德温，是一位波兰出生的犹太人，从他传奇的一生中我们可以学到很多。

1882年，高德温出生于华沙。他11岁丧父，家庭生活非常困难。为了生计，他流浪到英国伦敦，曾在铁匠店里当童工。他没有机会进学校，就利用空闲时间自学。后来，他就到了美国，起初是打工，后来自己经营手套工厂，最后发展成为好莱坞制片中心的老板。在这个过程中，他从来都不怕苦和累，一直努力地付出。高德温的发展过程，可以说是众多犹太人的生活缩影。

犹太人坚信，在这个世界上，只要你有意搜索，只要你用心努力，到处都存在机会。自叹找不到脚下金矿的人，是既可怜又可悲的盲人。犹太人还认为，人生的机会，大量存在于本身的周围和本身所潜在的条件中，关键在于你是否练就了开发这些条件的眼光和意志。

犹太人的成功经验也是对家庭教育的启发，我们不得不提醒自己，与其让他们仰头等着天上掉下机会，不如告诉他们，机会要自己搜索，并帮助他们从小就为自己创造机会！

即使明天是末日，也不要放弃今天

犹太人教育智慧要诀

即使明天就是末日也不要放弃今天，只要你不向困境低头，不向命运弯腰，你就有机会实现目标。

同样一杯水，消极的人看到的是"只剩下半杯了"，积极的人却想着"还剩半杯呢"；同样一堆玩具，消极的人想的是"玩具会被玩坏"，积极的人却想着"如何更多地开发这些玩具的功能"。不同的想法直接决定了一个人看待世界的态度，事实证明，乐观积极的人，他们的天空更美！

一个乐观的人即使身处困境也能看到机会，而悲观的人即使机会在手边也只看到危难。犹太人一直认为，乐观的态度对孩子的成长发育起着至关重要的作用，因此每一个犹太父母都会培养孩子积极乐观的精神。

犹太人有一则名叫"飞马腾空"的童话故事，犹太父母经常讲述给孩子听。

从前，有一个人因为惹恼国王而被判了死刑，这人请求国王饶他一命，他说："只要你给我一年的时间，我就能让您最心爱的马飞上天空。如果过了一年，您的马不能在天空自由飞翔的话，我宁愿被处以死刑，绝不会有半点怨言。"国王答应了他。他回到牢房之后，另一位囚犯对他说："你不要胡说了，马怎么能飞上天空呢？"这个人回答说："在一年之内，也许我自己会病死，也许国王会死，也许那匹马出了意外送了命，总之，在这一年之内，谁知道会发生什么事呢？所以只要有一年的时间，没准马真的能飞上天空！"

说不准，这种乐观的态度也许最后真的能保住他一命！

这个犹太囚犯从小就被父亲教育道："即使明天就是末日也不要放弃今天，只要你不向困境低头，不向命运弯腰，你就有机会实现目标。"因此，长大后，即使在面对死亡时，他也没有惊慌失措，更没有低头认命，乐观让他为自己寻找一切生还的希望来求拯救自己。

犹太民族一向很乐观，他们的乐观表现在一个重要的方面，那就是他们以苦中作乐而著称。

综观犹太人颠沛流离的历史，我们可以发现，他们大多数时期都与苦难为伴，然而他们对生活一直都保持着乐观的态度，否则，这个民族又怎么能经受得住那么多的折磨，最后幸存下来呢？事实上，也正是苦难造就了犹太人不可动摇的乐观精神。欢乐和笑声是犹太人生活中必备的良药，这使他们总能保持一种乐观的生活态度。

犹太人很注重培养孩子的乐观精神。有这样一个故事常为犹太父母所津津乐道：

"二战"期间，有两个不幸的犹太人一起被捕了。他们被分关在两个相邻的牢房里，每个小房间都有一个很小的窗口，牢房里仅有的那点微弱阴暗的光，就是从那里射进来的。

白天，所有的犯人都会被赶去做苦工，他们随时都可能性命不保。晚上，活下来的犯人在自己潮湿的小牢房里思念着家乡与亲人。这一切，他们两个人都不例外。只是当他们都把思念的目光投向窗外时，一个人发现了铁铮铮的窗棱，一个人看见了明亮的星星。

看见窗棱的人满心忧伤：这铁窗是如此坚固，什么时候我才能冲出去与我的家人团聚啊！

看见星星的人满心欢喜：真好，虽然隔这么远，但是我能和我的家人一起看星星。没准儿，我们看到的还是同一颗星星呢。

就这样，前者日日夜夜忧伤，身体越来越消瘦，精神状态也越来越不好。而后者却每天都乐观积极，一心想着出狱以后的美好日子，一点也不像坐牢的人。

几年之后，"二战"结束了，幸存下来的犯人都被释放了。看见星星的那个人满心欢喜地跑出牢房朝着家乡的方向奔去。而看见铁棱的那个人却早在一年前就死了，是自杀。

一些孩子小小年纪就想着自杀，他们还尚未理解生命，就轻易地放弃了生命；很多孩子总是习惯无限地放大眼前的困难；还有的孩子遇到点事情就想着"完了、没救了"，这些都是消极的表现。

家长应该注意，等待孩子的将是长长的一生，如果眼前一点暂时的小困难都应付不了，今后又如何经得起大风大浪？很多家长总是习惯于帮助孩子解决问题，与其事事代劳，不如培养他乐观的心态，教给他面对困难的勇气。只有有了乐观的心态，才能积极认真地面对生活，才能在遇到困难时也不灰心，不气馁，最后顽强地坚持到底！

启发孩子，让他自己找答案

犹太人教育智慧要诀

其实教育孩子完全不必那么操心，也没有必要牺牲太多的时间和精力，只要适当地引导、启发，让他们自己寻找答案与真相就可以了。

你是否总是在向孩子强调好坏对错？你是否总是苦口婆心地告诉孩子坏

行为的结果？你是否为了孩子无法改正的错误操碎了心？告诉孩子答案，不如换一种思路来启发，使他自己找到答案。

志炫是个很淘气的小男孩，他经常说谎，并且还逃课。妈妈屡次告诫他："志炫，你今天必须上课，学习是为了你的未来啊！""你不能说谎，告诉你多少次了！说谎是个坏毛病。"但志炫从来就是左耳朵进，右耳朵出。

志炫的妈妈不明白为什么孩子不听她的话，她是为他好，可是孩子却一点也不理解，依然我行我素。

志炫的妈妈可以学学犹太父母，不告诉孩子答案，而是让他自己找到答案。犹太父母往往用形象的比喻，让孩子自己去想象事情的恶果，或自己去体验结果。这样做，更容易使孩子记忆深刻，不再犯同样的错误。

一个犹太父亲和小儿子一起洗澡。当儿子艾什卡站在淋浴头下打开阀门时，冷水一冲而下，艾什卡大叫道："哎呀，爸爸，太冷了！"

父亲赶紧把艾什卡抱过来，给他披上厚厚的浴巾。

"啊哈哈，太舒服了，爸爸！"艾什卡愉快地叫着。

"艾什卡，"父亲做出深思的样子对儿子说道，"你知道冷水浴和犯罪之间的距离吗？"

"当受到冷水冲击的时候，你发出的第一个声音是惊叫声'哎呀'，暖和后才是舒服的'啊哈哈'。但当你犯罪的时候，你的第一个反应是兴奋的'啊哈哈'，然后一定是'哎呀'了。"

这位聪明的犹太父亲并没有直接告诉孩子不要犯罪，而是用冷水浴比喻犯罪，告诉孩子一开始犯罪时，其感觉是兴奋的"啊哈哈"，然后会是后悔而吃惊的"哎呀"，从而使孩子自己明白犯罪是一件多么可怕的事。

还有一个真实的故事：

在"一战"时期，食品奇缺，犹太作家托马斯·曼家的食品是按数学方法平分给四个孩子的，而且精确无比，每个豆子都要按粒来分的。

有一天，家中仅剩下无花果了，按托马斯·曼的妻子和四个孩子的想法，肯定是要平分这几个无花果。出人意料的是托马斯·曼把无花果只给了小女儿艾丽卡一个人，要让她一个人吃。艾丽卡毫不客气地吃掉了这几个无花果，其他三个姊妹惊讶地瞪圆了眼睛。托马斯·曼郑重其事地说："孩子们，世界从来就是不公平的，你们要早早适应这种待遇。"

艾丽卡的行为和父亲的话语在孩子们心里留下了深刻的印象，他们明白了世界的不公平，也明白了在任何情况下都要保持内心的平衡。

其实教育孩子完全不必那么操心，也没有必要牺牲太多的时间和精力，只要适当地引导、启发，让他们自己寻找答案与真相就可以了。

如果父母总是为孩子提供答案，那么最终会剥夺孩子的理解力。其实志炫的妈妈就犯了这样一个错误。与其操碎了心，不如采取一定的对策，使孩子自己知道该怎么做。她可以对孩子逃课的行为不去制止，甚至故意把他留在家中，不让他上课，这样反复几次后，给他做一些习题。他会发现逃课并不是一件好玩的事，它会使自己根本学不到知识，成绩也会下降许多。对于孩子的谎言，则可以一反常态，不说出说谎的危害，而是不断启发他，比如：你如果总是说谎，别人会怎么看你呢？说谎能不能使朋友间的关系越来越好呢？让他自己想一想说谎的结果，这样，他的错误行为就能慢慢纠正过来。

自己的事情自己做，独生子也不例外

犹太人教育智慧要诀

只有摆脱对父母的依赖，拥有智慧又能维持生计的人，他以后的人生才会走对路。

"狠"下心来，告诉孩子："自己的事情自己做，独生子也不例外。没有人可以让你依赖！"如果你继续溺爱孩子，那他以后能否自立就会成为大问题，也更不要奢望他会记得父母的爱。

一个已经上高中的学生，还要他的妈妈为他去拉抽水马桶，不是不会拉，而是每次都懒得动手。后来，他去了美国。他从那里回信说，由于妈妈多管"闲事"，几乎毁了他的前程。

一位已经上了大学的女孩子，喜欢吃鱼，但不喜欢摘刺。据说她妈妈喜欢摘刺，而不喜欢吃鱼。于是母女多年来就成了理想的"搭档"。后来，她到了一个盛产鱼的国度。她从那里回信说，正是妈妈的"喜欢"帮助，几乎剥夺了她维生的"技术"。

像这样在溺爱的环境中长大，没有任何自理和自立能力的孩子，在成年之后，会遇到很多本该在青少年时遇到的问题，但适应能力又不如青少年时期好。有鉴于此，犹太家教育中就在孩子年幼时做好了预防工作。

有一个4岁的犹太儿童在弯腰费力地系皮鞋带时，别人想去帮助他，他拒绝了。这个孩子问："你知道我多大了吗？""不知道，但我想你还小。"这个孩子回答说："我已经不小了，已经4岁了。"意思是他已经长大了，系鞋带这类事不需要别人帮助。

从犹太孩子懂事的时候开始，父母就告诉他们：自己的事情一定要亲自去做，没有人可以让你依赖。犹太父母还经常会给孩子讲这个故事：

有一个商人有两个儿子。父亲宠爱大儿子，想把自己的全部财产都留给他。但是母亲很可怜小儿子，她请求丈夫先不要宣布分财产的事。商人听从了妻子的劝告，暂时没有宣布分财产的决定。

有一天，母亲坐在窗前哭泣，一位过路人看见了，就走上前来，问她为什么哭得这么伤心。她说："我怎么能不伤心呢？我很疼爱两个儿子，可是我的丈夫却想把全部财产留给大儿子，小儿子什么也得不到。我请求丈夫先不要向儿子们宣布他的决定，但是我到现在也没有想出更好的办法。"过路人说："这个问题很容易解决。你只管让丈夫向两个儿子宣布，大儿子将得到全部财产，小儿子什么也得不到。以后他们将各得其所。"

小儿子一听说自己什么也得不到，就离开家到耶路撒冷谋生去了。他在那里学会了许多手艺，增长了知识。大儿子一直依赖父亲生活，父亲去世后，大儿子什么都不会干，最后把自己所有的财产都花光了。小儿子在外面学会了挣钱的本事，变成了富翁。

犹太父母通过这个故事告诉孩子：只有摆脱对父母的依赖，拥有智慧又能维持生计的人，他以后的人生才会走对路。

讲卫生——保持身体的洁净

犹太人教育智慧要诀

犹太父母把孩子的卫生教育当作重要的事情来看待，它与知识、金钱同等重要。尽管犹太人有过很长一段漂泊岁月，在那些日子里，他们的生存都成困难，但无论处于怎样艰难的环境中，他们祖祖辈辈始终保持着良好的卫生习惯。

"不要留心你的食物，要留心你的衣服。"在犹太人看来，不讲卫生，不修边幅是没有教养的表现。他们参加宴会或者去朋友家做客的时候，会穿着非常干净的服装，剪短指甲，仔细洗净自己的手指；他们认为若是一双脏手上桌面，不仅不卫生，更是对主人的不敬。

犹太人的卫生观念源于他们从小养成的卫生习惯。犹太父母非常重视孩子的卫生习惯，孩子小时候，就已经养成了早晚刷牙洗脸，饭前便后洗手，晨起排便洗肛，定期洗澡洗头的习惯。

讲卫生，保持身体的洁净，在犹太人看来是一件非常神圣的事情。上至学者、贵族，下至平民百姓，无一例外地有着良好的卫生习惯。

拉比给学生授完课后，他和他们一起走了一段路之后，便要分手。学生们问他："老师，你要去哪儿？"

"去履行一项宗教责任。"

"哪项宗教责任？"

"到浴室洗澡。"

学生迷惑地追问："这是宗教责任吗？"

拉比回答说："如果有人被指派去擦洗剧院和马戏场的国王雕像，在做这件事的时候，他不仅赚到了钱，而且还结识了贵族。那么，照着上帝的形象被创造出来的我们，不更应该保养我的身体吗？"

在这则故事中，保持身体的清洁被视为一种宗教责任，是因为犹太人认为人是上帝的杰作，身体必须受到敬奉。洗澡是一件宗教义务，它本身也有益于身体健康。洁净身体对犹太人来说，已经不是一种世俗问题，而是一件崇高的事情。

有一次，修纳拉比让儿子拉巴去跟学者希拉达学习。

"爸爸，我为什么要跟着他学？我不想去！"孩子不高兴地说，"他讲的都是些很俗的东西。"

修纳追问儿子，希拉达讲的是什么问题。儿子说，希拉达有一次整个演讲都是在讨论身体功能，还有卫生方面的问题，无聊极了。

父亲大怒，朝儿子吼道："他是在讨论人的健康问题，而你却把这些看成是很俗的事情，就凭这点，你也应该跟着他学习了！"

犹太父母把孩子的卫生教育当作重要的事情来看待，它与知识、金钱同等重要。尽管犹太人有过很长一段漂泊岁月，在那些日子里，他们的生存都成困难，但无论处于怎样艰难的环境中，他们祖祖辈辈始终保持着良好的卫生习惯。

直到今天，犹太的父母仍然在教育孩子保持这种传统习惯，把它当作一种虔诚的信念。

犹太父母本身就是孩子的榜样，他们总是保持干净整齐的仪容，在梳洗打扮时，允许孩子在一旁观看。犹太父母还给孩子制定具体的卫生规则，有时候，为了便于孩子遵守，他们便把这些规则贴到墙上。例如，不撒饭粒、饭前洗手、饭后擦嘴等等，以此来提醒孩子注意卫生。犹太父母在卫生方面，从来都不向孩子让步。他们意在让孩子明白，有些要求是没有商量余地的。例如，规定孩子每天都要洗澡，不管他怎么要求、怎么吵闹，都不可以让步；或者可以和他谈条件："好，我知道你不想洗澡，可是你知道我们的约定，如果你不洗澡，明天可不带你去玩了！"当然，犹太父母并不是完全信任孩子，在孩子清洁自己之后，他们还会检查一遍，比如，看看他的头发有没有洗干净，耳朵背后有没有洗，手是否洗干净了，等等。

我们不妨效法犹太父母的做法，来塑造一个"爱干净，讲卫生"的好孩子。

饮食，生命的第一要义

犹太人教育智慧要诀

在犹太孩子小的时候，父母就会告诫他们饮食规则，使他们养成好的饮食习惯。这种习惯一旦成型，将有利于他们一生的健康。

民以食为天，良好的饮食习惯不仅能使孩子吃出健康，还可以使孩子的头脑变得聪慧。

犹太人非常注重饮食，他们将饮食看作生命的第一要义。在一些犹太圣典中，都有关于如何饮食的记载，如《旧约》和《塔木德》中都记载了大量的关于饮食方面的内容。饮食在犹太人的教育中也占有举足轻重的地位。这里列举几点重要的饮食规则。

一、早饭吃得早，比谁都能跑

犹太人非常注重早餐，一般早餐都做得比较丰盛。现在在以色列，犹太人的早餐包括沙拉，不同种类的奶酪、橄榄，独具特色的以色列面包、果汁及咖啡。

古代，生活条件较差，但犹太人在早餐方面是绝对不亏待自己的，《塔木德》还为不同阶层的人规定了一个进食的时间表：斗剑士在第一个小时用早餐，强盗在第二个小时，有钱人在第三个小时，干活的人在第四个小时，老百姓在第五个小时。

阿基巴拉比忠告他的儿子："早起床，先吃饭，夏天是因为热，冬天是因为冷。谚语说得好：'早饭吃得早，比谁都能跑。'"

二、节制饮食

犹太人饮食讲究"度"，其基本原则是："吃1/3，喝1/3，留下1/3的空。"在犹太民族，无论是穷人还是富人，在饮食方面都很节制。

犹太人认为，合理的进食时间是感觉到需要进食的时候，"饥时食，渴时饮"。一般情况下，犹太人是每日两餐，安息日例外，多加一餐。

犹太人通常是坐着吃饭，他们认为站着吃饭毁坏身体。犹太人还认为，吃饭的时候不应该讲话，以免把食物吃到气管里，造成生命危险。

犹太人在旅行时，往往会减少饭量。旅行的人吃的饭不应超过在荒年正常的饭量，他们认为这么做可以避免旅行者患肠道疾病。

三、有利健康的饮食

大多数犹太人以素食为主。犹太人推崇蔬菜，他们对于蔬菜有自己独到的见解：

"每30天吃一次小扁豆不得哮喘病，但天天吃却容易口臭。"

"马蚕豆对牙齿不好，却有益于肠道。"

"卷心菜有营养，甜菜能治病。"

"大蒜可以充饥，可以使身体保持温暖，可以使脸庞发亮，可以增强人的力量，还可以杀死肠内的寄生虫。"

"小萝卜是生命的万应灵药。"

……

此外，在各种对人体有益的食物中，犹太人最推崇鱼、蛋、蜂蜜。

而在水果中，犹太人最喜欢的是枣。

四、三天喝一次的酒是黄金

《塔木德》上写着："早晨的酒是石头，中午的酒是红铜，晚上的酒是白银，三天喝一次的酒则是黄金。"犹太人对饮酒都很有节制。

在犹太孩子小的时候，父母就会告诫他们这些饮食规则，使他们养成好的饮食习惯。这种习惯一旦成型，将有利于他们一生的健康。

其实在饮食方面，我们需要懂得一些营养学常识，才能更好地引导孩子的饮食习惯朝着正确的方向发展。

第二章 学习教育：犹太人独步世界的快捷方式

学者的地位高于国王，教师比父亲更重要

犹太人教育智慧要诀

"即使变卖一切家当，使女儿能嫁给学者也是值得的；为娶学者的女儿为妻，纵然付出所有的财产也在所不惜。"

在犹太人看来，学者的地位高于国王，教师甚至比父亲更重要……看似不可思议的背后，原因很简单，那就是因为他们极其重视学习。学习，是犹太人成功的第一黄金定律；学习，是犹太人智慧强大的最重要秘密！

"看你也不是学习的料，干脆下来学个什么技术得了！"

无意中，你撕坏了孩子的书，你淡淡地说："重新买一本好了！"

"你们班老师挣的钱还不够我的零头，学习有什么用？"

所谓有果必有因，很多家长，总是在无形中向孩子传递"知识无用"的观点，这样又怎么能要求孩子"争气"呢？相反，犹太人的态度和做法就很值得借鉴！

比如每个人犹太人必须学习的《塔木德》，上面就写着很多格言，让人受益匪浅：

教育是人人都必须接受的，愚蠢的人受教育，可以去掉他们本性中的愚蠢。

聪明人更需要接受教育，因为聪明人如锋利的刀，不接受教育，砍到不该砍的地方，其破坏力更大。其活泼的心性，不去忙碌有益的事情，就会干出有害的事情。正如肥沃的田地，不种上庄稼，就会长出茂密的野草一样。

富人和穷人都要接受教育。

富有的人没有智慧，岂不像吃饱了糠麸的驴子一样无知至极。

贫穷的人不懂得学习，宛如一头负重的驴，只知道用自己愚昧浅薄的观点来挑战世界，结果只能是头破血流或弄出许多笑话。

除此之外，《塔木德》上还写着：

无论谁为钻研《托拉》而钻研《托拉》，均会受到种种褒奖；不仅如此，整个世界都受惠于他；他被称为一个朋友、一个可爱的人、一个爱神的人；他将变得公正，虔诚，正直，富有信仰；他将会远离罪恶，接近美德；通过学习，他会享有全面认识世界的聪慧和智性的力量。

12世纪时，犹太大哲学家迈蒙尼德还宣布："每个犹太人，不管年轻还是年老，强健还是羸弱，都必须钻研《托拉》，甚至一个乞丐也必须日夜钻研。"

犹太人对学习的重视，由此可见一斑。为了教育孩子爱读书，犹太父母还在孩子识字之初，把蜂蜜滴在《圣经》上，让他们尝到知识的"甜蜜"。犹太人养成了全民好学、全民信仰知识的良好传统，这自然也成了犹太人成功的第一黄金定律。犹太人为何那么聪明，答案也不难找了。

犹太人重视学习还表现在很多方面，比如犹太人认为求知永无止境，比如犹太人非常爱护书籍，他们从不焚烧书籍，即使是一本攻击犹太人的书。在人均拥有图书馆、出版社及每年人均读书的比例上，犹太人（以色列人）超过了世界上任何一个国家，堪称世界之最。犹太家庭还有一个世代相传的说法，那就是书柜要放在床头，要是放在床尾，会被认为是对书的不敬，进而遭到大众的唾弃。

当然，最为典型的要数犹太人对于学者和教师地位的认定。

在犹太社会，学者和教师受到极大的尊崇。当其他民族王公贵族、军政要员和工商业者的地位在学者之上时，犹太人却始终认为学者比国王伟大。他们一直奉行着这样一条格言："即使变卖一切家当，使女儿能嫁给学者也是值得的；为娶学者的女儿为妻，纵然付出所有的财产也在所不惜。"在犹太人看来，一个家庭里，没有比出一名或几名博士更为荣耀的了。

犹太人还觉得教师比父亲重要。假如父亲和教师双双入狱，而且仅能救出其中一人的话，孩子就会决定救出教师，因为在犹太社会里，传授知识的教师非常重要。

犹太人如此重视学者和教师，这是犹太民族重视学习的表现。试想，在这样重视学习的氛围中，能够成就那么多专家、学者，也是理所应当的了。

犹太民族历经磨难，却成为世界上最受瞩目的民族，不得不归功于他们对学习的重视。作为父母，我们应该学习犹太人，教育孩子爱学习，培养他们爱读书的习惯，从而让他们从学习中汲取无穷的智慧和力量。

潜能递减谁之过——早教势在必行

犹太人教育智慧要诀

一棵树，如果按照它理想的状态生长到30米高，那么我们可以说这棵树具有长到30米高的可能性。同样的道理，一个儿童，如果按照理想状态成长，能够长成一个具有100度能力的人，那么我们就可以说这个儿童具备100度的能力。

很多家长总是认为，孩子自己会长大，家长只需耐心等待就行了。殊不知，就是在这样的等待中，家长错过了对孩子的最佳培育期，本来孩子具备的潜能是100度，最后即使教育再出色，他也只能具备80度的能力。

"孩子还小，着什么急！"就是在"不着急"心理的支配下，家长错过了孩子的成长期，再后悔也来不及了！

"看孩子这股聪明劲，哪需要你操心啊！放心吧，长大一定有出息！"言外之意，只要静静地等着，孩子自己就可以优秀起来。

"哪有那么复杂啊！我小时候照样没人管，还不是长得好好的？！"意思是教育可有可无。

很多家长都存在这样的想法，事实证明，这样只会误了孩子！

一位犹太拉比说："人刚生下来没什么两样，但因为环境，特别是幼小时期所处的环境不同，有的人可能成为天才或英才，有的人则变成了凡夫俗子甚至蠢材。就算是普通的孩子，只要教育得法，也会成为不平凡的人，假如所有的孩子都受到一样的教育，那么他们的命运决定于禀赋的多少。"

这也就是说，教育对于一个人的成长起着至关重要的作用。孩子天赋再高，如果没有经受适合的教育，那么他也很可能变成平凡的人。

很多人在意识深处并不觉得孩子具备学习能力，认为教育对于幼小的孩子显得为时过早，这样的想法是错误的。很多犹太教育家告诉我们，婴幼儿具备非同寻常的学习能力，这种能力比常人认为的要高得多，也复杂得多。婴儿时期的学习是非常重要的。

教育家们还指出，婴儿具有辨别母亲面孔和声音的能力，婴儿的这种记忆能力，是既原始又极为高级的智能，而不正确的早期教育却偏偏无视这些卓越的能力，从而使孩子极为珍贵的能力被白白浪费。

事实上，每个孩子都是有潜能的，但教育方式不同，儿童潜能的发挥也不同。犹太教育学家约瑟伯约说："一棵树，如果按照它理想的状态生长到30米高，那么我们可以说这棵树具有长到30米高的可能性。同样的道理，一个儿童，如果按照理想状态成长，能够长成一个具有100度能力的人，那么我们就可以说这个儿童具备100度的能力。"

这其实也告诉我们，一个生下来禀赋只有50度的一般孩子，若教育得当，也会优于生下来禀赋为100度却得不到有效教育的孩子。教育的意义也就在于使孩子的潜在能力达到最高，并得以充分发挥。只要充分发挥出这种潜在的能力，就能做出不平凡的事情来。

遗憾的是，现实生活中，很多人对此并不重视。

而且，一位犹太老教育家曾指出：人的潜能并不是恒定的、永存的，而是呈现一个潜能递减规律。他说："儿童虽然具备潜能，但这种潜能是呈现递减法则的。初生婴儿具有的潜能是100度，如果父母这时不对孩子进行早期教育，开发和利用他的潜能，而是等到孩子5岁时才让他接受教育，这时，即使是最为出色的教育，那也只能成为具备80度能力的人。而如果从10岁开始教育的话，即使教育再好，这孩子也只能达到60度的能力。以此类推，孩子的教育越晚，对孩子的开发价值就越低。"

教育不能错过，因为成长不会反方向进行，孩子更不可能等到父母认识到问题的严重性之后才长大，家长必须意识到问题，然后带着问题去解决，这才是家长最需要做的。

兴趣第一——科学家、政治家的成功感言

犹太人教育智慧要诀

兴趣可以让一个人变得充满激情，兴趣可以让一个人全力以赴，兴趣可以让一个人取得意想不到的成就，这些都是强迫式教育所得不到的。

没有兴趣的学习就是机械式的学习，为了应付而学习；没有兴趣的工作，就是被动的工作，为了生存而工作。这不应该是每个人在做事情时正常的状态，因为这样只能让一切毫无趣味可言，那么，做这件事情本身也就失去了最根本的意义。所以，作为父母，要懂得以兴趣作为孩子行为的动力，这才是最巧妙而且最为有效的做法。

"宝贝，学小提琴吧，你看多高雅！"

"可是我不喜欢！"

"宝贝，这可是我和你爸爸一直的心愿，你看，我们给你买了最好的小

提琴，又给你请了那么好的老师，你就学学吧！再说了，会拉小提琴显得你多有气质啊！"

苦心婆口之后，孩子勉强学了小提琴，可最后，父母的脸上没有流露出什么高兴的神色，反而是一副"恨铁不成钢"的表情。为什么？孩子被逼着学，能学好吗？就算最后能弹奏乐曲，相信他的琴声里定然没有感情。人只有在做自己真正感兴趣的事情时，才能投入百分之百的热情。

犹太人就深知这一点。

费曼是第二次世界大战后美国最天才的理论物理学家，他所创造的"费曼图"，被人们拿来和电子元件中的"硅片"相提并论，二者都大大提高了计算机的工作速度，在效果上千百倍地延长了科技人员的寿命。诺贝尔奖得主汉斯·贝特曾说天才有两种：普通的天才完成了伟大的工作，但人们觉得那工作别人也能完成，只要足够努力就行了；特殊的天才，他做的工作别人谁也不能做，而且完全无法设想。贝特认为费曼属于后一种天才。

为什么费曼能成为这种"特殊的天才"呢？据说，在费曼很小的时候，父亲就买了五颜六色的"马赛克"给他玩，让他摆出各种花样。等他稍大后，父亲又经常带他散步和做游戏，和他讨论为什么小鸟会不断地啄自己的羽毛之类的问题，借以激发他认识事物的兴趣和习惯。稍大一点，父亲不仅帮助他在家中建立了自己的实验室，还培养他成为修理收音机的能手。

父亲对儿子兴趣的培养和教育让费曼取得了优异的成绩：24岁，费曼获得博士学位，28岁担任康奈尔大学教授，47岁获得了诺贝尔物理学奖。

兴趣对一个人的影响极为深远，除此之外还有以色列的第一任女总理梅厄夫人。

梅厄夫人从小就对政治活动感兴趣。小学毕业后，她到了姐姐家。因为当时姐姐家是犹太的大本营，常常有许多人在此讨论至深夜，小小年纪的果尔达·梅厄被深深地吸引住了，这对她也产生了潜移默化的影响，促使她后来成为一名优秀的女政治家。很小的时候，她就积极地参加政治活动，或募捐或演讲。父亲虽然最初表示反对，但最后还是支持了女儿。

凭借着神圣的民族责任感和狂热的政治热情，梅厄和姐姐放弃了在美国舒适的生活，返回了故土，并成为以色列出色的女外长和优秀的女总理。也正是她从小对募捐和演讲的天赋，使她临危受命，一举在美国募捐了5000万美元，比原计划超出了一倍。正如"以色列之父"本·古里安所言："有一天要写历史，将写上一位犹太妇女，她弄到了使这个国家能生存的钱。"

兴趣可以让一个人变得充满激情，兴趣可以让一个人全力以赴，兴趣可以让一个人取得意想不到的成就，这些都是强迫式教育所得不到的。家长们望子成龙的心情可以理解，但请家长务必注意，只有建立在兴趣的基础上，学习和其他事情才能真正有效。兴趣第一，这是诸多犹太名人对教育的告诫！

树大自然直——前提是习惯把关

犹太人教育智慧要诀

好习惯可以影响一个人的一生，坏习惯同样可以影响一个人的一生，很多人成年后有着诸多毛病甚至走上犯罪的道路，可以说，教育在其中起着重要的作用。

抱着"树大自然直"观念的家长们，还是更新一下想法吧，因为这一个想法很可能影响孩子的一生。

很多家长并不知道习惯的重要性，或者即使知道了也从未用心地思考过如何培养孩子的习惯，这是一件让人痛心的事情。

习惯对于一个人的影响意义深远，不妨听一听卡尔·威特的故事：

卡尔·威特出生时是早产，生下后又总是生病，最后病虽奇迹般地治愈了，却反应迟钝。经过多次测验，人们断定他是一个低能儿。但威特的父亲并没有因此就放弃对儿子的教育，他深知习惯对于一个人的影响，于是就给儿子设计了一整套最完美的教育，通过帮助威特建立一种好习惯，从而把一个白痴教成了天才。

威特体弱多病，为了让孩子变得健康，威特的父母为儿子建立起一个非常规律的饮食习惯。他们定时给孩子吃东西，即使孩子饿得直哭，时间不到也不会给孩子喂奶。到孩子能自己吃东西时，在两餐饭之间也不让他吃任何食物，只能喝水。慢慢地，威特变得健壮起来。

为了培养威特的好奇习惯，威特的父母几乎每天晚饭后都要带他出去散步。一路上父亲不停地跟儿子讲解，并有意识地让他注意高树、草丛、鸟儿、栅栏、路灯、马车……渐渐地，小威特对外面的世界总是充满好奇心。

在威特学习功课时，他父亲绝不允许有任何干扰。威特的父亲严格地规定他的学习时间和游玩时间，培养他专心致志学习的习惯。

父亲还很注意培养威特专注的习惯。为此，父亲平均每天给他安排45分钟的功课学习时间，在这个时间内，不允许任何人打扰，如果威特不专心，也会受到严厉的批评。

此外，威特的父亲还注意培养孩子做事敏捷灵巧的习惯。如果威特做一件事磨磨蹭蹭，即使做得再好，威特的父亲也不会满意。

当然，还有很多，比如精益求精的习惯、坚持不懈的习惯、认真执着的习惯……

在习惯的作用下，威特八九岁就精通德语、法语、意大利语、拉丁语、英语和希腊语6种语言，并且通晓动物学、植物学、物理学、化学，尤其擅长数学；10岁时他进入哥廷根大学；年仅14岁就被授予哲学博士学位；16岁获得法学博士学位，并被任命为柏林大学的法学教授；23岁时他出版了《但丁的误解》一书，成为研究但丁的权威。而且，跟那些后劲不足的神童不同，卡尔·威特一生都在德国的著名大学里教课，传播他的思想和智慧。

不知道家长看完之后作何感想？

好习惯可以影响一个人的一生，坏习惯同样可以影响一个人的一生，很多人成年后有着诸多毛病甚至走上犯罪的道路，可以说，教育在其中起着重要的作用。

一个罪犯临刑前，有人问，他有什么心愿，他说他想见母亲。母亲来了，他跟母亲说要吃奶，令人意外的是，他咬下了母亲的奶头。

他说："小时候，妈妈给我们吃苹果，她问谁要大的，哥哥说他要大的，结果被母亲批评了一顿；我说要那个小的，母亲不但给了我大苹果，还表扬了我。从此，我知道撒谎可以得到自己想要得到的东西。渐渐地，我就学会了偷窃……我恨她，如果不是她，我不会有今天……"

我们暂且抛开这位母亲的教育方式不谈，单单说她在分苹果过程中，竟然没有发现小儿子撒谎，即使这一次没有发现，在以后的教育过程中也没有发现么？如果她能够及早地发现并制止，又怎么会有后来的悲剧呢？

有人觉得这样的事情离自己很遥远，那我们不妨还原一下众多家教概念：

"孩子嘛！还小，难免有这样那样的毛病，也不能要求太高！"

"树大自然直！长大了孩子就懂事了，知道是非了，就不会再犯错了，不用那么大惊小怪的！"

……

这样的错误家教观念下成长的孩子，自然问题丛生。

"这孩子怎么那么讨厌上学呢？小时候哭着不肯上幼儿园，还以为长大就好了，现在还变本加厉了！"

"我家孩子老是睡懒觉，这不，都上初中了，还总是迟到！"

"这孩子，这么大了还是那么不省心，老是丢三落四的！"

"我家孩子总是改不了拖拉的坏毛病，真把人急死了！"

……

为什么曾经的小问题最后变成了"急死人"的大问题了呢？严重点，甚至有的孩子殴打父母、偷窃成瘾，最后进了少管所，原因只在于，家长忽视了习惯的存在。

孩子自私、拖拉、撒谎、任性等，最后都很可能导致走向一条不该走的路。作为家长，我们有责任也有义务帮助孩子培养良好的习惯。无论是学习，还是生活，都要有一个良好的习惯，犹太人在教育中对这一点极为关注。

所以，不要再想着"树大自然直"了，想一想：一棵带有枝丫的、弯弯曲曲的小树，长大能直吗？

懒驴推磨——没目标将一事无成

犹太人教育智慧要诀

目标让人更加清楚自己，让人在前进的道路上更加清醒和自信。目标给人以方向和动力，促使人为了实现它而奋斗一生。

很多人总是要别人推着走，即便别人推着也是茫茫然地走，毫无方向。就像一只推磨的懒驴，被动且没有目标，这样注定只能一事无成！

"你的目标是什么？"

很多孩子在被问到这个问题时总是一脸茫然，对于目标这种抽象的东西，他们没有意识，或者夸张点说，别说孩子了，甚至很多成年人对目标都没有概念。

犹太人则相反。犹太人最擅长的就是从小就确立自己的奋斗目标，随后，集中有限的时间和精力去攻克一个目标。这样的做法往往使他们能够集中力量，所以犹太人的成功率也要比别人高。

在人生的竞赛场上，不乏智力和能力相当不错的人，但他们为什么没有取得成功？在很大程度上，是因为他们没有确立目标或没有选准目标。没有确立目标，是不容易得到成功的。打一个简单的比方，有一位百发百中的神技射击手，如果他漫无目标地乱射，结果可想而知。

成功需要目标。

大卫·布朗是英国的一位商人，他是犹太人。他的发迹过程，得益于他确立了目标。

1904年，布朗出生了。他的父亲经营一家小型齿轮制造厂，几十年来一直惨淡经营，仅够赚取一点生活费。父亲总结自己的经历时告诉儿子，这是他没有选好奋斗目标的原因，并把希望寄托在儿子身上。为此，他严格要求布朗勤于学习和读书，每逢假日就规定他到自己的齿轮厂去参加劳动工作，与工人们一样艰苦工作，绝无特殊照顾。

在父亲的教育下，布朗渐渐地熟悉了工业技术的知识，养成了艰苦奋斗的精神，并结合当时的市场情况，最后形成了自己的人生奋斗目标。通过观察，布朗发现当代人对汽车使用已经普及，他预感汽车大赛将会成为人们的一种流行娱乐。加上自己在齿轮业务方面积累的经验，布朗为自己定下了目标，大力发展赛车。他一步步地朝着自己的目标奋斗。他克服了重重困难，成立了大卫·布朗公司，然后聘请专家和技术人员做设计，并采用先进技术设备进行生产。1948年，在比利时举办的国际汽车大赛中，布朗生产的"马丁"牌赛车夺了魁，大卫·布朗公司因此一举成名，订单如雪片般飞来，布朗从此走上发迹之路。

目标让人更加清楚自己，让人在前进的道路上更加清醒和自信。目标给人以方向和动力，促使人为了实现它而奋斗一生。

爱因斯坦，在这方面就是典范。

爱因斯坦自幼家境贫困，加上自己小学、中学的学习成绩平平，虽然有志向科学领域进军，但他知道自己必须量力而行。他对自己进行了一个自我分析：虽然总是成绩平平，但对物理和数学有兴趣，成绩较好。因此，只有在物理和数学方面确立目标才能有出路，其他方面是比不上别人的。于是，在读大学时，他选读了瑞士苏黎世联邦理工学院的物理学专业。

由此，爱因斯坦就确立了自己的目标。为了实现目标，爱因斯坦付出了极大的努力，并最终取得了令人瞩目的成就：26岁时，他发表了科研论文《分子尺度的新测定》，以后几年他又相继发表了4篇重要科学论文，发展了普朗克的量子概念，提出了光量子除了有波的性状外，还具有粒子的特性，圆满地解释了光电效应，宣告狭义相对论的建立和人类对宇宙认识的重大变革。爱因斯坦取得了前人未有的显著成就！

由此也可以看出，确立目标对一个人的重要性。假如爱迪生当年在文学上或音乐上彷徨，这也学几天，那也学几天，恐怕我们很可能就不知道他的存在。

综观犹太人的成功经历，我们发现犹太人不管是从商、从政或是从事科学事业，都注重确立人生奋斗目标，他们认为目标决定一生，目标可以激励人不畏千辛万苦，充分发挥自己的潜在能力。在教育上，他们也一直这样教育着自己的孩子！

作为家长，我们是否也应该从中学习些什么呢！

犹太人的高效学习法

犹太人教育智慧要诀

在犹太人看来，学习是一件讲究方法的事情，并不是凭着蛮劲就可以学好的，为此，他们总结了很多独特的方法。

学习是哪个民族都会的事情，可是诺贝尔奖却只有犹太人能轻易获得，这是为什么？看了犹太人独特的学习方法，你就知道了！

很多孩子学习不懂方法，所以，即使他们费尽力气，最后还是难以取得成绩。

在犹太人看来，学习是一件讲究方法的事情，并不是凭着蛮劲就可以学好的，为此，他们总结了很多独特的方法，在这里，跟众位家长一起分享一下：

一、注重对阅读的培养

婴儿六个月时就已经开始熟悉声音，并对纸上的东西发生兴趣，尽管他们不懂内容，只要朗读给他们听，就能使他们熟悉并喜欢父母的声音，这也为日后的教育打下基础。研究表明，孩子喜欢听故事，即使是重复的故事。通过听故事或者自己阅读，孩子可以自由发挥想象力，阅读也有助于孩子好奇心和专注力的培养。这为孩子日后的发展都打下了良好的基础。

二、投入学习法，把书印到大脑里

在研究《塔木德》学院的学生，很多都是从早到晚一直学习的，他们经常捧着书，口中不住地读着什么。这种学习方法就是"投入学习法"。在学习的时候，可以动用全身的器官进行辅助。比起我们通常的做法，如用彩笔标出需要背诵部分，这样的学习方法更有效。因为我们的做法是为了应付考试而进行的有效背诵，考试结束了，记忆的东西就被忘了大半。而"投入式学习"不同，如前面所描述的，犹太人学习是将眼睛看、口读、耳朵听等各种方式综合起来，而不是单纯的阅读。阅读时，他们还采取吟读。此外，犹太人还喜欢抑扬顿挫地朗读，并按一定的节律左右摇摆。他们一边手拿课本，一边动用全身的各种器官，按照文章的意思，将自己完全投入。

在犹太人看来，一旦你的记忆容量变大了，你的大脑就有能力不断地储存新的信息。

三、扮演老师，让学习突飞猛进

一项脑力测试表明：学生只能吸收教师在课堂上所讲内容的10%左右。如果一个学生自己阅读材料，那么其吸收率将急速提高到70%左右。如果学生再将所学的内容教给别人，无论他是扮演一个教师的角色，还是在合作性的学习环境下讲授，他将掌握有关内容的90%。犹太人熟知这一点，所以在家庭中，他们经常创造环境，鼓励孩子通过扮演老师来提高学习效果。如家长扮作学生，虚心向孩子请教各种问题，或者给孩子购买数个娃娃，让孩子给这些娃娃上课。渐渐地，有一天你会发现，孩子掌握的东西比你所掌握的还要多。此外，通过这样的一个方法，孩子也能变得自信，并能认识到自己的价值。

四、自教自学

犹太人认为"孩子不可能永远接受学校教育，孩子长大了，就必须有自教自学的能力，才能不断丰富自己的学识"，所以犹太人鼓励自己的孩子自学成才。他们通常会使用下面这套自学方法来丰富自己的知识：（1）从小养成了良好的自学习惯，在固定的时间和地点进行自学；（2）根据自身情况，制定相应的学习任务和计划，然后大量阅读，以开阔视野，使知识日渐广博；（3）广泛阅读，结合精读，精读的这部分内容要选取对自己有价值的领域，深入研究，使之真正转变为自己的知识；（4）通过别人的"头脑"学习，在阅读时，发现难以理解的内容时，犹太人习惯将书借给周围有学识的人读，通过参考别人的读书心得，来对知识进行深化理解并吸收；（5）多种形式、多种渠道自学，比如与人交谈等，这样可以在无形中增长自己的见识。

犹太人独特的教子方法成就了很多伟人，如果想让你的孩子成功，就试试看吧！

读 101 遍要比读 100 遍好——有效记忆

犹太人教育智慧要诀

人类的一切活动，从简单的认识和活动，到复杂的学习和劳动，都离不开记忆。没有记忆，人们的思考就失去了前提。没有记忆作为基础，人们的智力活动也将受到限制。

很多孩子嚷嚷"背诵是一件痛苦的事情""我的脑袋里再也填不下任何东西了"，为什么孩子如此惧怕记忆，为什么记忆对于他们而言是那么的难？记忆真的有什么神奇的方法吗？

很多人孩子害怕背诵课文，害怕记忆公式，而家长们为了提高孩子的记忆力，可谓使尽浑身解数，补品、营养品堆积如山不说，还请教名师，可最终结果却仍然收效甚微，原因何在？

很多都说犹太民族是一个天才的记忆的民族，对比他们的教育，也许就会发现你在教育中存在的漏洞了。

孩子还很小的时候，犹太父母就对他们进行严格的记忆训练。

有一个犹太小孩，刚 3 岁，父亲就把他带到类似私塾的地方，开始学他们的书面语希伯来文。孩子会读之后，父亲又让孩子背诵通用祈祷文。这位父亲从不要求孩子了解文章的意思，只是教他读，以背诵为目标。在他看来，如果这个时候没有帮助孩子创建起记忆力基础，那么往后就没有办法学到其他知识了。当孩子到了 5 岁时，他又让孩子背诵《圣经》和《摩西律法》。父亲规定孩子在 7 岁之前必须背诵摩西五书中的《创世记》《出埃及记》《利未记》《民数记》《申命记》，他要配合旋律，反复地朗诵几百遍。7 岁后，孩子就学习《旧约》剩下的部分以及《犹太法典》。到了13岁，在接受成人典之前，孩子就已经全部会背诵本民族基本的学问了。

这样的记忆教育每一个犹太父母都懂得，犹太父母这样跟孩子说：读101遍要比读100遍好。

很多人听了，也许认为这是死记硬背，然而事实证明，这样的"死记硬背"颇为奏效。这样的教育在潜移默化中为孩子的大脑建立了一个大容量的记忆系统，这个系统一旦建立，接下来就很容易吸收各式各样的知识。只有这样的大脑，才能储藏起丰富的信息知识，而只有脑内拥有丰富的知识储藏，才能产生优秀的发明和独创性的思考，天才就这样产生了。犹太人之所以有灿若群星的天才，也许就是因为犹太人是一个记忆的民族吧。

对于每个人来说，记忆是非常重要的。人的一切活动，从简单的认识和活动，到复杂的学习和劳动，都离不开记忆。没有记忆，人们的思考就失去了前提。没有记忆作为基础，人们的智力活动也将受到限制。

所以，要想孩子有一个良好的记忆力，父母就需要加强对孩子记忆力的培养。我们不妨学习犹太人对孩子的记忆教育：读101遍要比读100遍好。

站在对岸才能独立思考——希伯来的箴告

犹太人教育智慧要诀

综观犹太人的历史，我们可以看到很多成就显赫的名人、伟人都善于独立思考，他们也因此能从人们司空见惯的现象中发现问题，并大胆地追求，最后有所建树。

为什么诺贝尔奖只有少数人能够获得？其实，答案很简单，当所有人的脑袋想的都是一个方向，所有人都想着常规，最后又怎能制胜？道理大家都明白，可还是有很多人照样进了大众思考的圈子。

犹太人就并非如此，他们懂得独立思考。

大家都知道"希伯来"这个词，在犹太人的语言中，它的原意是"站在对岸"，也就是站在隔一条河的地方，或是与别人不同的地方。每一个人都要去找这么一个地方站着，才能立足于社会。就是在这种理念的引导下，犹太人亮出了独立思考的姿势，这也成了犹太人智慧和财富的制胜招牌。

犹太人倡导独立思考，著名的科学家爱因斯坦就是这方面的典型。在他看来，做科学要敢于蔑视权威，敢于提出自己的创见，具有独立精神和创新精神。

犹太人思维的独立性表现为善于独立地提出问题、分析问题、解决问题，还有不迷信权威，不人云亦云。综观犹太人的历史，我们可以看到很多成就显赫的名人、伟人都善于独立思考，他们也因此能从人们司空见惯的现象中发现问题，并大胆地追求，最后有所建树。

19~20世纪，德国物理学家普朗克在攻克热力学研究的难题——黑体辐射问题的过程中，遭遇了多次失败。他的老师劝他说："物理学是一门已完成了的科学，因此继续研究是不会有多大成果的。"虽然内心非常敬爱老师，但普朗克还是坚持自己的想法，他也不甘心受"中止"观点的束缚，他认为物理学远没有完成，于是继续研究，终于在1900年发表了能用量子概念导出黑体辐射的公式的论文。

不但普朗克具有独立思考的精神和品质，很多犹太科学家都是如此，比如爱因斯坦。

一次，爱因斯坦的老师海因里希·韦贝尔对他说："你是一个十分聪明的小伙子，可是你有一个毛病，就是你什么都不愿让人告诉。"

海因里希·韦贝尔老师说的"毛病"正是爱因斯坦可贵的优点——思维品质的独立性。也正是由于他的这个缺点，成就了后来敢于突破牛顿力学，建立相对论，对世界做出了划时代卓越贡献的爱因斯坦。

独立思考，并不是为了标新立异，也不是为了哗众取宠，独立思考是为了形成独特的思想体系，为了在平凡中发现并解决问题。一个总是附和别人，没有独立思考能力的人注定一生平庸。

我们的教育需要从意识深处彻底地根除那些错误的思想，比如听话的孩子才是好孩子，不能太独立，太独立就不合群，要中庸一点……多听一听希伯来的箴告吧！

专注——天才的充分加必要条件

犹太人教育智慧要诀

我们会发现，生活中，孩子似乎对很多事情都非常感兴趣，但他们往往很难专注于某事。不专注，就不会全身心投入，就永远只能在目标的外围徘徊，难以达到很高的成就。

刚坐下来写作业，不到5分钟，就跑去看电视了；刚拍一会儿皮球，看见别人捉蜻蜓，又跟着跑去捉蜻蜓去了；刚吃了两口饭，小伙伴一叫，就偷偷地跑出去玩了……做啥事都没个定力，小时不改正，长大只能更加"东一榔头，西一棒槌"，对此，家长要动动脑筋了！

定力就是指专注。

做任何事情都需要专注，专注才能投入，专注更容易解决问题。实践证明，很多伟人之所以成功，都与他们具备专注的品质息息相关。犹太人就非常注重这一点。

比尔·盖茨一出生就受到了家庭的精心教育，比尔的父母尤其注重培养他的专注能力。在父母的培养下，比尔专注于某一事物的天赋十分明显。比尔在关注他感兴趣的东西时，往往对周围的事物一概不管。

还在很小的时候，他就喜欢看书，经常捧着书，接连看几个小时都毫不厌倦。

到了中学，比尔·盖茨接触了计算机，这个神奇的家伙立即深深地吸引了比尔。他开始疯狂地迷上了计算机。很快，八年级学生比尔便挤进了高年级学生的圈子，他们的老师所知道的所有计算机知识，比尔用一星期的时间就超过了。

在那个时代，计算机刚刚起步，上机编程很昂贵，但比尔还是不断地寻找甚至创造机会去上机编程序。那时，比尔常与伙伴们一起乘车到学校附近一家新办的计算机中心公司编写程序，他经常忙到累得无法继续才回家。比尔总是边吃面包，边忙着编程序工作。即使回到家，比尔的心思还在计算机上。在家里，他常常为了一个问题，费尽心机地苦苦思索。他的房间里到处都是电传纸和计算机纸，成卷成沓的。

吃完晚饭后，比尔常假装睡觉，然后趁父母不注意时偷偷溜出家门，坐十来分钟汽车去计算机中心公司继续他的编程工作，偶尔他回来得太晚了，汽车已经停运，他只好走路回家。但他似乎乐此不疲。

进入哈佛大学后，学习计算机的条件优越得多了，比尔如鱼得水。他以极大的精力投入到计算机中。为了赶一个程序，比尔有时一干就是36个小时以上，困了就趴在桌上睡一会儿，醒来后继续忙碌。忙完后，比尔一回宿舍就拉过毯子，倒头便睡。有时太投入了，以至他在盖着毯子熟睡时，还梦着计算机的事。他一遍遍地说："一个句号，一个句号，一个句号，一个句号……"

比尔的精力全部投入到计算机上，极大的专注力让他无法再顾及其他，尽管那时家里很富有，尽管他可以在大学与人约会，但比尔的注意力从没有在这些方面停留……

正是这种极大的专注力让比尔·盖茨在计算机方面有了非同寻常的成就，最终也引导着他走向他心爱的计算机事业。

我们会发现，生活中，孩子似乎对很多事情都非常感兴趣，但他们往往很难专注于某事。不专注，就不会全身心投入，就永远只能在目标的外围徘徊，难以达到很高的成就。这其实也就要求我们，在孩子小的时候，一定要把孩子的专注力激发出来。比如，让孩子做某事，让他在规定时间内完成并帮助排除外界干扰；让孩子对感兴趣的问题不断刨根问底，积极思考；让孩子在兴趣广泛的基础上，选择最着迷的，并有意地强化……方法有很多，用心的父母会懂得去摸索。

安装创新方程式——彻头彻尾洗脑

犹太人教育智慧要诀

犹太父母认为一般的学习仅仅是一种模仿，而没有任何的创新，当一个人能够提问时，才说明他能思考，能质疑。

没有创新意识，就没有创新的行动力，没有创新的行动力，就没有知识和智慧的爆发，就只能平凡和平庸。所以，不妨像给计算机装上软件一样，给大脑也安装一个创新方程式。只要安装完毕，就可以自主地按照指令运行，这无疑于一次彻头彻尾的创新洗脑运动，又何愁没有创新的意识和本领？

犹太人的确很有钱，他们是用事实证明了这一点：全球最有钱的企业家，犹太人占一半。《福布斯》富豪榜前40名中，犹太人占18名。从20世纪起，犹太人包揽了诺贝尔奖的1/5。

这是为什么呢？

有些家教场景可以反映问题：

孩子放学了，犹太父母问："你又提问了吗？"因为提问可以引发思考，思考为创新提供出路。

犹太父母注重提问，不仅提问孩子，还让孩子自己提问并自己解决。

如果一个孩子上课注意力不集中，犹太父母首先会观察，最后很可能去认同并鼓励孩子的"异样"行为，他们认为这是孩子好奇并富有想象力的表现。

犹太父母认为一般的学习仅仅是一种模仿，而没有任何的创新，当一个人能够提问时，才说明他能思考，能质疑。

犹太人注重创新，在他们看来，创造力是人一生中最重要的能力。正是基于这样的认识，犹太人创新思维发展得尤其好，所以，诺贝尔奖也纷至沓来。正如美籍犹太人赫伯特·布朗在回答为什么犹太人获诺贝尔奖比例这么高的问题时所说的：这些完全得益于对孩子的良好教育，特别是对创新意识的培养。

其实，强调学习，本身不是什么坏事，但强调学习并不意味着要让学习抢了风头，完全成为机械式学习，否则，得到的是漂亮分数，牺牲的是孩子的创新潜质！

犹太人中之所以有很多诺贝尔奖的好苗子，就在于成人把孩子从压抑、机械的状态中解放出来，给孩子的大脑里安装一个创新方程式，只有脑袋里想着创新，支配自己的行动去创新，才能为自己的人生创造出很多意料之外的东西。

那么，这个创新方程式究竟要怎样来安装呢？我们不妨学习一下犹太人的做法：

首先激发孩子的好奇心。犹太父母经常给孩子出谜语，让孩子猜，并给予适当的暗示；故事讲了一半，故意停下来，孩子自然很想知道答案，并询问结果，这时犹太父母就会跟孩子一起讨论大概会出现的结果，让孩子的思维能力得到锻炼。

然后鼓励孩子思考，提出问题。每个孩子一出生，都会对世界充满好奇，总是喜欢缠着大人问为什么，家长千万不要敷衍或不耐烦，这样只能扼杀孩子的求知欲。这就要求家长要在保护孩子好奇心的基础上，有意识地引导孩子，并对孩子的提问表现出自己的兴趣，跟孩子一起思考，一起寻找未知的答案。

还可以鼓励孩子动手创新，让孩子根据自己的想法做出新颖的东西来。因为犹太人认为创造力要落实到实践上，让孩子根据自己的想法，尝试着动手，这样创造力可以得到很好的发挥。

成功 = 刨根问底地探求问题

犹太人教育智慧要诀

犹太父母会告诉孩子，只要有不懂的地方和觉得不对的地方，就应该指出来，向老师请教，或是自己想办法找出答案，这样才能进步得更快。

很多人把成功想得很复杂，为了让孩子具备成功的素质，可谓挖空心思。其实，成功并不需要大费周折，更加用不着费尽力气地去求经拜佛，成功很简单，用爱因斯坦的话来说就是：我没有什么特别的才能，不过是喜欢刨根问底地探求问题罢了。所以，把你的孩子培养成一个"问题篓子"吧，这可是爱因斯坦的心经！

孩子的大脑就像一条畅快的小溪，溪水欢快地流淌，奔跑得越远，孩子懂得的也就越多。可是，在溪水奔跑的过程中，孩子难免会遇到这样那样的难题，就像水中忽然横着一段枯木，隔断了水流，减缓了流速，孩子的思维受到了阻碍，这时家长就必须给予疏导。孩子的提问为自己继续认识世界提供了可能，可是很多家长却不能帮助孩子，他们往往忽视了这个问题，于是，在教育孩子的过程中，非但不能帮助孩子疏导，甚至成了孩子思维的阻碍。

我们不妨回忆一下，孩子提问时自己的态度。

大家都知道，好奇是孩子的天性，孩子好奇，自然就爱提问，很多家长也一定会有这样的体验：孩子总是喜欢缠着自己叽叽喳喳地问个不停。很多家长起初还能耐心回答，可渐渐地，就变得不耐烦起来，总是敷衍了事，回答也是模棱两可，最后甚至不理不睬，或者粗暴地制止……

家长不曾想到，这样的态度对孩子将产生怎样的影响。

孩子正在认识世界，他渴望了解世界，而父母的态度无疑是对孩子积极性的打击，久而久之，提问总是得不到解决，他就会慢慢丧失提问的欲望，因而也丧失了一个成长的最好时机。

犹太父母就意识到了这个问题，他们不但鼓励孩子提问，甚至规定孩子每天必须问多少个问题，通过这样做，让孩子在提问和解答中激发思维能力，学习更多的知识。

犹太父母会告诉孩子，只要有不懂的地方和觉得不对的地方，就应该指出来，向老师请教，或是自己想办法找出答案，这样才能进步得更快。

很多犹太父母还喜欢用比赛的形式激发孩子的提问能力。

有一个叫拉摩西的犹太人，他告诉孩子，每天上学都必须向老师提问，而且还要在课堂上积极回答老师提出的问题。用笔把这些问题记下来，一周进行一次比赛，谁提出的问题和回答的问题最多，谁就会受到奖励。

在这样的氛围中，孩子们更加爱提问了。渐渐地，拉摩西的孩子们的成绩也优于同龄孩子，尤其是一些科技类、自然类知识比同龄孩子丰富很多。

在平常的生活中，拉摩西也非常乐于回答孩子们的提问，虽然有5个孩子的轮番攻击，拉摩西和妻子也从来不觉得烦。如果孩子们的问题他们也解答不出时，他们就鼓励孩子去问老师。

可想而知，孩子们不断增长了见识，还练习了思维，提高了解决问题的能力。

犹太人说："创造始于问题，有了问题才会思考，有了思考才有解决问题的办法。"也正是在这样一个不断提问、思考和解决的过程中，逐渐地让孩子们充满智慧，与创新结缘，一个具备了创新这一成功素质的人，自然更可能成功！

诺贝尔奖获得者赫伯特·布朗是一个美籍犹太人，他曾经说过："我的祖父经常会问我，为什么今天与其他日子不同呢？他也总让我自己提出问题，自己找出理由，然后让我自己知道为什么。我的整个童年时代，父母都鼓励我提出疑问，从不教育我依靠信仰去接受一件事物，而是一切都求之于理。可能这一点是犹太人的教育比其他人略胜一筹的地方吧。"

成功往往就隐藏在一些看似微不足道的小事情上，只要你留意，你的小举动就能带来孩子的大成功！

第三章 品质教育：犹太人精彩人生的稳压器

谦虚，犹太美德中的 NO.1

犹太人教育智慧要诀

我的谦卑就是我的高贵，我的高贵就是我的谦卑。

降低自己的人，上帝会抬高他；抬高自己的人，上帝会降低他。(《塔木德》)

即便是一个贤人，如果他炫耀自己的知识的话，那么他就不如一个以无知为耻的愚者。(《犹太法典》)

谦虚，是犹太人美德中最重要的东西，他们时刻都保持着谦虚谨慎的作风。中国有一句古老的箴言："满招损，谦受益。"意思是说，骄傲招来损失，谦虚受到益处。这句名言不但中国人视为对自己的珍宝，犹太人更是如此。犹太人是世界上最聪明的民族之一，他们知道谦虚是使人不断进步，获得成功的一个重要的内在因素。那么在犹太人的眼里，一个人应该怎样谦虚呢？

首先，他们要做到实事求是地看待自己，清晰地审视自我，不要目中无人。谦虚的人总是既看到自己的优点和长处，又看到自己的缺点和短处；既看到已取得的成绩，又懂得不论成绩有多大，对于伟大的事业来说，只不过起到了一砖一瓦的作用。当人们称颂一些犹太人取得了光辉成就时，他们却认为自己的那点成绩微不足道。谦虚的人总是努力不懈，积极进取，锐意奋进的，在很多犹太人的故事里这一点早就体现出来了。

其次，谦虚就是要对别人有个客观的评价。即要懂得欣赏别人，尊重别人甚至是对手。谦虚的人会随时向别人请教，有事和大家商量。所以，谦虚的人能够主动地取别人之长，补自己之短，不断地从集体和群众中汲取养料，充实自己，为自己的进步和成功创造良好的条件，这一点犹太人比任何其他的民族的人做的都好。

再次，谦虚不是虚伪，更不能妄自菲薄。事实上，过分的谦虚是一种骄傲的表现，也给人一种虚伪的感觉。你要有清醒的认识，但是也不要自卑。自卑的人往往不会取得太大的成功，这也是一个人事业道路上的绊脚石。骄傲固然要不得，自卑却同样不可有。任何人都有他的优势和长处，要对自己有足够的信心。

在犹太人的历史中，那些贤人拉比都是很谦虚的人。对他们来说，无论是年长者还是年轻人，无论是穷人还是富人，他们身上都有自己没有的发光点。这些贤人拉比还认为，如果谁喜欢别人的夸赞，那将是十分可悲的。在他们的眼中，真正的谦虚绝非有意的做作，而是自然的流露。犹太人也一直在行使着谦虚的美德，即使是那些最伟大的人物也不例外。

犹太人爱因斯坦是20世纪世界上最伟大的科学家之一，他在有生之年中始终不断地学习、研究，活到老，学到老。有人问爱因斯坦，说："您可谓是物理学界空前绝后的人物了，何必还孜孜不倦地学习呢？为何不舒舒服服地休息呢？"

爱因斯坦并没有立即回答这个问题，而是找来一支笔一张纸，在纸上画上一个大圆和一个小圆，对那位年轻人说："在目前的情况下，在物理学这个领域里可能是我比你懂得略多一些。正如你所知的是这个小圆，我所知的是这个大圆，然而整个物理学知识是无边无际的。对于小圆，它的周长小，即与不知领域的接触面小，它感受到自己未知的东西少；而大圆与外界接触的周长大，所以更感到自己未知的东西多，会更加努力地去探索。"

一次，爱因斯坦9岁的儿子问他："爸爸，你为什么是名人呢？"爱因斯坦听了哈哈大笑，他对儿子说："你看，甲虫在球面上爬行的时候，它并不知道它走的是一条曲线。我呢，正相反，有幸觉察到了这一点。"

爱因斯坦就是这样一个人，名声越大，就越谦虚。正是拥有这种美好的品质，他总是能够站在一个客观的角度看自己，发现自身的不足，不断充实自己，弥补自身不足。

既然谦虚如此重要，那么我们如何使爱炫耀自己，整天飘飘然的孩子拥有谦虚这种品质呢？不妨参考犹太父母的方法：多给孩子讲一些名人的故事，告诉他们能够成为伟人的人，都具备谦虚的品格；帮孩子正确认识自己，既看到优点，也不忌讳缺点；从来不拿孩子与其他小孩比较，这样就不会使人陷入骄傲或自卑的双重泥潭；不要轻易表扬孩子，这样，他的自傲就失去了滋生的土壤。

最强大的力量来自反省

犹太人教育智慧要诀

犹太人认为，人有独处的必要。在单居独处之时，外界压力完全消失，只剩下内心的良知抵御着蠢蠢欲动的恶念，人在这个时候更能看清自己。

为什么从小喜欢打架的孩子，长大会误入歧途？为什么从小偷针的孩子，长大后会偷金？为什么父母用心良苦，孩子还是知错不改？其根本原因便在于在他成长的过程中，父母没有教会他反省自己的所作所为，通过这种反省来约束自己的行为。

《塔木德》中说："在三件事上自我反省，你就不会被罪孽所驾驭，要知道：你从何处来，到何处去，将要站在何人面前算总账。从何处来——来自一滴脓水；到何处去——去一处满是尘埃和虫子的地方；将要站在何人面前算账——站在至高无上的上帝面前，因为人的最终归宿不过是一只虫子而已。"

犹太先哲的"反省"，其实更强调人对自身品质的反省与认识。正是因为犹太人的慎独，他们面对一切时，多了一份从容。他们能够正确地认识自己，对自身有一个正确的评价。对他们来说，事情再糟，也不会感到吃惊；事情进展不顺利，正常；人家不喜欢你，或者不再喜欢你，也正常……这种态度使他们永远不会和自己过不去。

犹太人认为，人有独处的必要。在单居独处之时，外界压力完全消失，只剩下内心的良知抵御着蠢蠢欲动的恶念，人在这个时候更能看清自己。所以，《塔木德》上有一句话："在他人面前害羞的人，和在自己面前害羞的人之间，有很大的差别。"

在拉比的教诲中，"独居都市而不犯罪"，和"穷人拾遗不昧""富人暗中施舍十分之一的收入给穷人"同列为"神会夸奖的三件事"，其共同之处，尽在一个"独"字。犹太人不仅注意不断反省自己的品行，他们对于自己的孩子也不会纵容。

奥斯利10岁时，常跟着爸爸去钓鱼。

一天，他跟父亲在日暮时去垂钓，他在鱼钩上挂上鱼饵，用卷轴钓鱼竿放钓。不久，渔竿弯折成弧形时，他知道钓着大鱼了。他父亲投以赞赏的目光，看着儿子戏弄那条鱼。

终于，他小心翼翼地把那条筋疲力竭的鱼拖出水面。那是条他从未见过的大鲈鱼！

奥斯利神气十足地将鱼钓上岸。父亲看看手表，是晚上10点——离法律规定的钓鲈鱼开始的时间还有两小时。

"孩子，现在立刻放掉这条鱼。"他说。

"为什么？"儿子气愤地嚷道。

"还会有别的鱼的。"父亲说。

"这是我所见到的最大的鲈鱼！"儿子又嚷道。

孩子朝四周望了一眼，既看不到渔船，也看不到钓鱼的人。他告诉父亲："爸爸，没有人看见我们，我们没有必要放回去。"

父亲还是坚持让他把鱼放回水里。他非常不情愿地放了回去。

那是34年前的事。今天，奥斯利先生已成为一名卓有成就的建筑师。他父亲依然在湖心小岛的小木屋生活，偶尔惬意地垂钓。

从那件事之后，他再也没钓到过像他几十年前那个晚上钓到的那么棒的大鱼了。可是，这条大鱼一再在他的眼前闪现，每当他遇到道德问题的时候，就看见这条鱼了。

面对孩子的错误，犹太人教育自己的孩子：人必须要反省自己的行为，想一想自己的行为和自己的内心是否符合。一个人在任何场合都要保持良好的道德，即使没有人看到，也不要逾越底线。这是一个人获得社会接纳的重要条件，也是人不断提升自我的重要功课。

心中永存希望之光

犹太人教育智慧要诀

最后的／最最后的／黄得如此斑斓／明亮，耀眼／如果太阳的眼泪会对着白石头歌唱／这样一种黄色就会被轻轻带起／远走高飞／我肯定它飞走了／因为它希望向世界吻别……（犹太小女孩巴维尔·弗雷德曼作）

有一个犹太富翁，在一次大生意中亏光了所有的钱、并且欠下了债。他卖掉房子、汽车，还清债务。

此刻，他孤独一人，无儿无女，穷困潦倒，唯有一只心爱的猎狗和一本书与他相依为命，相依相随。在一个大雪纷飞的夜晚，他来到一座荒僻的村庄，找到一个避风的茅棚。他看到里面有一盏油灯，于是用身上仅存的一根火柴点燃了油灯，拿出书来准备读书。但是一阵风忽然把灯吹熄了，四周立刻漆黑一片。这位孤独的老人陷入了黑暗之中，只有立在身边的猎狗给了他一丝慰藉，他无奈地叹了一口气沉沉睡去。

第二天醒来，他忽然发现心爱的猎狗也被人杀死在门外。抚摸着这只相依为命的猎狗，他突然决定要结束自己的生命，世间再没有什么值得留恋的了。于是，他最后扫视了一眼周围的一切。这时，他不由发现整个村庄都沉寂在一片可怕的寂静之中。他不由急步向前，啊，太可怕了，尸体，到处是尸体，一片狼藉。显然，这个村昨夜遭到了匪徒的洗劫，整个村庄一个活口也没留下来。

看到这可怕的场面，老人不由心念急转，啊！我是这里唯一幸存的人，我一定要坚强的活下去。此时，一轮红日冉冉升起，照得四周一片光亮，老人欣慰地想，我是这个世界里唯一的幸存者，我没有理由不珍惜自己。虽然我失去了心爱的猎狗，但是，我得到了生命，这才是人生最宝贵的。

犹太人历经苦难，他们深知面对苦难时，内心充满希望是多么重要。因此他们总是乐观地看待生活，哪怕前面是绝路，他们也无所畏惧。他们总在想，如何才能使事情变得更好，如何才能使希望变成现实。犹太父母经常告诉孩子：生命的天平，常在希望和绝望之间摆动不定。只要你不断增加希望的分量，才能使这个天平倾向于你理想的生活。即使"二战"时期惨遭迫害，犹太人依然没有动摇心中的希望。

"二战"时期在纳粹集中营里有一个叫玛莎的犹太小女孩，写过一首诗：

这些天我一定要节省，虽然我没有钱可节省／我一定要节省健康和力量，足够支持我很长时间／我一定要节省我的神经，我的思想，我的心灵和我精神的火／我一定要节省流下的泪水／我需要它们很长很长的时间／我一定要节省忍耐，在这些风暴肆虐的日子／在我的生命里我有那么多需要的／情感的温暖和一颗善良的心／这些东西我都缺少／这些我一定要节省／这一切，上帝的礼物，我期望保存／我将多么悲伤／倘若我很快就失去了它们。

在那样恶劣的条件下，玛莎仍然热爱着生命。她不怨天尤人，她仍然在内心聚敛一点点的希望之光。她不畏惧厄运，她只是用自己稚嫩的文字给自己弱小的灵魂取暖。

海明威说："人可以被撕碎但不可以被打倒。"因为只要你心中有光，任何外来的不利因素都扑不灭你对人生的追求和对未来的向往。很多时候击败我们的不是别人而是对自己失去信心。

履行契约，兑现最初的承诺

犹太人教育智慧要诀

犹太人父母注重孩子的诚信教育。他们认为诺言是与上帝之间的契约，人必须践行到底。他们总是告诉孩子，不要轻易允诺，如果承诺了，就必须要做到。

人无信不立，从小说话不算数，不信守承诺的孩子，如果他在成长的过程中，没有意识到诚信的重要性，那么长大怎会诚实守信呢？做商人，容易成为奸商；做学者，可能抵不住假学术的诱惑，做官，最终会陷入金钱的旋涡，做个职员，可能会行贿受贿……要想有一个好未来，必须从信守承诺开始！

一个星期日的早晨，妈妈对小远说："今天和妈妈一起出去玩吧，咱们去海底世界！"小远听到这个消息，高兴得手舞足蹈。

他本来答应帮班里的小明补课，现在早忘到九霄云外去了。虽然没有兑现承诺，但他没有丝毫愧疚。

而和他在一个学校的中国籍的犹太小孩凯伦，一般不轻易答应别人事情，但一旦允诺，无论怎么难，都要践行诺言。

这个星期日，他答应给青青捎带一只好看的"小企鹅杯子"，本来家门口的商店就有货，可是很意外，这次断货了。凯伦并没有放弃，他从早晨开始，走遍大半个东城区，午后，终于在一个小店里发现了他承诺别人的东西。

犹太人与各国商人做交易时，对对方的履约有着最大的信心，而对自己的履约也有最严的要求，哪怕在别的地方有不守合约的习惯。犹太商人的这一素质可谓对整个商业世界影响深远，真正是"无论怎样评价也不过分"。

在犹太人的商旅生涯中，他们遭到过无端的打击和歧视，也遇到过无数精心安排的谎言和圈套，但他们始终笃信上帝的教诲：遵守约定，诚实为人，死后方能升上天堂。

在具体的商业贸易领域中，《塔木德》则规定了许多规则，也严格禁止带有欺骗性的宣传或推销手段。比如：不能把家畜涂上颜色来蒙骗顾客；货主有向顾客全面客观地介绍所卖商品的质量的义务，如果顾客发现商品有质量问题，是有权要求退货的；在定价方面，如果卖主欺骗买主不知行情，使商定价格高出一般水平 10% 以上，则规定此交易无效。

对于这些规定，在我们现在看来可能是再平常不过的了。但是，《塔木德》形成于世界大多数民族还处在农耕社会的时期，它能预见将来社会以商业和贸易为主，并阐述这些诚信经商的道理，可以说是极富先见之明的。

犹太人十分重视信用和承诺的意义，相互间做生意时经常连合同也不需要，口头的允诺已有足够的约束力，因为他们认为有"神听得见"。在现实生活中，犹太人往往瞧不起那些不遵守诺言、违约的人。

犹太父母注重孩子的诚信教育。他们认为诺言是与上帝之间的契约，人必须践行到底。他们总是告诉孩子，不要轻易允诺，如果承诺了，就必须要做到。

在最初教育孩子信守诺言的时候，犹太父母会制定一些简单的规则，让孩子体会到信守承诺是一件非常令人愉悦的事情。他们还以身作则，让孩子效法家长的行为。犹太父母还施行一些奖罚措施来帮助孩子学会承担责任，比如，对那些没有说到做到的孩子进行一定程度的惩罚，对于那些守信的孩子则进行奖励。

爱"邻人"，就像爱自己那样

犹太人教育智慧要诀

帮助别人，别人也会帮助你，正如爱邻人，邻人也会爱你一样。

爱自己容易做到，可是就像爱自己那样爱你的邻人，就有些难度了。父母对孩子的美德教育往往到此戛然而止。但是，如果想让别人爱你的孩子，务必从现在起让孩子明白：只有爱"邻人"，"邻人"才会爱你。

在犹太人眼中，"邻人"从更广泛的意义上是指所有的人。犹太父母向自己的孩子一遍又一遍强调：帮助别人，别人也会帮助你，正如爱邻人，邻人也会爱你一样。

一个犹太女孩，她与人为善、热忱助人的品格在熟悉的人中有口皆碑。她把左邻右舍上门等候的亲友让到自己家端茶递烟，为外地人指路领路等全看成分内之事。

在她的养父住院期间，这个女孩奔波于医院和学校之间。喂水喂饭喂药，清理排泄物，按摩老人肢体，样样细致周全。值得称道的是她对他人难能可贵的帮助。一天，和养父同住一个病房的一名老年患者，因为孩子们都不在身边，他下不了床，结果脏物被排泄到床边和地上。打水回到病房的女孩看到这老人的无助和尴尬时，她没有犹豫，赶快动手收拾"残局"。老人被她感动得两眼热泪盈眶。

犹太女孩工作后，她依然与人友善、热情待人。有一年，一位同事休产假，女孩便利用星期天甚至下班后的时间到这位同事家忙前忙后，帮忙照顾孩子，同事被深深感动。后来公司里所有的同事都一致认为她是一个难得的好姑娘。

"二战"时，集中营中的犹太女孩安妮·弗兰克在日记中写过这样一段话："不管怎么说，我仍然相信人类的内心是善良的。"她看到众多的同胞被无情的杀戮，但在她的内心深处，依然坚信大多数人都是善良的，因此便值得去爱。这可以说与她从小受到的教育息息相关。

善待他人就是善待自己，爱别人，别人也会去爱你。但这种爱却必须是发自内心的，不带任何利己成分。如果关爱别人，目的是希望从别人那里捞取更多的好处，那么这种关爱是丝毫没有意义的。"爱别人是无条件的"，不仅犹太父母在给孩子灌输这种品质，而且我们每个父母都应该培养孩子"爱邻人"这种博爱的情怀。

憎恶罪，而不憎恨人——犹太式的宽容

犹太人教育智慧要诀

犹太人把罪犯的恶行看作被罪恶玷污了的人的行为。这种污痕是可

以擦拭掉的，他们从不会希望恶人遭报应，而是希望罪恶最终得以清除。

当孩子问你"我应当如何宽容一个人"时，请告诉他："孩子，你需要的是去憎恨这件事，或忘记这件事，而不是要对这个人怀恨在心。否则，你将被宽容所折磨！"

犹太孩子有一次放学回家，说道："妈妈，我的好朋友把我的书弄丢了，太讨厌了！"这时候，犹太父母会说："不值得为这件事难过。忘记它吧，朋友没有错。"

这位犹太母亲强调的宽容是"忘记这件事"，犹太人的宽容是对事不对人的。这种不同的思维似乎更容易使人走出坏情绪。

拉比是犹太人的道德典范，但偶尔也有身为拉比的人作奸犯科的。犹太人对于这种现象，往往是憎恶他的罪行，却并不痛恨这个人。

在犹太人心里，恶是与生俱来，无处不在的。但是，犹太人认为，人完全可以通过后天的学习和努力而祛除罪恶，改邪归正。

从前，有几位拉比碰上一群坏人，这些人属于那种咬住人不吸出骨髓不肯罢休的坏蛋，世上再也没有比他们更狡猾、更残忍的人了。其中有一个拉比无法忍受他们的行为，说道："像这种人，还是让他们掉进水里去，全部溺死算了，这样人们就可以安心地生活了。"

可是，他们中最伟大的拉比却说：

"不，身为犹太人不应该这么想。虽然你认为这些人还是死了比较好，或许很多人也这么想，但不能祈祷这样的事发生。与其祈求坏人灭亡，不如祈求坏人悔改才对。"

犹太拉比认为：处罚坏人其实是没有意义的，这种行为对我们没有什么益处，不能使他们悔改，不能使他们跟随我们走正途，其实是一种损失。因此，犹太人认为，如果能够改正，那么他们就不再是罪犯。犹太人把罪犯的恶行看作被罪恶玷污了的人的行为。这种污痕是可以擦拭掉的，他们从不会希望恶人遭报应，而是希望罪恶最终得以清除。

犹太父母也是这样教育孩子的，他们告诉孩子："憎恶罪，而不要憎恨人。如果有谁做了对不起你的事，请就事论事，忘记这些不愉快，而不要对这个人耿耿于怀。"

留一片庄稼给他人——感恩

犹太人教育智慧要诀

在犹太家庭里，每当和孩子闲聊时，父母总是有意地让孩子说出自己需要感谢的人或事，这样，孩子就会把这些人和事牢牢地记在心里，在合适的时机给予他们回报。

有没有观察过你的小宝贝的行为？他们是自己吃饱了喝足了就什么也不管，还是能够主动关爱他人，懂得"滴水之恩，当涌泉相报"？

请不要认为感恩是孩子可有可无的品质，要明白，不懂得感恩的孩子也就品尝不了被关爱的幸福。

在以色列，每到庄稼收割的季节，犹太人收割完后，总要留下一部分不予收割。他们说，这是为了感谢上帝赠与多灾多难的犹太民族美好的生活，这样做能使得一些生活很苦的穷人有粮食吃。

犹太人认为，教育孩子感恩，要从教育他感谢父母开始。他们经常给予孩子讲动物反哺的故事：乌鸦长大后，还返回来喂自己的老父母，就像当初父母喂自己一样。鸟类都能做到感恩父母，更何况人类？人类不仅要感恩父母，还要感恩每一个帮助过自己的人。

犹太父母还告诉孩子，感恩在生活的点点滴滴中清晰可见，比如帮父母分担家务，当朋友遇到难题时鼎力相助，下雨时给别人撑起一把伞等。他们总是告诉孩子，懂得感恩是最平凡的举动，也是最高尚的行为，应该抓住每一个感恩的机会。

犹太女孩琳达快8岁了，当年，妈妈在生琳达的时候难产，情况危急。医生们采取了果断的措施，经过全力抢救，终于使母女俩脱离了危险。

因此，每年琳达过生日的时候，妈妈就会带着她到医院看望当年保她们母女平安的医生，感谢他们的救命之恩。如果因为有重要的事情不能去医院，她就会让琳达打个电话问候医生。

犹太人不仅对于曾经有过"大恩"的人抱有感恩之心，并且他们对于别人看起来微不足道的小事，也常怀一颗感恩之心。

多年前在美国，一个单身女子的隔壁住着一户犹太穷人。一天晚上，当地停电了，单身女子点起蜡烛。不一会儿，突然听到邻居小孩敲门。

她打开门，小孩紧张地问："阿姨，请问你家有蜡烛吗？"女子以为小孩子是来借蜡烛的，于是对孩子说："没有！我这已经是最后一根蜡烛了。"正当她准备关上门时，小孩微笑地说："阿姨，我就是来给您送蜡烛的。"说完，从怀里掏出两支蜡烛。"妈妈和我怕你没有蜡烛，所以我给你送两支过来。"单身女子问小孩："你告诉阿姨，为什么要给我送蜡烛呢？"小孩儿说："阿姨，您平时的灯光总能通过窗户照亮我家。我妈妈说我们要懂得感恩。"

犹太父母认为，真正的感恩是发自内心的感激，他们相信，只有懂得感恩，孩子才会去帮助别人，关爱他人，才不会成为一个自私鬼。

在犹太家庭里，每当和孩子闲聊时，父母总是有意地让孩子说出自己需要感谢的人或事，这样，孩子就会把这些人和事牢牢地记在心里，在合适的时机给予他们回报。不仅如此，孩子在感恩的过程中，也学会去帮助别人，同别人分享快乐。这种美好的品质不仅给他带来心灵的慰藉，而且还会使他的人际关系更加融洽。

孝敬父母、兄友弟恭——不渝的美德

犹太人教育智慧要诀

孝敬父母、兄友弟恭是犹太人崇尚的美德。在犹太家庭中，成员之间不仅长幼有序，而且互相关心，其乐融融。

世上最大的悲哀莫过于"树欲静而风不止，子欲养而亲不待"。父母总是无条件地给予孩子爱，却往往忽略了对孩子"孝"的教育，很多"不孝"的悲剧正是由此开始。不妨从现在起，直言不讳地告诉孩子："我们需要你来养老！"

"兄弟若手足，手足断了难再续。"告诉孩子，兄弟之间应当互相关爱。

虽然每个民族有着自己独特的文化，但是，总有一些东西是相通的，中国人和犹太人也是如此。我们历来讲究"孝悌之义"，即孝敬父母和长辈，兄弟姐妹之间友爱和睦，推己及人，"老吾老以及人之老，幼吾幼以及人之幼"。犹太民族也非常注重孝道，他们同样主张孝敬父母，兄友弟恭。

在《塔木德》中，我们可以找到许多关于亲情的故事。

有个犹太人拥有一块非常昂贵的钻石。有个拉比想用这颗钻石来装饰圣殿的正殿，便带来大量的金币，想买下这块钻石。

可是放钻石的金库钥匙放在父亲的枕头下方，而父亲又刚好睡得正香。这个人便对拉比说："因为我不能吵醒父亲，所以，不能把钻石卖给你。"

当他父亲醒来后，他取出钻石，交给拉比。

拉比认为，这个人为了不吵醒父亲而宁肯放弃赚钱的机会，是个孝顺儿子，值得褒奖。

这位拉比自己所行的孝道，更令人惊叹。他同母亲一起外出，走到一片高低不平的地方时，母亲每走出一步，拉比便把自己的手伸出来，垫在母亲的脚下。

《塔木德》还特别强调"兄友弟恭"。

有两个犹太兄弟。哥哥已经结婚，有妻子儿女，而弟弟还是独身。这两个兄弟都很勤劳。秋天时，兄弟俩将收获的苹果和玉米，公平地分成两份，各自藏在自己的仓库里。

晚上，弟弟辗转难眠，他觉得哥哥家过得比较艰难，于是偷偷地把自己的一部分放进了哥哥的仓库里。

同时，哥哥觉得弟弟需要更多，因为他要为以后结婚做准备，所以把自己的一部分搬到了弟弟的仓库里。

第二天早上，他们醒来后，发现各自的仓库并没有少什么。

在以后的三天里，他们重复了第一天晚上的行动。

在第四个晚上，兄弟俩在将各自的东西搬到对方仓库去的路上竟相遇了。两个人终于知道了对方的心意，紧紧地抱在一起哭了。

孝敬父母，兄友弟恭是犹太人崇尚的美德。在犹太家庭中，成员之间不仅长幼有序，而且互相关心，其乐融融。

虽然很多父母都知道这个道理，都希望自己的孩子长大成人后能够有孝心，希望孩子能够与自己的兄弟姐妹好好相处，然而在教育孩子的时候，却往往忽略这方面内容，如此造就了许多不懂得孝顺父母的孩子。如果父母在世的时候没有尽孝道，父母走了之后，纵然悔恨，也于事无补了。兄弟姐妹之间也会因为友爱的缺失而反目成仇，各奔东西。这样的事情并不少见。

当然，像这样的事情是完全可以避免的。首先，父母自己要孝敬老人，这样孩子会不自觉地效法；其次，在家庭里，长幼有别，不要娇生惯养出一个小皇帝，否则会造就啃老的孩子；最后，父母对孩子的用心良苦有必要让孩子知道，父母也可以直言不讳地告诉孩子："我们需要你来养老！"

善意施恩，不要忽视别人的自尊

犹太人教育智慧要诀

在犹太父母看来，施舍就是为了给予别人而放弃自己的财物，这本来是种善举，但是施舍时轻视对方，那么这种行为实际上比不施舍还要糟糕。

看到那些可怜的人，很多人都会去施舍。但善良者不是打开钱包或拿出自己的面包给对方，而且是以一种平等的姿态给予，他们从未忽略对方的自尊；而那些标榜"善良"的人则高高在上地说："嗟，来食！"

同样是施舍，当孩子感染两个不同的行为时，他们的品质会走向不同的方向。

有些父母为了教育孩子乐善好施，见了乞丐时，从钱包里拿出1元钱，让孩子伸着胳膊远远地投进乞丐的碗里，当孩子碰到乞丐的衣裳时，妈妈会赶紧拍拍孩子的衣袖，生怕乞丐的脏土沾到孩子身上。

这哪里是"乐善好施"？这分明是家长在向孩子传递这样一种信息：咱们是高高在上的，施舍给他1元钱，会显得咱们的品格更高尚。

这样教育孩子，当然错矣！什么是乐善好施呢？当你拿着钱，不屑一顾地给那些需要钱的人时，这不叫乐善好施。当你把被施舍的人当作亲人，给他钱物而不要伤害他的自尊时，才是真正的乐善好施。

犹太父母常常对孩子说："别人接受你的恩惠通常是不得已而为之，你的施舍让别人对你感激不尽。但每个人都有自尊心，你不能忽视别人的自尊，让别人难以接受这种恩惠。如此，你的施恩不会得到被施舍者的感激，反而会让对方记恨。"

在美国街头，有一个盲人乞丐，常被过路人戏弄，有些人常常朝他扔石头，悲愤的盲人特意制作了一个纸牌子，上面写着：如果你不能给我同情，请不要施舍我任何东西，包括金钱和石头！

一位犹太妈妈带着自己的女儿路过这里，被这块纸牌吸引住了。当时犹太妈妈看见一个妇女往乞丐的缸子里投了四枚硬币，发出铿锵的声响。那盲人乞丐向那个扬长而去的妇女低头致谢。

犹太妈妈小声对女儿说："孩子，我给你两枚硬币，你把它放进那人的缸子里，一定要表现出对他的同情与理解，即使是施舍给他金钱，也要表现出对他的尊重。"

女儿轻盈地走到乞丐跟前，蹲下身子，把两枚硬币放进缸子，犹太妈妈嘴角露出了笑意。伴随着轻轻的响声，盲人乞丐微笑着说谢谢。看着女儿稚嫩的脸上写着施舍后的满足，妈妈知道女儿已经明白了"乐善好施"的真正含义。

路上，犹太妈妈告诉女儿："其实很多人都想施舍给那些需要钱和面包的人以财物，但是有些人态度傲慢或者不屑一顾，以至于让被施舍的人心生怨恨，丝毫没有感激之情。孩子，要明白，施舍不是高高在上的给予，而是善良的馈赠。"

在犹太父母看来，施舍就是为了给予别人而放弃自己的财物，这本来是种善举，但是施舍时轻视对方，那么这种行为实际上比不施舍还要糟糕。正是因为父母的影响，犹太孩子面对残疾人或者其他方面的弱者时，他们从不去嘲弄，从不会轻视别人的弱点，他们总是以平等的姿态想方设法帮助这些可怜的人。

两只耳朵，一张嘴巴——多听少说

犹太人教育智慧要诀

上帝给我们两只耳朵、一张嘴巴的目的，就是让我们多听少说。犹太人说："言多必失——使人能真正活下去的秘诀就是要注意使用自己的舌头。"

"这孩子怎么就不爱说话？""孩子要是能够滔滔不绝该多好！""整天不停地说话的孩子人缘肯定好！"很多父母都有过类似的想法，事实上，这种想法错了。不知道你有没有察觉到这样一种现象：喜欢倾听他人说话的孩子要比那些夸夸其谈、滔滔不绝的孩子人缘要好得多。

有这样一个流传已久的故事：

一位国王收到了他国朝贡的三个一模一样的金人，但进贡者请国王回答问题：三个金人哪个最有价值？这个问题难以回答，因为无论是称重量还是看作工，三个金人都是一模一样。

最后，一位老臣拿着三根稻草，插入第一个金人耳朵里，稻草从另一边耳朵出来。第二个金人的稻草从嘴巴里掉出来。第三个金人的稻草掉进了肚子里。

老臣说：第三个金人最有价值。第一个金人是左耳朵进，右耳朵出；第二个金人是用耳朵听了，用嘴巴说出来；第三个金人是用心去倾听。使者默默无语，答案正确。

上帝给我们两只耳朵、一个嘴巴的目的，就是让我们多听少说。犹太人说："言多必失——使人能真正活下去的秘诀就是要注意使用自己的舌头。"犹太父母在孩子很小的时候，就给他灌输这种观念。告诉孩子倾听是获得好人缘的不二法门，用心地倾听他人话语胜过在别人面前滔滔不绝。

犹太人莫尔斯小时候非常淘气，经常在父母面前滔滔不绝地讲述所有的事情，但他从来不喜欢听别人讲话，每每在别人讲得起劲的时候，打断对方的话，开始讲自己的故事。父亲在潜移默化中教导莫尔斯学会倾听。一次，莫尔斯与伙伴争吵起来，这时，父亲出现了。他对莫尔斯说："孩子，你先不要急着打断伙伴的话，听完他的话之后，再争论也不迟。"开始时，莫尔斯有些憋不住，但当他耐着性子，试着不打断对方说话时，他发现原来是因为自己总是不听伙伴说话，而误解了他。

从此，莫尔斯懂得了认真倾听他人说话的好处，他慢慢变得乐于倾听。后来他发现，"倾听"为他赢得了很多小伙伴的友谊。

鼓励孩子表现自我、口若悬河是件好事，可是如果超过了一个度，就会造成一些以自我为中心，总是夸夸其谈而不愿听他人说话的孩子。这样的孩子即使再优秀，也难免在与小伙伴的交往中碰壁。事实上，夸夸其谈的小孩远没有懂得倾听的小孩人缘好。

父母如何做才能使得孩子学会倾听呢？这里有犹太父母的做法，不妨拿来借鉴：父母首先与孩子交谈，在交谈过程中，尽量说一些能够引起孩子兴趣的话题，并提醒孩子："舞台上，不能一个人总唱主角，有时，也要做个好的听众。鼓励他人谈论他们自己。"有的犹太父母常常微笑着这样提醒孩子："宝贝，看着我的眼睛！""我刚才说什么了？""用眼睛和耳朵一起来听！"……

当孩子学会倾听父母的话时，自然也掌握了倾听他人的法宝。

幽默，一种不可或缺的喜剧交际艺术

犹太人教育智慧要诀

在犹太人家长的教育中，他们会时不时地添加幽默的"调料"，这不仅使得孩子能够对学习、生活产生浓厚的兴趣，并且还将幽默印在了自己的脑袋里。他们在与他人相处时，也学会了幽默。

你是否因为孩子的不会交往忧心忡忡？你是否因为孩子的朋友太少而不知所措？你是否因为孩子的不够开朗而叫苦不迭？停止这些负面情绪吧！不妨在孩子生长的环境里放上幽默的"调味料"，长此以往，你会发现，孩子在潜移默化中，已经掌握了一种喜剧的交际艺术。

据 20 世纪 60 年代的一份调查发现：在当时的西方娱乐界最受欢迎的喜剧演员中，有 80% 都是犹太人。而在今天的西方喜剧界中，犹太人仍然占据着举足轻重的地位。犹太人的幽默是从哪里来的呢？对于犹太人来说，迫害、痛苦和贫困等灾难难以用呻吟来化解，而人无论经受怎样的摧残，生活总要继续。因此，他们逐渐学会了用幽默这种独特的智慧来调节身心，并将幽默这一独特的智慧传达给了子子孙孙。

幽默一直被犹太人视为喜剧的交际艺术。犹太人父母非常重视孩子幽默感的培养，他们自己总能保持幽默的姿态，并且不时地将其传递给孩子。

在一个犹太人家庭里，8 岁的女儿奥利萨在做家庭作业时，要父亲解释"气愤"和"哭笑不得"是什么意思。

父亲想了想，把女儿领到电话机旁，拿起电话，随便拨了个号码，叫女儿仔细听。

"喂，"他对接电话的人说道，"我找杰克。"

"这儿没有叫杰克的，你打错了。"说完，对方就把电话挂了。

父亲再次重播了这个号码，问："杰克在吗？"

"打错了！"对方吼道，"我刚对你说过这儿没有杰克。"说罢砰地挂了电话。

"你瞧，"父亲解释道，"这就叫气愤。现在我让你看看什么是哭笑不得。"

他又一次拨了那个号码，当对方接起来时，他心平气和地说："我就是杰克，请问刚才是不是有人打电话找我呢？"

奥利萨的妈妈也很幽默。一次，她正在打扫卫生，一不留神，把身后的女儿碰倒了。女儿非常不高兴，把小嘴噘得老高。妈妈微笑地向女儿道歉说："对不起，我不是故意的，宝贝！"接着，妈妈说："要不，你也碰我一下，看能不能碰倒。"女儿的愤怒一扫而空，她被妈妈逗乐了，于是她拍拍身上的尘土，和妈妈一起打扫房间。

奥利萨在校车上，不小心重重地踩了男同学一脚。这个男孩不高兴。奥利萨对这个男孩说："对不起，要不你也踩我一脚吧！"男孩的怒气顿时跑到九霄云外去了。后来，他们还成了好朋友。

在犹太家长的教育中，他们会时不时地添加幽默的"调料"，这不仅使得孩子能够对学习、生活产生浓厚的兴趣，并且还将幽默印在了自己的脑袋里。他们在与他人相处时，也学会了幽默。

幽默是种好"调料"，它不仅仅属于犹太孩子，也属于中国孩子。从现在开始，你需要改变严父慈母的形象，改变一成不变的沉重生活方式，改变自己的处世法则，否则，很难教出个幽默的孩子！

远离谣言，莫让舌头操纵了心

犹太人教育智慧要诀

遇到鬼的时候，你一定会吓得拔腿就跑；同样的，遇到小道消息时，你也要快速地逃开。

当你散布谣言、中伤他人时，当你的孩子学着你的样子，说出来的谣言天花乱坠、满天飞舞时，你是否意识到：孩子正在失去一个又一个真正的朋友，而和他结党的人却一个比一个虚伪。

有人的地方就有谣言。大人们三五成群，闲话邻家长短。孩子们也不例外，在一个美丽的小区里，粗粗的柳树投下斑驳的影子，正好遮挡了秋千，池塘里的鱼活蹦乱跳的，满墙的蔷薇争先恐后地开着，处处弥漫着沁人心脾的花香。可是与这景色不搭衬的是几个小孩子的闲言碎语。她们闲聊着别的同学的事情，期间也少不了造谣：卡卡喜欢上阿蒙了，我见过他们牵手逛街呢；悠悠是个小偷，偷了很多同学的东西；露露不是亲生的，她爸妈从来不管她……

在一个犹太人的学校里，一个小孩子在说别人的闲话，甚至想恶语中伤他人时，别的小朋友对他的话都表现出厌烦的样子。当他说到一半时，却发现本来围坐一圈的孩子们全跑了！

《塔木德》中有这样一句话："遇到鬼的时候，你一定会拔腿就跑；同样的，遇到小道消息时，你也要快速地逃开。"犹太人一向讨厌说闲话造谣的人。

有一个犹太女孩特别喜欢造谣，别的小孩都忍受不了她，她自己也为这张嘴烦恼不已。终于有一天，大家到拉比那里去控诉她的行为。

拉比仔细倾听每个孩子的控诉之后，便找来那个爱说闲话的小女孩。

拉比说："你不应该谈论他人的缺点，你明知这样做不好，可就是控制不了。我知道你也为此苦恼，现在我命令你做一件事情。你到市场上买一只鸡，走出城镇后，沿路拔下鸡毛并四处散布。你要一刻不停地拔，直到拔完为止。你做完之后就回到这里告诉我。"

女孩觉得这是一件非常奇怪的事情，但为了消除自己的烦恼，她没有任何异议。她买了鸡，走出城镇，并遵照拉比的吩咐一路不停地拔下鸡毛。然后她回去找老人，告诉他自己按照他说的做了。拉比说："你已完成了这件事情的第一部分，现在要进行第二部分。你必须回到你来的路上，捡起所有的鸡毛。"

女孩为难地说："这很难做到啊，现在，风已经把它们吹得到处都是了。

也许我可以捡回一些,但是我不可能捡回所有的鸡毛。"

"没错,我的孩子。你脱口而出的闲言碎语就如同这些鸡毛,一旦拔下,就很难收回。你给别人所造的谣言,在你想收回的时候能收回来吗?"

女孩说:"不能。"

"那么,当你想说别人的闲话时,请闭上你的嘴,不要让这些羽毛散落路旁。"

长舌远比三只手更令人头痛,谎话说多了就会变成真话,谣言足以隔离亲近的朋友。因此,最好远离谣言,莫让舌头操纵了心。

正因为如此,犹太人非常强调说话时自我控制的重要性。犹太人父母和拉比们总是这样告诉孩子:"用闲话去恶语中伤别人,这对于自身是没有什么好处的。只会使自己失去越来越多的朋友,让越来越多的人讨厌你。人类应该由心来操纵舌头,而不是让舌头操纵了心。"

那些喜欢说闲话的父母,当你明白犹太人这一处世秘密之后,有什么感想?从此以后,以身作则,收回那些闲言碎语吧,如果收不回,也不要去重复这种错误了。如果你发现孩子总是喜欢抱怨他人,造谣中伤时,请务必告诉他:舌头好比刀剑,必须小心使用,否则不但伤害别人,也会伤害自己。

跟狗玩,就会有跳蚤上身——正确选择朋友

犹太人教育智慧要诀

与污秽者为伍,自己也得污秽;与洁净者相伴,自己也得洁净。

人际关系是从童年开始萌芽的,而"朋友"对孩子的影响力有时超过父母。但是聪明的你却没有权利决定谁才能做孩子的朋友,不如向犹太人学习,早早告诫孩子:"好友是面包,不可或缺;而结交那些坏友,则如同跟狗玩,会有跳蚤上身。"

在孩子的成长路途中,他会遇到各种各样的朋友,有和他趣味相投的挚友,有对他直言相规的净友,有无话不谈的密友,当然也不乏因为某种利益

而和他相交的盟友。孩子的可塑性非常强，从某种程度上来说，朋友会影响他的人生。

犹太父母就很重视孩子的交友，他们将朋友分成三类：一类是像面包一样的朋友，生命中不可或缺；一类是像蔬菜和水果一样的朋友，偶尔点缀；还有一类人，虽然平时好像是朋友，一遇到紧急状态，他就会躲得远远的。《塔木德》中说："与污秽者为伍，自己也得污秽；与洁净者相伴，自己也得洁净。"

在犹太人看来，朋友就是前进中给你指明方向的人，就是为你解决困难的人，朋友是与你知心的人，朋友是关爱你的人。

朋友不是那种因为小人对你的栽赃，而远离你的人，而是在这个时候，伸出援助的手来关心你，关怀你的人。真正的朋友不会见利忘义，不会随风倒，不会对有用的人就阿谀奉承，对无用的人就一脚踢开。真正的朋友不会因为一点私利，就把朋友的情谊抛开了一边。真正的朋友不会有私心的，他会在你需要帮助的时候，不顾一切的对你呵护的人，他会一直对你最忠诚的人，他会承诺你们以前的一言一行，不会因为你暂时的不顺利，而把你忘掉的人。

犹太人结交朋友靠的是诚心和真心，结交朋友要靠自己的为人，是真朋友不会因为你有难处的时候，离开你，不是你的真正的朋友，即使在你最困难的时候，离开了你，你也不必懊恼，因为你可以认清了什么是真正的朋友，在与朋友交往的问题上，要多结交朋友，在朋友最需要你的时候，你不要袖手旁观，不要对朋友远离，这样的朋友才是真正的朋友。

在犹太人看来，一个孩子选择了怎样的朋友，就等于选择了怎样的前途。选择一个有学识、善良、智慧、豁达的人为友和选择一个有暴力倾向、邪恶的人为友，会有截然相反的两种结果。

所以，犹太人非常注重孩子的择友。他们一般不会像个教官一样直接干涉孩子的交友问题，但他们会用自己的交友行为和犹太人的择友传统影响孩子。《塔木德》中那些关于交友的哲思影响了一代又一代犹太人。

当你结交一个朋友时，先考察考察他，不要急于信任他。

有些朋友，当事情对他们有利时，他们是忠诚的，但是有了困难，就抛弃了你。

有些朋友倒向敌人一边，使争吵公开，来羞辱你。

还有的朋友吃你的，但你在困难时却找不到他；当你繁荣昌盛时，他是你的心腹，但当你败落了，他就会躲得远远的。

一个忠诚的朋友就是一个安全的庇护所，谁找到这样一个朋友，谁就找到了财宝。

不要抛弃旧的朋友，新的朋友没有那么多价值。

入乡随俗，才能和他人打成一片

犹太人教育智慧要诀

一个人不要在睡觉的人们中间醒着，或者在醒着的人们中间睡觉；不要在欢笑的人们中间哭泣，或者在哭泣的人们中间欢笑；不要在其他人站着的时候坐着，或者在其他人坐着的时候站着；不要在其他人念《圣经》的时候读《犹太法典》，或者在其他人读《犹太法典》的时候念《圣经》。总之，一个人绝不能从周围人的习惯中游离出来。

——《塔木德》

人的确要张扬个性，但处处表现得和别人不一样，自然不会和别人打成一片。犹太父母深谙"入乡随俗"的道理，他们谨遵《塔木德》上的话："众人着衣时莫要裸身，众人裸身时莫要着衣；众人就座时莫要站立，众人站立时莫要坐下；众人哭时莫要笑，众人笑时莫要哭。"犹太人懂得，在生活中"入乡随俗"是非常必要的。犹太父母常常用一个经典故事教育孩子。

在博里纳日煤矿区，几乎所有的男人都下矿井。他们工作繁重而危险，但工资很低。他们生活相当贫穷，往往是全家人一年到头都在忍受着寒冷、疾病和饥饿的煎熬。这里的人都是"煤黑子"，肥皂对于他们来说是一种奢侈品。

文森特被临时任命为该地的福音传教士时，他找到了峡谷最下头的一所挺大的房子，和村民一起拿麻袋装了很多煤渣，在房子里升起了炉子，以免房子里太寒冷。

在他第一次传道演讲时，这些博里纳日人脸上的忧郁神情渐渐消退了，他们对他充满了信任，喜欢上了他。文森特很快就得到了他们的认可。

是什么原因使得这些人这么快就能接受他这个异乡人呢？文森特百思不得其解。最后他回到自己的住处，准备用从布鲁塞尔带来的肥皂洗脸时，脑海中突然闪过一个念头。他跑到镜子前面端详着自己，看见自己全身都沾满了黑煤灰。

"原来如此！"他大声说，"这就是他们对我认可的原因所在，我终于成了他们的自己人了！"

他把手在水里涮了涮，脸连碰都没碰就去睡了。留在博里纳日的日子里，他每天都往脸上涂煤灰，从而使自己看上去和其他人没有两样。

犹太父母给孩子讲这个故事，意在告诉孩子："如果你穿着与对方同样的服装，表现出与对方类似的举止，就会让对方觉得你和他是相似的，对方也就会对你产生好感。文森特就是这么做到的！"

很多孩子都有种想使自己看上去有些特别的心理，如果想和周围孩子打成一片的话，最好"入乡随俗"。

轻信他人，会让自己吃亏

犹太人教育智慧要诀

不要轻易把别人当朋友，除非你能证明他的确是你的朋友。

我们总是不愿让孩子知道，这个世界与童话世界有着太多的区别，也从来不愿告诉他们，并不是所有的朋友都是真正的朋友。但是生存从来就是一个很现实的问题，我们至少应该告诉孩子，不要轻信他人，否则吃亏的是自己。

一个很传统的犹太爸爸则告诉自己的孩子：世界并不是美好的，有善良也有邪恶，总之有些复杂。不要去轻信任何人，否则你会吃亏的。犹太孩子在很小的时候就被父母告诉了这些道理。

一个犹太哲学家在病重之际，问他的儿子："孩子，你生活中有多少朋友？"

"我有100个朋友。"儿子骄傲地回答说。

哲学家对儿子说："我人生阅历要比你丰富得多，可是回顾我这一生，却只找到了一个朋友。孩子，你的回答未免有些草率。你还是去试试你的朋友们，看看他们当中是否有一个真正的朋友。"

犹太哲学家接着说："现在你穿上最破烂、肮脏的衣服，把自己扮成乞丐的样子，然后到你的每一个朋友家里去向他借一笔巨款。"

儿子听从了父亲的建议。他去找第一个朋友，结果吃了闭门羹。于是他又见了第二个、第三个，直到最后一个朋友，可是每个人无一例外将他拒之门外。他把这些事情告诉了父亲。

他的父亲对他说："很多朋友都是如此，当你成功的时候，他会陪在你身边，但当你陷入灾祸时，他们立即消失得无影无踪了。所以，你可以去找我刚才对你说过的我那个朋友，听听他会怎么回答你。"

儿子去找了他父亲的朋友，请求他借给自己一笔巨款。他父亲的朋友爽快地答应了，热情地款待他，并且给他换上新衣服。

父亲最后告诫儿子：不要轻易把别人当朋友，除非你能证明他的确是你的朋友。

我们常说，犹太人精明，有心计。其实这种生存能力并不是天生的，而是从"不轻信"开始的。中国的许多家长经常为孩子的"没有心计"而担心，可是是否考虑过，这一切的根源都可以追究到"过于轻信他人"，不去分辨他人的好恶。

这个世界从来就不是像童话世界那么单纯，不妨学学犹太父母，在告诉孩子"善"的同时，不忘告诉他"恶"的存在。我们可以把自己的经历和感受讲述给孩子，告诉他轻信他人，会让自己吃亏，朋友也有真假，要懂得辨别。

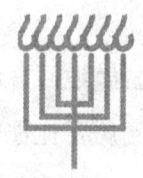

第四章 追本溯源：教育让犹太人成为世界宠儿

是谁拯救了爱因斯坦——"纵容"与众不同

犹太人教育智慧要诀

对孩子与众不同的地方，要适度地"纵容"，加以扶持，让他得到充分的发展，不可刻意要求孩子符合常规。

要想把"低能儿"和诺贝尔奖之间扯上关系，那就要看家庭教育，很难想象，爱因斯坦若不是出生在那样的家庭，等待他的将是怎样的命运。不得不说，他的成功只是因为父母对他的那份与众不同的"纵容"。

爱因斯坦一出生，他的与众不同就把妈妈吓了一跳：他的后脑大得不同一般，而且头骨呈棱角形。连祖母见了都忍不住嘀咕："太重了！太重了！"她不是说孙子的体重，而是孙子大而怪的头形让她不安，一个弱小的身躯，如何支撑得住这个硕大的脑袋？

这个大脑袋在爱因斯坦小时候似乎并没有给他带来什么不同凡响的智慧，反倒是因为他四岁了还学不会说话，因而被人们怀疑是"低能儿"。

爱因斯坦小时候常常爱提出一些怪问题，比如：指南针为什么总是指向南方？什么是时间？什么是空间？这让别人都觉得他是个傻子。

孩子总是活泼爱动的，可爱因斯坦就爱安静，他尤其喜欢钻研和思考。在他5岁那年，有一次，父亲给他一个小罗盘，他就捧着罗盘仔细观察，只见罗盘中间那根针在轻轻地抖动，指着北边。他把盘子转过去，那根针并不听他的话，照旧指向北边。爱因斯坦又把罗盘捧在胸前，扭转身子，再猛扭过去，可那根针又回来了，还是指向北边。不管他怎样转动身子，那根细细的红色磁针就是顽强地指着北边。这引起了爱因斯坦极大的兴趣：是什么东西使它总是指向北边呢？这根针的四周什么也没有，是什么力量推着它指向北边呢？而在别人看来，他的行为就像一个傻孩子！

几年以后，爱因斯坦又迷上了数学和科学。他经常缠着父亲和叔父问这样的问题："黑暗是如何产生的？""太阳光的组成成分是什么？"

沉迷于数学世界，让爱因斯坦对其他学科无法产生兴趣，成绩自然很差，这引起了很多老师的不满。一次，小爱因斯坦的父亲问学校里的教导主任，自己的儿子将来可以从事什么职业，这位老师竟直言说道："做什么都没有关系，你的儿子将是一事无成。"这位老师对小爱因斯坦的成见非常深，认为他是一块朽木，再无雕刻的价值，竟勒令他退学。

"排异心理"作祟，与众不同仿佛也"行不通"！爱因斯坦挣扎于别人的讽刺和鄙视中。他变得不愿意去学校，他甚至害怕见到老师和同学。少年爱因斯坦并不知道他的这份与众不同竟给他带来如此多的烦恼。

庆幸的是，爱因斯坦遇到了一对能够"纵容"他的父母。

爱因斯坦的父亲是一位电机工程师，母亲贤惠能干，文化修养极高。当面对着宝贝儿子的这份与众不同时，他们并没有感到绝望或是恼怒，相反，经过仔细观察，他们发现爱因斯坦具有聪明才智，因此，他们不但欣赏儿子，甚至鼓励"纵容"他继续发展。父亲对他说："我并不觉得你很笨，别人会做的，虽然你做得很一般，但这并不代表你比他们差多少，但是你会做的事情，他们却未必会做。你之所以没有他们表现得好，是因为你的思维和他们不一样，我相信你一定会在某一方面比任何人都做得好。"而母亲更是对儿子呵护有加，在儿子被老师批评或被其他同学歧视时，她便开导他，给他安慰，为他鼓劲。

拿到了父母颁发的通行证，爱因斯坦如鱼得水。26岁时，爱因斯坦终于发表了著名论文《论动体的电动力学》，建立了狭义相对论。接着，他又花了11年的时间，继续刻苦努力，于1916年发表了《广义相对论原理》，进一步建立了广义相对论。后来，他又发现了光电效应。1921年，他获得了诺贝尔物理学奖……

没有人希望自己的孩子戴上"低能儿""痴呆"的帽子，没有人愿意自己的孩子因为与众不同就被这个社会排斥，继而引发孩子心理上的障碍，然而只有爱因斯坦的父母做到了"纵容"与众不同，也由此拯救了爱因斯坦，让他能够独立发展。

比尔·盖茨为何成为神话——做"脑力体操"

犹太人教育智慧要诀

很多人羡慕比尔·盖茨，也希望把自己的孩子培养成比尔·盖茨，那么，分析他的成功，除了天赋之外，你是否像比尔·盖茨的父母一样，给孩子必不可少的脑力训练？做好准备，成功没有不可能！

他的名字俨然已经成了一种标志，提到他，就让人条件反射地联想到"天才""富翁"。从他轻轻巧巧摘得多个"世界之最"就可以看出：有史以来最年轻的世界第一富翁，人类历史上第一个靠计算机软件积累亿万财富的先行者，首先开发利用高科技和高智商……为什么比尔·盖茨那么牛？谜底很简单：做"脑力体操"！

美丽的西雅图，嘹亮的哭声搅碎了夜的美梦，谁也不曾想到，随着这哭声，这个世界也开始悄悄地酝酿、变化……这个哭声的作者就是比尔·盖茨。

比尔的父亲是一位律师，母亲是一位教师，在西雅图，两人都非常受人敬重。他们很关注比尔的成长和教育，工作之余总是尽可能地与孩子待在一起。他们发现，宝贝儿子简直就是精力旺盛，当他还是婴儿的时候，睡在摇篮里也能自己不停地摇摆。而且，他们还发现比尔极爱思考，一旦他迷上什么事情，就全身心地投入。他们隐约感觉到比尔的天赋，于是，他们总是有意无意地为比尔创造环境与机会，不断地给他做脑力训练。

这一家人不断进行各种游戏，从棋类到拼图比赛，几乎玩遍了所有的益智游戏。其中，外婆那独特丰富的教育方式对比尔的思维发展有着极其重要的影响。

在外婆看来，游戏并非消遣，而是技能和智力的测验。于是，她和比尔的父母一起领着比尔进入游戏世界。外婆特喜欢这个聪明的小比尔，她经常教比尔下跳棋、玩筹码，还有打桥牌等。玩游戏时，外婆总爱对小比尔说："使劲想！使劲想！"每当比尔下了一步好棋或者打了一张好牌，外婆总会为他拍手叫好。不光如此，祖孙俩一起在公园里散步时，外婆也常不失时机地跟比尔交流下棋的技术或看某篇佳作后，让比尔寻找更新的想法或表达更独到精辟的见解。所有这些都极大地激发了比尔思考的潜能。

因此，他们看到的比尔经常是一副思考的状态。有时家人一起外出，别人都已经准备妥当了，只有他未做好准备。家长喊他，问他在干什么的时候，比尔总是说："我正在思考，我正在考虑。"有时他还常责问家人："难道你们从不思考吗？"

比尔渐渐地长大了，父母把目光投向社会，积极为比尔寻找属于他的空间。六年级的时候，在父母的帮助下，比尔参加了西雅图的当代俱乐部。在这个俱乐部里，许多聪明的孩子聚集在一起讨论时事、书籍和其他主题，这里已具有一种大学的气氛了。参加活动时，比尔常以积极而独到的见解博得大家的阵阵掌声。

在家人的引导下，比尔还是一个名符其实的书虫。他总是废寝忘食地读书，而这样的阅读锻炼了比尔非凡的记忆能力，培养了他敏捷而有深度的思维能力。早在9岁的时候，比尔就已经读完了《百科全书》全卷；在他11岁的时候，他就因背诵《马太福音》中冗长而晦涩的《登山宝训》的全部段落而获奖。在比赛中，比尔技压群英、一语惊人，他以独到而透彻的理解使年长的牧师惊讶不已。而这对比尔来说，只是很普通的一件小事而已。

西雅图的私立中学——湖滨中学是比尔的父母送给比尔的一个特别的礼物，也就是在这里，父母向他介绍了与他终身相伴的好朋友——计算机，他的天分也由此得到了淋漓尽致的发挥……

聪明的大脑犹如一块肥沃的土地，但再肥沃的土地，如果不懂得开垦，也终将与一般土地无异。很多人羡慕比尔·盖茨，也希望把自己的孩子培养成比尔·盖茨，那么，分析他的成功，除了天赋之外，你是否像比尔·盖茨的父母一样，给孩子必不可少的脑力训练？做好准备，成功没有不可能！

不可思议的"股神"巴菲特——自信才能所向披靡

犹太人教育智慧要诀

巴菲特在股市里气定神闲，他的怪招和独特的投资理念引来世界喧哗，继而又是叹服。对所有的一切，他只是说："我始终知道我会富有，对此我不曾有过一丝一毫的怀疑。"

巴菲特的成功与众不同，和石油大王洛克菲勒、钢铁大王卡内基和软件大王比尔·盖茨相比，只有巴菲特，以一个纯粹的投资商身份成了全球一个响当当的人物。当其他人抱着产品或发明数钱时，巴菲特却在股市里气定神闲，他的怪招和独特的投资理念引来世界喧哗，继而又是叹服。对所有的一切，他只是说："我始终知道我会富有，对此我不曾有过一丝一毫的怀疑。"

巴菲特很自信！

还在童年时，巴菲特就曾平静地对他的好朋友们说他将在 35 岁以前发财。发财梦谁都会做，但如此狂妄的话出自一个孩子之口，还是一副平静的样子，这就真的让人有些难以想象了！更难以想象的是这个孩子日后真的如他所说，发财了，还发了大财！他稳稳地坐上了股市的第一把交椅，甚至还曾超过他的好朋友比尔·盖茨，成为世界首富。

想知道原因吗？我们还是从家庭教育中寻找答案吧！

1930年8月30日这一天，巴菲特迫不及待地来到了这个世界——他早产了5周。他的父亲是证券交易员，既严肃又和蔼，母亲性情活泼。从出生起，父母就对这个唯一的儿子宠爱有加，但他们从不溺爱。他们甚至鼓励巴菲特自己出去赚钱。

在巴菲特的成长过程中，父亲对他的影响尤其重要，他对儿子一直充满信心，同时对儿子所做的任何事情都给予支持。巴菲特五岁时就开始兜售口香糖，而且倒卖从球场捡来的高尔夫球。到了中学，巴菲特又利用课余做报童，此外，他还与伙伴合伙将弹子球游戏机出租给理发店老板，挣取外快。对于所有的这一切，巴菲特的父亲都给予了大力的支持。

父亲的信任和支持成了巴菲特成长中最强大的力量。

受家庭环境的熏染，巴菲特从小就具有极强的投资意识，他钟情于股票和数字的程度连他父亲也感到惊讶。这一切，都让巴菲特愈加自信！

差不多21岁时，巴菲特对自己的投资能力已经到了超级自信的程度。他甚至开始质疑他的父亲和老师格雷厄姆的意见，要知道，这两位可以说有着绝对的权威。虽然向父亲和老师咨询，但他仍然坚持自己的投资。

1956年巴菲特回到家乡，一向对自己深信不疑的他决心自己一试身手。

他发誓要在30岁以前成为百万富翁。"如果实现不了这个目标，我就从奥马哈最高的建筑物上跳下去。"一次，在父亲的一个朋友家里，他语惊四座。

不久，一群亲朋凑了10.5万美元启动资金，其中有他的100美元，就这样，巴菲特成立了自己的公司——"巴菲特有限公司"。

不曾想，巴菲特的豪言壮语竟成了真。1962年，巴菲特合伙人公司的资本达到了720万美元，其中有100万是属于巴菲特个人的。

尝到了甜头的巴菲特乘胜追击，他成立了"巴菲特合伙人有限公司"，很快地，他的资产一路飙升。到了2008年3月，由于所持股票大涨，巴菲特身家猛增100亿美元达到620亿美元，问鼎全球首富。

就像他那句话说的那样，"我始终知道我会富有"，巴菲特用事实证明了这一切。不得不说，他的成功也为望子成龙的父母们上了一课：给他自信，他就能所向披靡！

世界级画家毕加索——给"白痴"和"怪异"找个理由

犹太人教育智慧要诀

所谓的"白痴"和"怪异"，换一种角度看就是天赋，就是狂热的兴趣，这是一种天性，说明孩子在某方面有着别人所没有的潜力和优势。

因为不被理解，天才画家曾被讥笑为"白痴"。在很多正常人的眼里，他就像一个异形体，无法被包容，只有他的父母发现了他，并理解他，帮助他。虽然现实生活中，并不是每一个孩子都像毕加索那样"怪异"，但他们身上始终有着这样那样让家长意外甚至难以接受的地方，这时，家长们需要的是发现和激发，而不是打压，只有这样，才有可能保护住孩子身上也许是最闪亮的地方。

他异常讨厌课堂上老师教的那些枯燥的东西，他的眼睛总是盯着老师的挂钟，盼望那该死的指针能走快一些。

"先生，我要上厕所。"是他的声音。

"不是刚上课吗？"被打断讲课的老师不耐烦他说，"去吧！去吧！"他走出教室，东瞅瞅、西看看，实在无处可去，便走回了教室。但没过一会儿，他又坐不住了。"先生，我能为你画像吗？"他脱口而出。"什么？你给我画像！"老师气坏了，瞪着他说，"去吧，去吧，上厕所去吧。"

这个男孩就是毕加索。

巴勃罗·鲁伊斯·毕加索（1881~1973年）出生在西班牙的一个犹太人家庭。父亲是位美术教师，曾做过美术馆长。

刚学会走路时，毕加索就经常随父亲到博物馆去，在父亲工作的画室里一待就是大半天。他常常站在父亲的身后，惊奇地看着父亲用画笔将五颜六色的颜料涂抹到画布上，变成了一幅幅美丽的图画。慢慢地，他开始趁父亲不在，偷偷地抚摸父亲的画笔。再大一点，他就更不安分了，他不光玩画笔，还用它沾上颜料，抹在纸上、墙上、地上甚至自己身上，总之，在一切他认为方便的地方"画"上自己的得意之作，然后兴高采烈地等着大人的表扬……

4岁的时候，小毕加索还迷上了剪纸，他充分地发挥自己的想象力，用一双灵巧的小手，剪出了各种各样的花卉和小动物。可是，出人意料的是，这么一个可以灵巧地画毛驴和狗的"小神童"却被认为是一个"白痴"，逃学和旷课是他的家常便饭，调皮捣蛋也成了他的强项。不管上什么课，他都画个不停，不管是课本，还是练习簿，只要有空白的地方，他都要画满各种各样的人和动物，他甚至还在课间在黑板上画了两只正在交配的毛驴，还写了一首关于毛驴交配的"淫诗"。谁也想不明白，这个10岁男孩的脑子里究竟装了些什么。

很快，毕加索做的"坏事"全让父亲知道了。父亲并没有批评他，而是问："孩子，你真的想画像？"毕加索点头说："是的，我讨厌上课，只想画像！"父亲说："好吧，我送你去学画像，但是，你要答应我除了学画像，其他的科学文化知识也不要拒绝学习。"果真，父亲把毕加索送到了当地有名的美术学校。进了美术学校，毕加索表现出了惊人的耐力，他可以一连画几个小时不放画笔，与在课堂上的表现判若两人。看到儿子这么喜欢画画，父亲最后决定让他一直在美术学校学下去。

14岁时，毕加索考入父亲任教的巴塞罗那美术学校高级班，16岁毕业时画的《探望病人》参加全国美展，具有相当写实的造型水平。以后他又考取了马德里费尔南多皇家美术学院。

1900年，毕加索来到西欧的艺术中心——巴黎。到巴黎的第二年，他就举办了个人画展。从此，毕加索进入了以他生性爱好的蓝色为主要色彩的"蓝色时期"。后来，他在巴黎定居，成为法国现代画派的主要代表。毕加索的作品不仅局限于绘画，还有为数极多的版画、雕刻、陶器等。直到92岁逝世，他始终没有停止过艺术创作。

所谓的"白痴"和"怪异",换一种角度看就是天赋,就是狂热的兴趣,这是一种天性,说明孩子在某方面有着别人所没有的潜力和优势。只要抱着这样的态度来看,即使是被称为"白痴"和"怪异",也完全可以为它们找一个可以接受的理由,正确的引导还可以使它们完全朝正向发展。这其实也揭示了一个问题,那就是我们的生活中并不缺少像毕加索这样的天才,而是缺少像毕加索父母那样理解孩子的家长。所以,不要因为孩子"不一样""怪怪的"就给予否定,从而抑制了他天赋的发展,尊重孩子的兴趣,为孩子找一个理由,让他自由地发展,这才是真正明智的做法!

音乐诗人门德尔松——再好的种子也要精心培育

犹太人教育智慧要诀

父母精心细致的教育最终成就了音乐诗人门德尔松。这对我们很多父母也是一个提醒,因为生活中,很多父母往往自恃孩子聪明,疏于教育,其实,这样反而是害了孩子。

纵然孩子的天赋再高,也离不开父母的精心教育,这就如同一粒优质种子,只有提供充足的水分、光照和养料,它才能出土发芽、开花结果。所以,不要认为孩子聪明,教育就无需费心,孩子平庸还是优秀,只在你的一念之间。

1809年,费利克斯·门德尔松出生于一个犹太家庭,家世显赫。他的祖父是欧洲著名的哲学家,被誉为犹太人的苏格拉底。门德尔松继承了祖父的聪明才智,以后在音乐上得到了充分的发挥。父亲是成功的银行家,母亲出身在富裕的犹太家庭,受过高等教育,懂得艺术,又有音乐素养,是门德尔松的启蒙老师。

殷实而又极具文化修养的家庭环境为门德尔松成为多才多艺的音乐大师创造了极为有利的条件,更重要的是门德尔松的父母对教育极为重视。

他们搬到柏林后,小门德尔松就开始接受音乐教育。先由母亲教他弹奏钢琴，这为他以后的钢琴创作打下了基础。从5岁开始，为了让他接受多学科、广泛的文化教育，父母不惜重金聘请最优秀的老师到家里为他授课，如著名的语言学家鲁德威格·黑斯教授他拉丁文、希腊文和历史，著名钢琴家路德维希·柏尔格教他钢琴，柏林皇家管弦乐队首席提琴手查理和海宁教他小提琴与大提琴，还请老师教他素描、绘画等。此外，小门德尔松还学习舞蹈、击剑、骑马、游泳等。为了让小门德尔松学会指挥乐队和合唱，他的父母就邀请专业管弦乐队和合唱队来家里演出，这时，小门德尔松站在椅子上，挥动指挥棒来指挥乐队或是合唱队。

在父母的精心安排下，小门德尔松学到了很多。卡尔·采尔特是对他影响最大的一位老师，他是柏林声乐学院院长、柏林合唱团团长、著名学院派音乐家。采尔特教门德尔松作曲、和声、对位，使他很小就掌握了系统的创作技巧。

另外，从钢琴家柏尔格那里，小门德尔松又学会了一手钢琴弹奏技巧。后来，门德尔松又师从当时欧洲著名钢琴家莫舍列斯。精心的教育让门德尔松进步飞快，用莫舍列斯的话来说："我无时无刻不意识到，我是在跟我的老师，而不是跟我的学生打交道……"

为了让门德尔松有更多的表演空间，得到更多的进步，几乎每个星期日，父母都在后院的音乐厅里为他举办家庭音乐会，会上宴请德国的许多文化界知名人士，如诗人海涅、哲学家里格尔、科学家洪堡、音乐家韦伯及美术家史文德等。在家庭音乐会上，小门德尔松每次都是核心人物，他的表演总是赢来赞叹。而小门德尔松也积极地接近这些知名人士，向他们请教各种问题。在这样的环境中，在新的、进步思想的影响下，在各学科和各门类艺术的熏陶下，小门德尔松在思想、艺术上迅速成熟了。

这样精心细致的教育让门德尔松很早就显露出他的音乐天才，成为神童莫扎特式的人物。9岁，门德尔松就表演钢琴独奏，11岁开始音乐创作，在12岁至14岁的3年中，他竟创作了13部弦乐交响曲。

不光如此，门德尔松还多才多艺，他还是个业余画家，他的写作能力很强，他的不少书信就是一篇篇散文，文字优美动人。

门德尔松后来的成就也无不得益于父母的教育：1833年，门德尔松完成《意大利交响曲》，并在杜塞尔多夫就任音乐总监。1835年，他又成为著名的布业大厅音乐会的指挥。1842年，他与舒曼等人一起创办莱比锡音乐学院。1846年，在伯明翰音乐节上，他指挥的清唱剧《以利亚》，取得辉煌成功。

父母精心细致的教育最终成就了音乐诗人门德尔松。这对我们很多父母也是一个提醒，因为生活中，很多父母往往自恃孩子聪明，疏于教育，其实，这样反而是害了孩子。再聪明的孩子，如果没有正确而充分的教育，他的天赋又能发挥多少呢？在这个竞争激烈的社会，为什么不肯多用些心，给孩子的成长多一些筹码呢？爱孩子也要精心地爱，爱孩子也要愿意投入，所以，用心教育吧，这样才可以培养出优秀的孩子！

强国富民大揭秘：教育是唯一途径

犹太人教育智慧要诀

犹太人这样教育他们的孩子："要像尊重上帝那样尊重教师。"古老的犹太文化能够一代代传承下来，不能不说是一个奇迹，当然，教育功不可没。

犹太人重视教育的传统已经很久了。犹太哲学家迈蒙尼德说过，每个以色列人，不管年轻还是年老，都要钻研《托拉》（即《摩西五经》），就算是一贫如洗的叫花子也要如此。有人也许会觉得犹太人是出于宗教信仰才研读宗教经典，其实犹太人向来都把读书作为一种兴趣，同时也作为一种谋生的工具和手段。流散中的犹太人认为，他们的财富可能随时都会被人掠走，只有挣钱的智慧将永远属于自己。

犹太人很早就发明了一个叫作"什一金"的慈善传统，也就是说每个人至少要把自己总收入的1/10捐献出来。那么，这笔"什一金"用在何处呢？

犹太律法明确规定，第一受益人是"那些把时间都花在研究《圣经》和其他典籍上的人"，即有知识、有学问的人。后来，这一优先权便给予了广义上的学校。犹太人这样教育他们的孩子："要像尊重上帝那样尊重教师。"古老的犹太文化能够一代代传承下来，不能不说是一个奇迹，当然，教育功不可没。

犹太人重视教育又达到了怎样的程度呢？听听他们的说法吧：人生有三大义务，其中第一项就是教育子女。犹太人把教育作为义务，在每个家庭里，只要是为了子女的求学，父母甚至不惜倾家荡产。所以，犹太人的受教育程度也很高。据调查，在美国，犹太人的总体受教育程度是最高的，70%的犹太人受过大学教育。在哈佛等一些著名大学中，犹太人的比例基本上占到25%。

犹太人为了教育采取了一系列的举措，最让人震撼的要属政府对教育的投资。以色列建国之初，虽然四面临敌，情况危急，可教育部做的第一件事情就是拟定义务教育法，让学童们接受免费义务教育。以色列外界冲突不断，但其教育经费一直维持在国民生产总值的6%左右，20世纪70年代以后更是高达8%左右。在教育投资上，犹太人向来毫不吝啬，他们认为，这种投资甚至比军事上的投入更有价值。所以，在羡慕犹太人国强民壮时，更应该学习他们对教育的重视。重视教育的传统和对教育的高投入，使犹太民族成为一个"以质取胜"的民族。让数字来证明一切：众所周知，以色列资源极其匮乏，外界环境也极其复杂，但经过半个多世纪的努力，以色列却将一片贫瘠的荒漠建设成为一个科技、经济和军事强国，其国内生产总值从1948年的2亿美元增长到2006年的1043亿美元，人均国内生产总值也已接近2万美元，并在联合国《人类发展报告》中名列世界最具竞争力的国家前20位。这个只占世界人口0.2%的民族却诞生了无产阶级革命导师马克思、心理学家弗洛伊德、物理学家爱因斯坦、原子弹之父奥本·海默等一大批影响世界历史进程的伟人，另外，犹太人还包揽了15%的诺贝尔奖。

看来，"国运兴衰，系于教育"是很有道理的，以色列在20世纪后半叶的迅速崛起不就是最有力的证明吗？

犹太教育家曼德：身为母亲，你没有理由逃避教育

犹太人教育智慧要诀

西方社会中犹太人妇女的文化教育素质很高，但有一个奇怪的现象，那就是她们的就业率低于其他民族，原因是她们要留在家里照看孩子，以确保孩子的学习质量。

犹太民族智商高，犹太女性就业率低，这中间有什么因果联系吗？

很多妈妈生完孩子，就把孩子扔给老人或保姆。有的觉得带孩子麻烦，有的觉得自己忙，还有的把时间花费在化妆和舞会上，最后没有心思教育孩子。她们都没有做到一个母亲最应该做到事情，那就是教育。

母亲逃避教育，会让孩子觉得母亲是陌生的。很多妈妈觉得孩子跟自己不亲，孩子情感世界不丰富，冷漠地像缺了一块，其实归根结底，都是因为在家庭教育中，母亲教育的缺失。母亲逃避教育，还会让孩子错过了原本应该接受的品质、性格和能力方面的教育，而这些无疑对孩子一生都有着极为重要的影响。

犹太教育家曼德在家庭交流会上与一些孩子的母亲进行交谈，他对这些母亲说："世界上没有比教育孩子更为重要的工作了。如果你没有时间教育孩子，那你为什么要生下他呢？"

这位教育家认为，母亲的教育决定犹太民族的命运，母亲是帮助孩子成就伟大事业的最高责任者。

在犹太家庭，母亲对孩子教育一直颇受重视。

西方社会中犹太妇女的文化教育素质很高，但有一个奇怪的现象，那就是她们的就业率低于其他民族，原因是她们要留在家里照看孩子，以确保孩子的学习质量。在犹太人的家庭中，母亲有一项很重要的工作就是送儿子到犹太会堂去学习《托拉》，把丈夫送到拉比学院去研究。

一位犹太母亲刚在纽约的贫民窟落脚,就去公共图书馆不厌其烦地为孩子索取图书卡。为了孩子的入学和教育,这位母亲不停地奔走操劳。由此也可以看出在犹太民族里母亲对孩子的教育有多么的重视和重要。

看起来,犹太母亲为了教育而牺牲了自己的事业,但事实上,这体现了一个民族远见卓识,体现了这个民族和家庭内的一种分工。母亲的牺牲实际上支持了整个民族向科学知识的高峰攀登,不但让男人没有顾虑,还让孩子享受足够的母爱和精心的教育。

有一位名人曾经说过:国民的命运掌握在母亲的手中。这其实也就证明了一个问题,那就是母亲在家庭中对孩子教育的重要性。所以,希望诸位母亲,能够真正地担负起自己的责任。

教育需要母亲的积极参与,孩子需要母亲的爱和教育。所以,让孩子沐浴在母爱和教育中吧!像居里夫人一样,即使身处困境,还能培养出又一位诺贝尔奖得主——她的小女儿伊蕾娜。让孩子感受到母爱和教育吧,唯有母亲的爱能让他的精神世界健康明亮。

每一位母亲都要注意,不要把孩子当作包袱,以此逃避教育。

不要大包大揽——责任是犹太人心中的使命

犹太人教育智慧要诀

犹太人重视责任教育的传统由来已久,责任感的培养已经深入到每一个犹太人的心里。

孩子生在蜜罐里,对于他们而言,一切都是自然而然的,不管是好吃的好用的,还是各种力气活,只要父母在,他们只要跷着二郎腿,有时,只要在旁边像个总管一样的去指挥就行了。殊不知,家长将孩子泡在安逸的生活里,只能让孩子变得没有责任心。

有一个人到瑞士访问的时候,在一个洗手间里,他忽然听到隔壁小间里一直发出一种奇怪的声音,由于这响动时间过长,也过于奇特,不由得引起了他的好奇心。

于是，这个人透过小门的缝隙向隔壁小间探望。这一看让他惊叹不已：一个只有七八岁的小男孩正在修理马桶。问了才知道，这个小男孩上完厕所以后，因为冲刷设备出了问题，他没有把脏东西冲下去，因此他就一个人蹲在那里，千方百计地想修复它。

他的父母、老师当时并不在身边。

一个只有七八岁的小男孩，竟然有如此强烈的负责精神，但相比较之下，有些孩子的责任心就令人担忧了。

比如有的孩子玩着玩具就跑去看电视了，任凭玩具扔得满地都是也不收拾；有的孩子则是把老师通知开家长会的事情抛到脑后，或者是屋子不收拾，做错了事情不放在心上，让大人兜着……

孩子为什么缺乏责任心？来看看犹太人的做法吧！

有一个10岁的孩子，因为调皮，拿起石头砸向一辆马车，这块石头刚好砸到马的身上，马受惊后狂奔不止，不仅撞伤了路人，最后连那架马车也坏了。

车夫找到这个孩子的父亲，要求赔偿150美元。当时，150美元对一个普通家庭来说可是一笔不小的数目。好在父亲有能力支付。出人意料的是，父亲并没有把钱直接给车夫，而是对儿子说："你现在闯了祸，你应该自己承担责任。"儿子为难地说："可是我没有那么多钱。"父亲跟他说："这150美元我先借给你，两年后你再还给我。"说着递给儿子150美元。

从此，这个犹太小男孩开始努力寻找赚钱的机会。经过1年的打工生活，他终于赚到了150美元，还给了父亲。后来他回忆起这件事情的时候说，父亲让他用劳动来承担过失，使他懂得了什么叫责任。

这位父亲的做法培养了孩子的责任感，经历了这次事故，这个孩子再也不会随意乱扔石头、乱说话了，他学会了对自己的行为负责。

犹太人重视责任教育的传统由来已久，责任感的培养已经深入了每一个犹太人的心里。很多人诧异犹太人为什么能够得到"世界第一商人"的称号，也与犹太人有责任感有着莫大的关联。

从大脑严重损伤到乐队指挥——不放弃教育才能出现奇迹

犹太人教育智慧要诀

犹太父母从不轻易否定自己的孩子，对先天条件稍差的孩子，他们总是加倍地付出努力，不管有多困难，不管别人怎么看，他们从不放弃对孩子的教育。

孩子智力低下，孩子身体出现残疾、不论是什么时候，犹太人都从不会放弃对孩子的教育，因为他们坚信，不放弃教育才能出现奇迹。

生活中，我们常常看到一些报道说，有的父母见到刚出生的孩子是残疾，就狠心地把孩子抛弃，有的父母因为孩子"冥顽不灵"或者"不是学习的料"就放弃了对孩子的教育，还有的父母因为婚姻不幸，也放弃了对孩子的教育……

父母给予了孩子生命，却忘记了对这个生命负责。

家长应该明白，任何时候，只要不放弃，就能出现奇迹，教育亦如此。

在耶路撒冷，有一个叫艾尼克斯的孩子，还在几个月大的时候，他就大病了一场，昏迷了长达24小时之久。医生断言艾尼克斯的脑子已经受到了严重的损害。他的父母听后，并没有被医生的话吓倒，他们爱这个孩子，他们决定要让这个有病的孩子学习，让他拥有学习和想象的能力。

为此，艾尼克斯的父母付出了艰辛的努力。不管有多困难，不管别人怎么看，他们从不放弃对这个孩子的教育，最后，他们的努力终于得到了回报：艾尼克斯在16岁时成了一个才华出众的乐队指挥。

可以说，是艾尼克斯父母的不放弃才让奇迹有了可能。

同样，还有很多因为不放弃对孩子的教育，从而创造奇迹的故事。

有一个女孩一出生就被诊断为先天愚型儿，父母起初很震惊，但渐渐的，父母这样劝慰自己："不管怎样，都是自己的孩子，我们都要全心全意培养好，我们绝不会放弃！"

女孩渐渐长大，逐渐显露出先天愚型儿的特征：别的孩子6个月就能坐起来，她直到9个月才能坐，两岁多才学会走路，5岁时，父母好不容易才教会她说出一句简单的话。

女孩7岁了，父母决定让她读正常人的学校，可上学没几天，她就不愿意去了，女孩哭着说在学校她被别人欺负，被别人说傻。

父母心如刀割，但还是劝慰孩子，找到学校和老师，希望尽可能地为女儿提供一个良好的成长环境。

孩子上学了，学习很吃力，为了给女儿补课，父母每天都要帮她辅导功课。

父母发现女儿喜欢音乐，后来为女儿报名参加电子琴班，最后，她不但能娴熟地弹奏音乐，还在市里举办的音乐比赛上获奖。母亲说，她以前对电子琴一窍不通，现在早已经学会弹奏了。

后来，女孩读完了初中后，进了一家制药公司和很多正常人一起工作。在公司她完成工作量虽然很普通，但并不比正常人差。

还有被称为"低能儿"的卡尔·威特，被称为"白痴"的爱因斯坦和毕加索，还有双耳全聋的周婷婷，如果他们的父母都放弃了教育，我们又怎么能看到他们取得的成功，所以在感慨那些了不起的犹太人时，还要赞美那些犹太父母们。

任何时候，都不要忘了给孩子一次机会，也给自己一次机会，因为，不放弃才能创造奇迹！

营造良好家庭氛围的孩子更容易成功

犹太人教育智慧要诀

在犹太人看来，家庭气氛是家庭教育中发挥重要作用的一个因素。尽管犹太民族在两千多年的发展历史中，大多过着颠沛流离的流浪生活，但他们总是竭尽全力给孩子营造出和谐、温馨的家庭氛围。

父母酷爱打麻将，却让孩子好好学习；父母从来不看书，却要求孩子当个作家；父母消极厌世，却让孩子积极乐观。没有一个好的氛围，孩子怎么能向父母要求的方向发展？

在一所动物学校里，有只小袋鼠是学校里最坏的一个学生：它经常会把吐有唾沫的小纸团在教室里扔来扔去，把图钉放在老师的椅子上，把胶水倒在门把手上，还在厕所里放鞭炮。气愤的校长决定要去家访。

校长来到了袋鼠家，袋鼠先生客气地给他让座。

谁知，校长刚坐下去就哎哟一声地跳了起来，"椅子上有颗图钉！"

"对，我就喜欢把图钉放在椅子上。"袋鼠先生说。

"嗖"，一个沾有唾沫的小纸团正好打在校长的头上。

袋鼠太太走过来说："请您原谅，没办法，我就是喜欢扔东西玩。"

这时，一声巨响又传来。

校长被吓了一跳。

"别怕、先生。那响声是洗漱台上的鞭炮声。我们就是喜欢听这样的声音。"袋鼠太太又说。

校长听后，赶紧起身准备离开，可他的手又被粘在门把手上了。

"我们家里每个门把手上都有胶水。用力拉就行了。"袋鼠太太说。

终于，校长把手拉了下来，急忙跑出了房间，头也不回地走了。

"这人怎么一句话没说就走了。"袋鼠先生说。

"别在意，可能是他另有约会。晚饭好了，开始吃饭吧。"袋鼠太太说。

于是，袋鼠一家人便高高兴兴地吃起了晚饭。

虽然只是一则寓言，但从中可以看出，一个孩子的行为是受其父母及家庭环境影响的。犹太人就特别注意这方面。在犹太人的每个家庭里，每个父母都会为孩子创建好一个教育环境。因为他们懂得教育环境的重要性。

一般来说，家庭气氛是两种环境关系的产物——家庭物质环境和家庭心理环境。

在犹太人看来，家庭气氛是家庭教育中发挥重要作用的一个因素。尽管犹太民族在两千多年的发展历史中，大多过着颠沛流离的流浪生活，但他们总是竭尽全力给孩子营造出和谐、温馨的家庭氛围。

对于物质环境，虽然因为每个家庭的财富不同而不同，但每个父母都尽最大努力满足孩子在学习上的物质需要。

犹太父母在创建良好的家庭教育环境时，更注重家庭心理环境的营造。他们不但给孩子爱的感觉，还给予孩子智力方面的熏陶。为了创造良好的家庭心理环境，犹太父母努力做到相亲相爱，与子女关系融洽。比如，他们不会当着孩子的面吵架，家庭成员之间关系不能紧张，要相互信任和体贴，以防止给孩子精神上带来苦闷。其次，为了创造家庭中良好的智力气氛，父母本身要对知识具有巨大的兴趣和追求，给孩子的健康成长产生无形的巨大力量。有时也利用邻居、亲戚、朋友及请家教等外部环境的智力气氛来改变家庭智力气氛。

家庭教育环境直接影响到孩子的成长与学习，每个家长都应该为孩子创造一个良好的教育环境，不要让环境影响到孩子的成长。

爱尔维修曾经说过："人刚生下来时都一样，仅仅由于环境，特别是幼小时期所处环境的不同，有的人可能成为天才或英才，有的人则变成凡夫俗子甚至蠢才。即使是普通的孩子，只要教育得法，也会成为不平凡的人。"这其实就在告诉我们：家教环境的好坏将直接影响到孩子，因此每个家长都应该特别注意对孩子的家庭教育环境。

所以，为了孩子的成长，为孩子营造一个良好的家庭氛围吧！